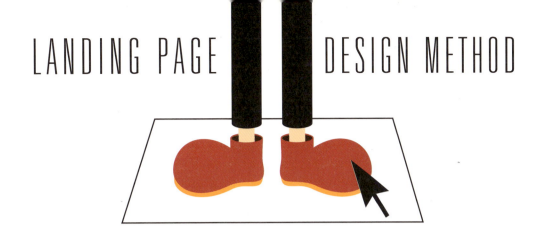

LANDING PAGE DESIGN METHOD

ランディングページ・デザインメソッド

WEB制作のプロが教えるLPの考え方、設計、コーディング、コンテンツ制作ガイド

株式会社ポストスケイプ 著

はじめに

多くのユーザーとの接点となるランディングページ（LP）は、成果指標のコンバージョン獲得だけでなく、ブランドイメージにも大きく直結します。また、実利的な側面においても、コンバージョン率が1%上がれば、売上や営業利益にも大きなインパクトをもたらしてくれます。ランディングページの最適なデザインは、一般的な理論やロジックはあるものの、デザインというもの自体最終的には感性によるところが大きいため、科学的にアプローチすることが難しいのが現実です。

たとえば、私たちが手掛けたランディングページを見て「よい」と思ってくださる人もいれば、「ダサい」「わかりづらい」「何とも思わない」と感じる人もいるでしょう。結局は、A/Bテストや多変量テストのような方法で、実際の結果を見ながらよい・悪いの判断を繰り返すしかないのかもしれません。

それでも、デザインによって、訪れたユーザーのイメージが変わり、コンバージョン率が変わる。結果、会社の業績が大きく変わる。たとえ求める成果になかなか辿り着けなかったとしても、「デザインなんてどうでもよい」とはどうしても思えません。
「ホームページを作る」だけであれば、誰でもお金を掛けずに簡単に作ることができる時代です。でも、そんな時代だからこそ、"魅力が自然と伝わる"よいデザインが重要だともいえます。私たちは、デザインの力を信じ、成果につながるデザインを、実践を通じて研究し続けています。

一方で、この分野では、見た目のデザインだけを追求すればよいというわけでもありません。ランディングページにおけるデザインの目的は、商品&サービスの魅力を市場に伝え、目的とする成果につなげることです。そのためには、雑多な情報や曖昧な情報を"わかりやすく"まとめ上げ、目的を達成するために組み立てられたデザインが必要となります。つまり、情報を整理・設計し、情報そのものをデザインするという広い意味でのデザインです。
また、最近では、スマートフォンの普及に加え、HTML5やjQueryをはじめとした表現手法により、一層デザインの幅が広がりつつあります。

このように、情報そのもののデザインから見た目のデザインや動的表現としてのデザインまで、広義の意味でデザインを追求していくことが、成果の出るランディングページの構築・運用につながっていくことだと考えております。

本書では、これまでの経験をもとに、ランディングページにおける情報設計からワイヤーフレーム設計、デザインの組み立てやコーディング、ローンチ後の各種改善の局面で、重要だと考えるポイントをできるだけ具体的に、時には実例を交えながら解説に努めています。ランディングページに携わるすべての方の一助になれば幸いです。

2015年10月　株式会社ポストスケイプ
（ランディングページ制作・運用支援サービス　コンバージョンラボを運営）

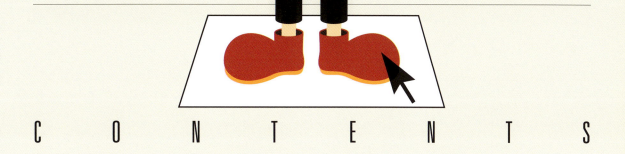

CONTENTS

はじめに……002

Landing Page Catalog
ランディングページ見本帳

01　ランディングページ制作支援サービスの新規顧客獲得用ランディングページ……008
02　老舗メーカー「男前アイロン」の商品紹介用ランディングページ……010
03　日焼け止めUVスプレーの商品紹介用ランディングページ……012
04　スーツ用消臭スプレーの商品紹介用ランディングページ……014
05　リゾートバイト募集のための特集ランディングページ……016
06　人気が高まる花珠真珠の商品紹介用ランディングページ……018
07　マーケティング支援サービスの新規顧客獲得用ランディングページ……020
08　第二新卒支援サービスの登録者獲得用ランディングページ……022
09　ママ向け天然除菌・抗菌スプレーの商品紹介用ランディングページ……024
10　業務用シーラーの商品紹介用ランディングページ……026
COLUMN　●商品・サービスの数だけランディングページデザインがある……028

Chapter 1

ランディングページとは？

01 ランディングページとは何か？……030
02 コンバージョンとは何か？……032
03 ランディングページとリスティング広告の関係……034
04 ランディングページの重要性……036
05 ランディングページでできること……038
06 商品・サービスがランディングページに向いているか見極める……040
07 ランディングページ制作・運用で失敗しないために……042
08 よいランディングページの条件とは？……044
09 よいランディングページを作るために必要な3つのポイント……046
10 どのランディングページにも寿命がある……048
11 ランディングページの広がる守備範囲の変化……050
COLUMN ●おさえておきたいランディングページの魅力……052

Chapter 2

ランディングページの事前準備

01 ランディングページの制作工程……054
02 キーワードの特性を理解する……062
03 キーワードからコンテンツを考える……064
04 ターゲットに照準を合わせる……066
COLUMN ●ランディングページ制作をチームで円滑に進めるために……070

Chapter 3

コンテンツ

01 ランディングページのコンテンツとは？……072
02 コンテンツを用意する……074
03 ランディングページの構成・ワイヤーフレームとは？……076
04 構成・ワイヤーフレームの作成手順……078
05 コンテンツを整理するために必要なレイアウトの工夫……082
06 共感系コンテンツの設計……088
07 評価系コンテンツの設計……092
08 特徴系コンテンツの設計……094
09 写真の重要性……096
COLUMN ●ランディングページの長さはどのように決めればよい？……098

Chapter 4

ランディングページのデザイン制作

01 ランディングページデザインのステップ……100
02 ランディングページデザインを始める前に……102
03 Webサイトとランディングページのデザインの違い……104
04 ランディングページのトーン＆マナーを決める……108
05 ランディングページの色彩設計……112
06 ランディングページのフォント選定……114
07 ファーストビューのデザイン……116
08 コンバージョンエリアのデザイン……120
09 ランディングページのUIデザイン……124
10 フォームのデザイン……128
11 写真素材の活用方法と注意点……132
12 余白の扱いについて……134
13 各種デザイン検証……136
14 参考:これからのランディングページデザイン……138

COLUMN ●ランディングページはブランディングツールでもある……142

Chapter 5

ランディングページのコーディング

01 Webサイトのコーディングとランディングページのコーディング……144
02 表示速度とコンバージョンの密接な関係……148
03 デバイスフォントと画像フォントの使い分け……150
04 運用改善のしやすいコードと軽量化……154
05 画像1つで劇的に変わる見栄えと表示速度……158
06 レスポンシブWebデザインの検討と実用性……162
07 ブラウザ対応を意識したコーディング……166
08 ランディングページにおけるHTMLの効率的コーディング……170
09 デザインの魅力をJavaScriptで動的に表現する……174
10 コンテンツスライダー……176
11 タブメニュー……180
12 動的デザインを使った効果的な誘目性の高め方……182
13 パララックスの実用性……184
14 フォームのエラーチェックによるコンバージョンの向上……186
15 アコーディオン……188
16 遅延表示(Lazy Load)……192
17 ヘッダーの固定……194

COLUMN ●質の高いランディングページをコーディングするために……196

Chapter 6

ランディングページの運用改善による最適化

01 広告／ランディングページの改善で向上するコンバージョン率……198

02 改善を成果へと結び付けるためにまず行うべきこと……202

03 ランディングページ改善の2分類……204

04 CTAの改善……206

05 ファーストビューのデザイン改善……208

06 リスティング広告の改善でできること……210

07 配信エリアの最適化……214

08 広告側のA/Bテスト……216

09 フォームの検証と改善施策……218

INDEX……220

ランディングページ見本帳掲載ランディングページ出典一覧……223

著者プロフィール……224

【ご注意】
・本書に掲載されている情報は2015年11月現在のものです。以降の仕様の変更などにより、記載されている内容が実際と異なる場合があります。あらかじめご了承ください。
・本文中に記載されている会社名やブランド名、製品名等は、一般に各社の商標および登録商標です。本書ではRおよびTMマークの表示を省略しています。

LANDING PAGE　DESIGN METHOD

ランディングページ
見本帳

LANDING PAGE CATALOG

01 ランディングページ制作支援サービスの新規顧客獲得用ランディングページ

ランディングページ制作サービスを希望する新規顧客からの問い合わせの獲得を目的としたランディングページです。法人向け（B to B）のランディングページのため、サービスの特徴などの具体的な内容を求められますが、できる限り難しく見せずに、直感的にサービスの魅力や強みを理解してもらえることを目指してデザインされています。そのため、いくつかのポイントで見せ方の工夫を行っています。まず、写真はランディングページにおいて非常に重要な役割を果たすため、ファーストビュー（Chapter 3-04参照）でインパクトのある写真を選定し、ユーザーの心を掴むためのビジュアル作りを心がけています。また、法人向けのランディングページは、必然的に専門的なサービス紹介コンテンツが必要になりますが、文章だけでは伝わりづらい面もあるため、インフォグラフィックを活用したり、レイアウトやコンテンツの切れ目などがわかるようにしたりして、視覚的なデザインとなるように工夫しています。さらに、強調したいコンテンツでは明確に色を変えることで、より印象的にユーザーに認識してもらえるようにしています。

001_01

1 ファーストビューで印象を高める

ロゴで使われているVのマークと、赤ちゃんの写真を組み合わせて、インパクトのあるビジュアルを演出しています。また、ランディングページの制作サービスであることも直感的に認識してもらうため、パソコンやスマートフォンなどのデバイス画像にサービスサイトのキャプチャを入れたものを配置しています。

2 インフォグラフィックの活用

法人向けのランディングページでは、ページを見ている企業担当者に、商品・サービスの魅力や競合他社との違いを明確に理解してもらう必要があります。そのため、どうしても文章が多くなり、説明的になりがちです。そこで、小難しく見せないように、理解を促進するための図や表をわかりやすくデザインし、要所に配置することが重要です。

3 強調コンテンツは強めのカラーで

このランディングページには、ランディングページ制作サービスを利用したいユーザーが訪れます。実際のランディングページの仕上がりをイメージしてもらえる制作実績は、ユーザーにまず見せておきたい内容の1つです。そのため、背景色を目を引くカラーリングにしたり、縦幅を大きめに取ったりして、すぐに気付いてもらえるデザインとなるよう工夫しています。

類似コンテンツは視覚的に違いを付ける

4つの類似したコンテンツを縦横に並べているため、見た目に違いがわかるように、文字や枠組みのカラーリングを変えています。また、テキスト量の多い説明的なコンテンツでもあるため、仮に飛ばし読みされてもよいように、特に読んでもらいたいテキストは、背景に色を敷いて目立つようにしています。

コンバージョンボタンは強調する

コンバージョン（Chapter 1-01参照）のためのボタンは、ランディングページにおいてユーザーに実際にアクションを起こしてもらうための重要な装置です。すぐにユーザーに気付いてもらえるように工夫することが必要です。このランディングページではグレーを使った背景色が多いため、より際立つオレンジ色とし、サイズも大きめにし、複数箇所に配置しています。

001_01

HINT

コンテンツごとの境目をデザインで明確にする

ランディングページは1ページのため、縦長になります。そこで、ユーザーに伝えたい情報を確実に目にしてもらうため、コンテンツごとの境目を明確にすることがポイントです。レイアウトの工夫や写真の活用などといったいくつかの手段がありますが、中でも視覚的にわかりやすく有効な手段として、コンテンツごとに背景色を変えるという方法があります。注意点としては、あまりにも背景色が全体的に多くなると、かえって見た目にうるさく、統一感のないイメージのランディングページになってしまうことが挙げられます。ある程度、使用する色を絞ってデザインしましょう。

文字サイズにメリハリをつける

ランディングページは広告でもあるため、よほどの興味を抱いてもらえない限り、具体的な内容までは見てもらえません。読み飛ばされることがありうることを前提にしていく必要があります。そのため、強調したい箇所、あるいはそれを見ればある程度は内容がわかるという文字情報は、サイズを大きめに設定しましょう。反対にそうでない箇所は、サイズ感を小さくするなどして、ジャンプ率（Chapter 4-03参照）を高める工夫が必要です。

001_01

LANDING PAGE CATALOG

02 老舗メーカー「男前アイロン」の商品紹介用ランディングページ

創業80有余年の業務用電熱メーカー株式会社石崎電機製作所が、男性をターゲットに開発した家庭用スチームアイロン「男前アイロン」のランディングページです。商品が持つ独特なブランドの世界観をはじめ、「高性能」、「壊れにくい」、「コンパクト」という特徴をビジュアルでわかりやすく訴求することが、このランディングページのデザインのテーマです。商品の魅力をひと目で理解してもらえるように、さまざまな角度・サイズの写真や、部位のフォーカス写真などを多用しています。印象の強いロゴマークも全面に押し出し、商品と一体として捉えてもらえるように工夫しています。動的なデザイン表現にもこだわり、商品の細部が確認できるように、画像を拡大表示するjQuery（Chapter 1-04参照）のプラグインを実装しています。また、商品の魅力だけでなく、創業80有余年を誇る企業としての歴史や開発ポリシーもあわせて伝えることで、他社にはないバックボーンを持っていることを発信するのも、このランディングページの大きな目的の1つです。さらに、スマートフォン向けのランディングページもデザインし、デバイスごとに最適化を図っています。

002_01

1 商品写真とロゴを全面に出したキービジュアル

「男前アイロン」が持つ世界観を自信をもって伝えるために、商品写真とロゴを大きく配置し、印象に残るファーストビューデザインに仕上げています。また、背景色をブラックにすることで、ゴールドの商品が引き立つビジュアルに。スマートフォン版でも共通のファーストビューデザインでブランドイメージを統一しています。

2 商品の特徴を直感的に伝える

「高性能」、「壊れにくい」、「コンパクト」という特徴をひと目で理解できることを目標にレイアウトしています。3つの特徴ごとに数字とメインコピーと説明テキストを組み合わせると同時に、それぞれの要素ごとにサイズ感を変えることで、視認性が高まるように工夫を施しています。

3 複数の商品写真でディテールを伝える

商品に興味を持ったユーザーに、よりディテールを理解してもらえるように、複数の商品写真を配置しています。実物を確認できないインターネットでは、こうした配慮でユーザーの安心感を高めます。画像を拡大表示するjQueryプラグインの実装により、さらなる詳細の把握が可能になっています。

010

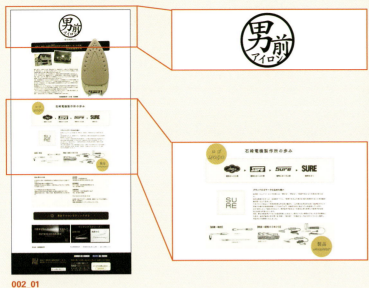

商品ロゴを繰り返し配置し、ブランドイメージを訴求

商品ブランドの起点となる「男前アイロン」のロゴを、ファーストビューだけでなく終盤のコンテンツでもあらためて配置することで、ブランドの認知力が高まるよう工夫しています。また、商品名自体も非常に特徴のある名前のため、ロゴの持つイメージとセットで商品名を覚えてもらうことも1つの狙いです。

企業の歴史をビジュアル化

過去80有余年の歴史の中で、時代とともに変わってきた企業ロゴのデザインと、これまでに開発してきた商品の変遷をイラストイメージで展開することで、文字情報だけでは伝わりきらない石崎電機製作所のメーカーとしての歴史の深さを、直感的に印象付けています。

002_01

Landing Page Catalog

HINT

大きな写真を要所要所で使う

写真の活用の仕方次第で、ユーザーへのインパクトと訴求力が高まります。インパクトと訴求力が高まれば、さらにコンテンツを読み進めてもらえます。特にランディングページは、縦に長い1ページ型の広告ページです。瞬間的にユーザーの心を掴み、さらに下のコンテンツまでスクロールしてもらうために、要所要所で写真のサイズを大きくして、興味をかき立て続けましょう。写真の活用の仕方で、ユーザーに与える印象は大きく変わるのです。

スマートフォン向けランディングページ

背景に商品写真を配置

スマートフォン版では、商品の3つの特徴を説明するコンテンツのレイアウトを縦型にして最適化しています。また、商品の特徴を説明するコンテンツであることをひと目でユーザーに理解してもらえるように、背景に商品写真を大きく配置しています。
002_02

横並びで1画面に収める

商品のディテール写真を紹介するコンテンツでは、3つのシリーズ商品をあえて横並びに配置し、1画面に収めるレイアウトにしています。こうすることでスマートフォンの狭い画面でも操作性が向上し、商品比較がしやすくなります。
002_02

LANDING PAGE CATALOG

03 日焼け止めUVスプレーの商品紹介用ランディングページ

003_01

アイアイメディカル株式会社が手がける日焼け止めUVスプレー「ビベッケ」の商品紹介ランディングページです。当時として国内No.1(※)の大容量サイズ(現在は同ブランドの360gが最大容量)であることを大きく訴求しています。UVスプレーは夏に使用する機会が多いため、明るく爽やかにデザインすることが欠かせません。また、10～20代の若年層ユーザーに向けたランディングページであるため、見た目に華やかなビジュアル表現も追求してデザインされています。なお、商品カラーであるブルーとイエローをベースにした色彩設計で、ブランドイメージも意識的に伝えています。ターゲットとするユーザーに親近感を持ってもらうため、素材サイトなどの写真は一切使用せず、ユーザー層に近い読者モデルによるオリジナルの撮影写真を使用しています。また、モデルの服装で夏を印象付け、具体的な使用イメージをユーザーに抱いてもらいやすくしています。さらに、コンテンツに合わせたポーズの写真をランダムに配置することで、飽きずに読み進められるランディングページデザインとなるよう工夫されています。

※株式会社Mintel Japan
世界新商品データベース UVエアゾールスプレー内 アイアイメディカル調べ(2015年3月時点)

1 読者モデルの写真を活用し、商品イメージをよりリアルに伝える

ユーザー層に近い読者モデルに、実際に商品を手にして登場してもらうことで、よりリアルな商品の世界観を伝えるファーストビューにしています。また、人物写真以外のキャッチコピー、商品写真や付随情報といった複数の要素を、うるさくならずに見てもらえるようにするため、レイアウト検証を複数回行っています。

2 説得力のある共感コンテンツのために

ランディングページでは、訪問ユーザーに親近感を感じてもらうために、ユーザーの悩みやニーズを文章化した共感コンテンツがよく使用されます。しかし、ただ文字情報を配置するだけではビジュアル面での訴求力が弱いため、写真やレイアウトをリズミカルに配置することが大切です。さらにこのランディングページのケースでは、ユーザーアンケートと組み合わせてデザイン展開することで、視覚的な訴求力を高めています。

3 人物写真を複数人数使用し、共感力を高める

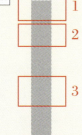

あえてタイプの異なる人物像を複数見せることで、1つの世代においても限定されたユーザー向けではないことをアピールできます。このコンテンツでも、複数の読者モデルに登場してもらうことで、ユーザーの共感度を向上させることを目指しています。

003_01

商品の使用イメージを直感的に伝える

このコンテンツは商品の使いやすさを伝えるコンテンツです。文字情報だけではそうしたイメージを伝えきることはできません。実際の使用シーンを想定したモデル撮影を行い、シーンに合わせた文字情報と写真を組み合わせることで、ひと目で使い方が印象付けられます。

ユーザーボイス／体験談も欠かせない

お客様の声・体験談や事例コンテンツは、ランディングページに欠かせないコンテンツの1つです。しかし、似たようなコンテンツが複数人分並ぶため、つい単調になりがちです。このランディングページの場合は、該当コンテンツ全体の背景色をほかのコンテンツとがらりと変えたり、写真を交互に配置したり、女性的なデザイン装飾を行ったりすることで、より飽きのこない印象に仕上げています。

 HINT

あえてレイアウトを崩してみる

意図してレイアウトを崩すことはランディングページデザインのテクニックの1つです。これによりダイナミックなデザインへと変わります。縦長でスクロールが継続的に必要なランディングページでは、ユーザーを飽きさせないレイアウトやデザインの工夫がポイントになります。そのため、意図してレイアウトを崩すということを意識しておきましょう。ただし、そのランディングページで扱う商品・サービスのブランドイメージによって見せ方にも違いが出るため、商品・サービスごとに崩す程度は変える必要があります。

HINT

商品ブランドカラーを起点としたランディングページデザイン

ランディングページにおけるカラーリングの選定は、重要なデザインの1つです。このとき、商品・サービスが持っているブランドカラーをメインカラーとして選定すると、効果的に色彩設計を進めることができます。こうしてメインとなる色を決めたあとで、それらを補完するサブカラーや、ボタンなどに使うコンバージョンカラー（Chapter 4-03参照）を順に決めていきましょう。

LANDING PAGE CATALOG

04 スーツ用消臭スプレーの商品紹介用ランディングページ

004_01

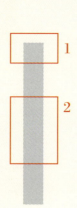

佐賀県でエコ製品の製造・販売を行う株式会社フリーマムの男性向けのスーツ用消臭剤の商品紹介ランディングページです。大切なスーツをケアするためのスタンダードアイテムであることとあわせて、このKIELT（キエルト）にしかない独特なブランドの世界観を発信することを目的としています。また、ビジュアル面でのブランドイメージの発信だけでなく、製品特有の価値や機能を、成分表や試験結果などのデータによって明確に伝えています。デザイン面は、洗練された商品のイメージと、男性向けの商品であることをユーザーに伝えるために、黒をベースにした落ち着いたテイストで展開しています。また、トーンの近い写真を複数枚使用しているだけでなく、さらに加工を施すことで、全体としての統一感を強調しています。こうした表現上の統一によって、KIELTの世界観がぶれないようにしています。さらに、明朝体のフォントを選定することで、KIELTがターゲットとするユーザーに好まれるフォーマル感や高級感を印象付けています。このように色・写真・フォントなどの各要素のデザインを徹底し、それらを組み合わせることで、この商品ならではの世界観を伝えるページが仕上がります。

1 2つのキービジュアルでブランドの世界観を印象付ける

商品イメージをよりインパクトをもって伝えるために、写真を大きく配置しています。このファーストビューは、2つのキービジュアルを配置した画面が自動的に切り替わるようになっており、ブランドの世界感をより多角的に理解してもらえるようにデザインされています。また、ファーストビューに添えられた2つのキャッチコピーを通して、ブランドの世界観だけでなく、商品の機能の発信も行っています。

2 見た目で機能を伝えるパーツデザイン

上のセクションでは、9種類の植物から抽出されたエキスが凝縮されることで消臭効果が高められていることがわかるように、商品を中心に配置し、周囲に植物のイラストを配置した視覚的なレイアウトにしています。下のセクションは、悪臭成分をどれだけカットすることができるかを示す分析結果がひと目ですぐにわかるように、図表を用いてデザインされています。

014

004_01

使用イメージをよりわかりやすく

商品の使い方をすばやく理解できるように、言葉だけでなく、イラストと組み合わせて視覚的に解説しています。ページのスクロールに合わせて、3つの使用ステップが左から順に表示される動的デザインが実装されているため、さらにわかりやすさが向上しています。

デザインのトレンドをうまく取り入れる

背景色を透過させ、囲み線だけで表現されるボタンは「ゴーストボタン」とも呼ばれ、平面的なフラットデザイン（Chapter 4-08参照）との相性もよいといわれる流行りのデザイン要素です。このランディングページの黒をベースにしたデザインでは、白い囲み線のボタンが印象に残りやすくなるため、このゴーストボタンを採用しています。このようにデザインのトレンドをうまく取り入れれば、デザインの印象を効果的に高めることができます。

縦長のコンテンツをコンパクトに見せる

100店舗近くある取り扱い店舗をそのまますべて配置してしまえば、あまりにも縦に長くなってしまいます。そこでこのセクションでは、スクロールバーを活用して店舗情報をコンパクトにまとめています。こうした実装面を考えてデザインすることも、デザイナーの重要な仕事です。

 HINT

フォントでテイストを調整する

フォントの選定により、デザインのトーンやテイストは大きく変わります。わかりやすい例としては、ゴシック体にするか明朝体にするかという選定基準があります。それぞれに特徴があり、一概に優劣は付けられません。ゴシック体であれば、可読性が高いというよさがあり、カジュアル感を出すことにも長けています。明朝体は、ゴシック体よりも可読性はやや劣りますが、フォーマル感や高級感を伝えられるという特徴があります。ランディングページは一般的なWebサイトよりもインパクトが求められ、かつ1カラム（Chapter 4-06参照）でデザインスペースも多いため、フォントサイズを大きくすることができます。そのため、作りたいテイストに合わせた自由なフォントの選定がしやすいといえるでしょう。

ゴシック体
あいうえお

明朝体
あいうえお

写真のイメージやトーンを揃えて統一された世界観を演出する

見ている人にもっとも大きな印象を与える重要な要素の1つが写真です。それだけに写真の選定には力を抜いてはいけません。このランディングページは、男性向けであり、スーツを対象とした商品を紹介するものであるため、それらのテーマに適した写真がまず選ばれています。そのうえで、写真の加工などによってトーンをさらに統一し、伝える世界観にブレがないようにしています。

004_01

LANDING PAGE CATALOG

05 リゾートバイト募集のための特集ランディングページ

005_01

リゾートバイトを紹介する「はたらくどっとこむ」（アプリリゾート運営）のリゾートバイト冬特集のランディングページです。全国のスキー場での求人を目的としています。リゾートバイトの応募者は20代前半を中心とした若者層になるため、ページ全体を通じて、「楽しい印象」を伝えていくことがポイントになります。そこで、同社の公式キャラクター「アプリレンジャー」やスキー場での楽しい写真などをふんだんに活用し、ワクワク感を与えられるビジュアル表現を積極的に行っています。また、カラフルな公式キャラクターの色に合わせてランディングページ全体の色彩設計を行うことで、見た目に明るく、楽しい印象を持たせています。そのことにより、縦長でありながら、スクロールごとにコンテンツのカラーが大胆に変わっていく飽きのこないデザインに仕上がっています。フォントについても全体のデザインテイストに合ったポップな印象が伝わるものを選定することで、明るく楽しげな雰囲気作りをさらに後押ししています。

1 複数の写真を組み合わせたインパクトのあるファーストビュー

ファーストビューは、1枚の写真とキャッチコピーで構成されることが多くなりますが、このランディングページのように複数の写真を組み合わせることも有効な方法です。複数の側面を1つのビジュアルとして表現することで、より訴求力のあるメッセージがユーザーに伝わります。ただし要素が多くなるため、写真の選定やキャッチコピーまわりの装飾などのデザインを工夫しなければなりません。ごちゃごちゃとした印象になってしまわないように、きちんと検証しながらデザインを行うことが大切です。

2 公式キャラクターとのコラボレーション

アプリリゾートの公式キャラクター「アプリレンジャー」とのコラボレーションで、コンテンツをより楽しくポップな印象に仕上げています。キャラクターがナビゲートしながらスキー場の各エリアを紹介していくことで、親しみやすさやわかりやすさも向上しています。ランディングページでは、このようにコンテンツの案内役として、イラストや人物写真を活用することも効果的です。

3 コンバージョンエリアは明確に区切る

ほかのコンテンツでは使用していないカラーを背景いっぱいに敷くことで、コンバージョンエリアをわかりやすく差別化しています。また、応募を促す要素として、キャッチコピーやキャンペーン情報などもコンバージョンエリア内に配置しています。こうした情報を組み合わせることも、視認性の高いインパクトのあるデザインに貢献しています。

HINT 写真を横一列に複数配置する

ターゲットとするユーザーに向けて、共感ポイントを作ったり、得られる価値をより印象的に感じてもらったりするために、ターゲットに該当する人物写真を横幅いっぱいに複数枚配置するという方法があります。このランディングページでは、実際にスキー場で働く仲間たちが、スキー場で楽しく働いたり、出会った仲間と触れ合ったりする姿を複数の写真で見せることで、期待感を与えるビジュアルになっています。こうした直感的な理解が得られると、ユーザーは安心してコンバージョンにつながるアクションを起こせるようになります。

背景に写真を大きく使ってメリハリを付ける

このランディングページは比較的縦に長いため、ユーザーに飽きずにスクロールしてもらえるようデザインすることが1つのポイントになります。そのために効果的な方法の1つが、ランディングページのテーマに合った写真を背景に大きく配置して、ランディングページ全体にリズムを付けることです。なお、写真を背景に大きく使う場合は、コンテンツに配置する要素の邪魔にならない写真を選定することがポイントです。

類似コンテンツはコンパクトに配置

ここでは、登録までの具体的な流れをステップで説明しています。やや説明的なコンテンツになるため、極力縦幅を取らないようにコンパクトに情報を設計し、レイアウトすることが大切です。このコンテンツでは、6つのステップを、横に3つ、縦に2つ配置することで、省スペースを実現しています。

スマートフォン向けデザインでは操作性を意識する

スマートフォンでは、パソコンと異なり、クリックではなく、幅のある指でタップするなどして操作します。そのため、実際にユーザーにとって操作やすいデザインになっているかどうかをしっかりと検証しておきましょう。このスマートフォン向けランディングページでは、ボタンを大きくデザインし、タップしやすいように配慮しています。また、興味を持ったユーザーがすぐに応募できるように、ファーストビューのすぐ下にコンバージョンエリアを配置しています。

005_01 005_02

LANDING PAGE CATALOG

06 人気が高まる花珠真珠の商品紹介用ランディングページ

006_01

創業40年の実績をもとに、業界に先駆けて真珠のECショップを展開するゼネラル真珠株式会社のランディングページです。ここでは、中でも人気のある真珠「花珠真珠」を紹介しています。見極めが難しい花珠真珠の価値を理解してもらうため、花珠真珠の正しい評価方法や、よくある誤解などといった知識や情報をしっかりと伝えていくシナリオ・コンテンツ設計を行っています。また、商品写真や人物写真に素材写真（無料・有料）を使わず、オリジナルの撮影写真を使用することで、ビジュアル面を強化しています。人物写真の撮影では、3名の読者モデルに実際に商品の真珠を身につけてもらい、さまざまなシチュエーションを想定したカットを意識しました。このようにすることで、よりオリジナリティーやリアリティーのあるランディングページに仕上がっています。また配色は、ターゲットとする層の女性ユーザーに親近感や安心感を抱いてもらうために、淡いカラーリングで展開しています。なお、複数あるECショップページのいずれかに誘導することをコンバージョンに設定しているため、各コンテンツごとに、見せたいECショップページへと遷移してもらえるように、構成やデザインを工夫しています。

1 着用シーンがひと目でわかるファーストビュー

読者モデルによるイメージ写真をファーストビュー全体に活用し、あらゆる着用シーンをイメージできるようにしています。商品の幅広い用途や魅力を理解してもらうためには、こうした写真素材の活用が非常に有効です。

2 特徴を伝えるコンテンツは大胆に

ゼネラル真珠株式会社ならではの魅力を3つの特徴に整理して伝えるコンテンツです。こうしたコンテンツで、ただ単に特徴を並べるだけでは、単調になったり、縦幅を取ったりしてしまいがちです。そのためここでは、写真をそれぞれ横幅いっぱいに配置しながら、動きのあるようにランダムにレイアウトすることで、飽きのこないスマートなデザインにまとめています。こうしたファーストビューのすぐ下のコンテンツは、ユーザーの離脱率にも大きく影響するため、特に工夫が必要です。

3 スライダーで並列コンテンツをコンパクトに

ここでは、真珠を選定する際の6つの基準について説明しています。類似したコンテンツを複数紹介するため、左右に画面が切り替わるスライダー（Chapter 4-02参照）を利用することで、縦の面積を減らすように工夫しています。こうした場合は、左右にコンテンツが展開していくことがわかるように、左右にクリックできるボタンを配置するようにしましょう。なお、スマートフォンの場合は、スクリーンの特徴上縦長になるため、こうしたコンテンツはアコーディオンメニュー（Chapter 4-09参照）で縦方向に展開するとよいでしょう。

006_01

説明コンテンツは人物でナビゲート

花珠真珠に対するよくある誤解を伝えるコンテンツです。説明的なコンテンツのため、目に止まりやすくなるように撮影した読者モデルの写真を配置したり、テキスト量が多い印象にならないように背景写真を入れたりして工夫しています。

💡 HINT 複数のボタンを設置する場合

資料請求や申し込みなど、コンバージョンを1つに絞ったランディングページもあれば、複数のコンバージョンを必要とするランディングページもあります。どちらかというと前者のケースのほうが効果的ですが、後者を採用したいケースもあるでしょう。このランディングページでは、メインサイトとなるECショップのいくつかのページへユーザーを誘導することを目的としているため、後者の方法を採用し、コンテンツごとに各ページへのリンクボタンを設置しています。こうした場合には、コンテンツごとにボタンの役割がわかるようにデザインすることがポイントです。このコンテンツにあるボタンは、サイズ別の商品紹介ページに遷移させるためのボタンのため、商品写真と組み合わせるなどして役割をわかりやすくしています。

のちの編集を前提としたデザイン

商品情報を紹介するコンテンツでは、商品名や価格などの情報を定期的に入れ替えることになるため、編集しやすくするための配慮が必要です。ここでは、テキストを画像として表現する画像フォント（Chapter 4-06参照）ではなく、すぐに変更ができるデバイスフォント（Chapter 4-01参照）をあらかじめ設定しておくことで、のちのち編集しやすい状態にしています。このようにランディングページでは、コンテンツによっては、制作後の情報編集を考えた設計やデザインも必要になってきます。

006_01

スライダー型ファーストビュー

スライダーは類似した複数のコンテンツを配置する際に使用することが多いですが、動きを出して印象度を高める目的で活用するケースもあります。このランディングページでは、ファーストビューで同社の魅力を印象付けるために、3枚の画像がスライダーで展開するビジュアルに仕上げています。

006_01

スライド1

スライド2

スライド3

LANDING PAGE CATALOG

07 マーケティング支援サービスの新規顧客獲得用ランディングページ

B to B（Chapter 1-05参照）のマーケティング支援サービスのランディングページです。ユーザーを呼び込む「インバウンド」業務および、ユーザーにアプローチする「アウトバウンド」業務の、それぞれの利点や特徴を活かして1つのサービスに落とし込むことを特徴とし、営業コストの削減と営業効率の最大化を支援するサービスです。このような法人向けのランディングページは、専門的なサービスを端的にわかりやすく伝える必要性があるため、全体的にシンプルなデザイン表現を採用しています。それと同時に、説明的な内容を補完するため、グラフやアイコンなどを活用することで、ビジュアル面からの理解を促しています。また、メインビジュアルであるファーストビューには、動的デザインのパララックス（Chapter 4-02参照）を使用し、各コンテンツの見出しなどを立体的に動かすことで、ユーザーに感覚的に理解してもらうことを優先しています。デザインをシンプルにしながらも、動的な表現でサービス名やコンテンツをテンポよく展開することで、より印象深いランディングページに仕上げています。

007_01

1 ビジネスシーンに活用できるサービスであることを印象付ける

これまでにほとんどない新規性の高いサービスであるため、ファーストビューでは、ビジネスシーンで有効なサービスであることを、より直感的に、よりインパクトをもって伝える必要があります。そこで、ビジネスマンのイメージ写真を強調しながら、パララックスの動的な表現でサービス内容を印象付けています。また、キャッチコピーをあえて説明的にせず、シンプルなキーワードを使用しています。

2 グラフを活用しサービス理解を促す

法人向けのランディングページでは、サービスを実際に企業が導入した場合についてイメージしやすいように、数値的な実績を伝えるコンテンツが必要になることがあります。そうした際、テキスト情報だけではどうしても単調に見えてしまいます。せっかくの実績もうまく伝わらなければ意味がありません。そこで、ひと目でわかるシンプルなグラフなどを配置し、視覚的にユーザーの理解を高める工夫が必要です。

3 あえて背景色を目立たせる

サービス内容を具体的に説明するコンテンツです。新規性の高いサービスのため、サービス内容を伝えるコンテンツは、このランディングページの中でも特に重要です。こうした重要なコンテンツでは、確実にユーザーの目に留まるような工夫が必要です。ここでは、あえてこのコンテンツの背景のトーンだけを変えて目立たせています。

007_01

アイコンで情報を
すばやく効率的に伝える

アイコンは、テキスト情報よりも、圧倒的にすばやく情報を伝えることができます。裏を返せば、アイコン自体の選定を間違えると、伝えたい情報とは異なる内容がユーザーに伝わってしまう恐れがあります。デザイナー自身がそのコンテンツで伝えたい内容や意図をしっかりと汲み取っておくことが大切です。

ランディングページ一体型フォーム

ランディングページにおけるフォームは、そのランディングページを見て興味を持ったユーザーが、氏名などの情報を入力して、実際に問い合わせや申し込みなどを行うためのものです。このランディングページの場合は、同じページ内にフォームを配置することで、すばやく問い合わせを行えるようにしています。目的とするコンバージョンが1つの場合は、このようにフォームをページ一体型にすることで、円滑にコンバージョンを獲得することができるようになるでしょう。なお、フォームの入力項目数を最小限に絞ったり、ユーザーのネットリテラシーに合わせて入力ボックスのサイズを設定したりすることがポイントです。

 HINT

デバイスフォントと
画像フォントを使い分ける

デバイスフォントとは、ユーザーのデバイスにあらかじめインストールされているフォントです。どのフォントを表示させるかを指定することはできますが、ユーザーのデバイス環境によって、表示されるフォントが変わります。一方、画像フォントは画像化されたフォントであるため、写真などと同様にどのデバイスでも表示が変わりません。さらに、加工や装飾が自由にできるため、見出しなどでより印象的に文字情報を伝えたい際に活用するとよいでしょう。ただし、デバイスフォントはのちのち文字情報を簡単に書き換えることができるのに対し、画像フォントは装飾されたフォントのため、簡単に加工や変更ができません。また、デバイスフォントと画像フォントではランディングページの読み込み速度が大きく変わる点にも注意しましょう。画像フォントは装飾ができるため見た目に華やかですが、画像であるため表示速度を遅延させる要因の1つになります。対するデバイスフォントは、画像フォントに比べて大きな加工・装飾はできませんが、読み込み速度には影響しにくい特徴があります。ランディングページとコンテンツの目的によって、使い分けが必要です。このランディングページでは、読み込み速度とのちの編集作業を考慮し、デバイスフォントを多用しています。

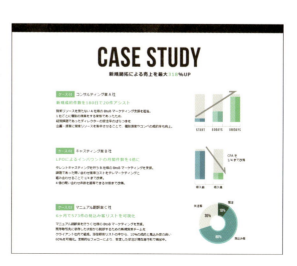

LANDING PAGE CATALOG

08 第二新卒支援サービスの登録者獲得用ランディングページ

008_01

ブラッシュアップ・ジャパン株式会社が運営する、「いい就職.com」の第二新卒ユーザー向けのランディングページです。採用意欲が高い企業の求人案件を数多く扱っていることや、手厚い就職サポートができることを伝えるためのページです。サービスの特徴だけに止まらず、第二新卒ユーザーを支援する背景やコンセプトについてもわかりやすく伝えるように意識されています。ユーザーにとって「就職」とは未来・将来に大きく関係してくるものでもあるため、ポジティブな印象を抱いてもらうことをデザインのテーマに設定しています。そのため、写真の活用・色彩設計・フォント選定・レイアウトなどといったデザインの各要素に最大限に気を配り、全体として明るく爽やかなテイストになるように仕上げています。あえて鮮明な色を複数使っていることも、そうしたデザインのテーマを反映するためです。また、写真やレイアウトを大胆に活用することで、より活発な印象を作り上げています。さらに、ユーザー層が若く、スマートフォンからの応募も多いことを考慮して、スマートフォン向けページも用意しています。ユーザーが求める情報を直感的に伝えられるように、デザインを最適化しています。

1 ファーストビューで就職後の成功イメージを印象付ける

ユーザーに近い層のモデル写真を選定し、就職後の自分の姿をイメージしてもらいやすいファーストビューデザインに仕上げています。男女ともにこのサービスの対象者になるため、男女の写真をそれぞれ配置して、よりイメージしやすくしています。さらに写真で直感的に理解を促しながらも、実績情報を組み合わせることで、ファーストビューに厚みを加えています。

2 サイドナビの配置で応募を促進

ランディングページが特に縦に長くなる場合は、サイドナビを設置することが、コンバージョンを促進するための有効な手段になります。スクロールしても常に右側に固定表示されていれば、興味が高まったときにいつでもアクションを起こしてもらうことができます。この場合、サイドナビがあることがわかるようにしなければなりませんが、ランディングページ自体のコンテンツを見るうえで邪魔にならないように、色や大きさを工夫するようにしましょう。

3 3つの切り口から求人案件の幅を伝える

「マジックナンバー3」という言葉があるほど、プレゼンテーションの現場で人々に話を伝えるときは、内容を3つに絞ることが効果的といわれています。ランディングページにおいても、内容を3つに絞るこの方法が非常に有効です。ここでは、取り扱い求人のポイントを3つのグラフで表現し、ひと目で端的に全体像を捉えられるようにしています。

体験内容の多様性を伝えるビジュアル

この体験談コンテンツでは、就職した先輩たちの体験談の多様性を伝えるため、あえてそれぞれの背景色を変えています。こうすることで、見た目にもメリハリがつき、単調にもなりません。また、人物写真についても体験者ごとに左右に配置を変えることで、動きのあるデザインに仕上げています。

最終コンテンツでもうひと押し

メインビジュアルとなるファーストビューは、そのランディングページで伝えたい情報が凝縮されています。そのため、全体の縦幅が長くなる場合には、最後のひと押しとして、ファーストビューで使用したデザインコンテンツをあらためて配置するという方法もあります。インパクトのあるビジュアルを繰り返して表示させることで、ランディングページがより記憶に残ることになります。

008_01

ナビゲーションを活用する

1ページ完結型のランディングページでとりわけ縦幅が長くなると、その分、ユーザーのスクロールの負担が増えます。同時にコンテンツ量が多くなるため、重要コンテンツなどが読み飛ばされてしまう恐れも高まります。そのため、ナビゲーションを効果的に活用することで、それらのリスクを回避しましょう。たとえば、常にヘッダー（Chapter 5-01参照）およびヘッダー上のコンバージョンボタンを固定で表示させたり、ページ内リンクで重要コンテンツをすぐに見られるようにするといった方法があります。ここで紹介しているランディングページのように、サイドナビを配置することもひとつの手です。

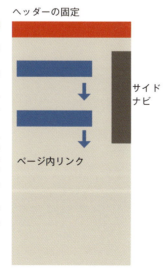

スマートフォン向けランディングページでは情報をよりコンパクトに

スマートフォンでは、画面内に表示できる情報が限られており、また横幅もパソコンに比べると狭いため、コンパクトな情報設計とデザインが必要になります。たとえば、スマートフォン用にテキストを最適化し、読みやすい分量にすることが挙げられます。あるいは縦に続く類似コンテンツが複数ある場合や、説明内容が多いコンテンツは、アコーディオンメニューで開閉可能な状態にしておくなどして最適化することが必要になります。

008_02

LANDING PAGE CATALOG

09 ママ向け天然除菌・抗菌スプレーの商品紹介用ランディングページ

009_01

エコ製品の製造・販売を手がけている株式会社フリーマムの、天然・除菌抗菌スプレー「デイリーミスト」を紹介するランディングページです。高い除菌力でありながらも手軽に使えるという商品のコンセプトとともに、子どもを持つママやお店での衛生管理に適していることを伝えるページです。デザイン面では、研究機関の厳しい審査をクリアした「品質の高さ」と、実際に使う人にとっての「安心感」を両立させることがテーマです。まず、品質の高さを示すために、研究機関の試験データを数値とグラフを使ってわかりやすく表現しています。「安心感」という点にも力を入れ、優しい印象が伝わる色彩設計やフォントの選定をすることで、特に子どもを持つママにとって親近感が感じられるトーンに仕上げています。また、全体的に専門的な内容が多いため、写真やイラストを効果的に活用し、直感的な理解のしやすさに配慮したデザインになっています。このように、色彩、イラスト、写真、フォント、インフォグラフィックなどのさまざまなビジュアル要素を工夫することで、難しい内容であっても、ユーザーにとって理解しやすいものにすることができます。

1 一般ユーザー向けでありながら、店舗や医療機関でも使えることを訴求

デイリーミストは、ママ向けの製品であると同時に、店舗、医療施設、介護施設、幼稚園、保育施設などにも適した商品です。そのため、B to C向けの訴求をしながら、B to B向けの商品であることも同時に訴求していく必要があります。ファーストビューでは、商品自体のことを知ってもらうため、パッケージやロゴ(商品名)を大々的に伝えつつ、複数のターゲット層に向けた商品であることを、イラストを活用しながら、ひと目でわかるようにしています。

2 品質の高さを数値でアピール

除菌スプレーにとって大切なのは、どれだけ除菌力があるかということです。いくら魅力的なキャッチコピーを並べても、実際のところどれだけの効果が見込めるのか、ユーザーであれば気になるものでしょう。そこで、このコンテンツでは、実際に研究機関の調査によって示された根拠をさまざまな側面から伝えています。その際、どうしても専門的な内容になるため、イラストやフォントや色彩などのビジュアル面で、難しい印象にならないように工夫しています。また、より多くの研究結果をコンパクトに伝えるため、4つのウィルスごとの研究結果の表示は、スライダーで切り替えられるようにしています。

024

009_01

日常的に使うものだからこそ、製品そのもののビジュアルもしっかり訴求

除菌剤は日常的に使用されるものであるため、目に留まりやすい場所に置かれることが多いものです。ユーザーのそうした使い方にも配慮してデザインされたおしゃれなパッケージや、実際の使用シーンなどのイメージがよくわかるように、複数の商品写真を配置し、さらに動的に切り替えができるようにしています。

言葉だけでなく、見てわかる「お客様の声」

ランディングページの必須コンテンツの1つに、「お客様の声」や「ユーザー体験談」が挙げられます。商品への関心が高い人は具体的なテキストまで読んでくれますが、そうでないユーザーには読み飛ばされてしまう可能性があります。そのため、コンテンツの内容と全体のデザインのトーンに合ったイメージ写真を用意し、ビジュアル面からも理解を促すことが効果的です。

💡 HINT

カラー設定のポイント

ランディングページのデザインで苦労することの1つに、配色が挙げられます。ページが縦に長くなるため、コンテンツごとの違いを見せようとして色を多く使いすぎるとうるさくなってしまい、反対に色数が少ないと単調に見えてしまうこともあります。ランディングページで扱う商品やサービスの特徴や、対象となるユーザー層によってもテイストやトーンは変えていく必要があるため、一概には何が正解であるかはいえません。ただし、全体の印象を決めるメインとなる色（メインカラー）、それらを補完するサブとなる色（サブカラー）、そして、ユーザーが実際にアクションを起こすボタンなどの色（コンバージョンカラー）といった3つの切り分けがポイントになることは共通しています（Chapter 4-03参照）。このように色を分けて考えるだけで配色のアプローチがしやすくなります。特にメインカラーは全体の印象を大きく左右するため重要です。このランディングページのように、商品ロゴやパッケージのカラーを起点としてメインカラーを設定すると効果的です。

3つのカラー設定

①メインカラー
全体のトーンを決める色

②サブカラー
メインカラーを補完する複数色

③コンバージョンカラー
ボタンなどのアクションを促す色

メインカラー

サブカラー

コンバージョンカラー

LANDING PAGE CATALOG

10 業務用シーラーの
商品紹介用ランディングページ

業務用電熱メーカー株式会社石崎電機製作所が開発した、業務用シーラー「ワンランク上のシーラー」のランディングページです。溶着と使い心地を追求した商品力を、機能面、素材面、使用用途、ラインナップなどの多くの側面から伝えることが意識されています。特に、サイズ／用途別に3つのラインナップがあることを強調したいため、ファーストビューからすぐに伝わるように工夫されています。スライドで3つの商品を自動切り替えで表示しながらも、ユーザーがすぐにそれぞれの商品の詳細な説明コンテンツに移動できるように、ページ内リンクも実装しています。デザイン面では同社のシーラーが持つシンプルで洗練されたイメージを踏襲し、ランディングページでもその世界観を表現しています。そのため、余計な装飾をできるだけせずに、シンプルでスタイリッシュなデザインを心がけています。また、法人向けのランディングページであるため、対面の商談時でも効果的に商品をアピールできるように意識して制作されています。すなわち、このランディングページは、プレゼンテーションツールとしての側面もそなえているのです。

010_01

1 スライダー型ファーストビューでラインナップをまとめて訴求する

ファーストビューで、3つのラインナップをスライダーで切り替えながら見せていくデザインです。法人向けのランディングページであるため、インターネット広告の受け皿としてだけではなく、対面型の商談時にも活用されることを視野に入れて、このようなすばやくラインナップが紹介できる設計・デザインが施されています。この方法は、法人向けのランディングページだけでなく、一般消費者向けのランディングページでも効果的な表現方法です。

なお、それぞれの商品に興味を持ったユーザーがすぐに各商品の説明コンテンツに移動できるように、ここではページ内リンクボタンを設置しています。スライドの切り替えと同時に、リンクボタンの表示も切り替わるように実装しています。

2 情報量の多いコンテンツはタブで切り替え

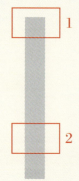
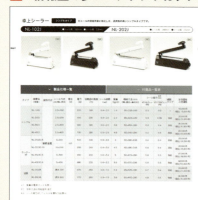

型番や重量、寸法などといった商品のスペックを説明するコンテンツです。このような情報量が多いコンテンツでは、できるだけカテゴリ別にまとめて表示させたほうがユーザーが確認しやすくなります。そのため、「製品仕様一覧」と「付属品一覧表」をタブで切り替えられるようにデザインし、縦幅を抑えたコンパクトな表示を実現しています。

026

010_01

HINT スマートフォン向けランディングページデザインの注意点

スマートフォンの普及に伴って、昨今数多くのスマートフォン向けランディングページが見られるようになりました。特に化粧品など一般消費者向けの商品・サービスを扱う場合は、パソコン向けランディングページ以上にアクセスを集めることも多いため、スマートフォン向けランディングページが非常に重要になってきます。このとき、スマートフォンの画面が小さいことから、スマートフォン向けランディングページがパソコン向けランディングページに比べて明らかに縦に長くなることに注意しましょう。

そのため、視認性を確保しつつ、レイアウトやパーツのサイズ感を意識して、伝えたい情報を配置していくことがポイントになります。たとえば、パソコン向けランディングページでは横に3つ並べることができるパーツも、スマートフォン向けランディングページでは2つしか並べることができません。強引に3つ入れることも不可能ではありませんが、表示要素を小さくせざるをえないため、どうしても視認性が落ちます。最近のスマートフォンはどんどん画面も大きくなってきていますが、それでも画面の小さい古めのスマートフォンを持っているユーザーもたくさんいるため、小さい画面のデバイスを想定してデザインの設計を行っていくほうが効果的です。

パソコン向けLP

スマートフォン向けLP

サイドナビで各商品コンテンツへナビゲート

商品コンテンツへのナビゲーション力を高めるため、このランディングページでは右サイドにナビゲーションを配置しています。クリックすることで、瞬時にそのコンテンツへ移動できます。なお、該当するコンテンツが表示されている際には、現在地がわかるように、サイドナビのデザインに動きを加えています。

最下部にページ内リンクを配置

最下部に各商品コンテンツへのページ内リンクを設置することで、商品コンテンツへユーザーを徹底的に誘導できるようにしています。こうした法人向けのランディングページでは、ターゲットとする企業担当者のネットリテラシーなどが掴みにくくなるため、重要コンテンツを見てもらうための工夫が特に必要になります。

スマートフォンに合わせたUIデザインの最適化

パソコン向けランディングページではスライダーで表示させているコンテンツを、スマートフォン向けランディングページではタブ切り替えで表示させています。一方で、パソコン向けランディングページではタブ切り替えで表示させているコンテンツを、スマートフォン向けランディングページではアコーディオンメニューで開閉表示させています。デバイスによって画面の見え方が大きく変わるため、このようにデバイスごとにしっかりとUIデザインを最適化することが、ユーザビリティ向上のポイントです。

010_02

タブで製品情報を切り替え

アコーディオンメニューで開閉

COLUMN
商品・サービスの数だけ
ランディングページデザインがある

ランディングページデザインに正解はない

ランディングページのデザインにはいくつかのガイドラインや手法がありますが、100%の正解というものはありません。数多くのランディングページを制作すればするほど、どれ1つとして同じ商品・サービスがないことに気付きます。また、訴求したいターゲット層もさまざまであり、そのときの世の中の状況や競合他社の動きも考慮する必要があるため、伝えるべきことやデザイン上の見せ方も画一的なものとはなりません。商品・サービスの数だけ最適なランディングページのデザインが存在するため、マーケットの状況を見極めるマーケティング的な視点が求められるのです 図1 。

ランディングページデザインは
マーケティングデザイン

マーケティングデザインには、デザインそのものだけでなく、時代性とマーケットから、その商品・サービスのポジショニングを理解し、伝えるべき情報自体を作り出すことが必要になります。そのうえで、実際にその商品・サービスの魅力を、対象となるユーザーに伝えるために有効なデザインやコーディングを行っていくことになります。そうしたステップを経なければ、本当の意味でユーザーの心を動かし、実際に行動を起こさせるまでには至りません。ランディングページには、俯瞰的な視点と、ディテールへの技術的な視点の両方が求められます。ランディングページをこれから立ち上げようと考えている段階では、なかなかそのことに気付けませんが、実際に制作する過程で、それらのことに気付きます。情報を魅力的に伝えて、人の心を動かすということは、それほど難しいのです。

検証する中でより最適化されていく

ランディングページデザインには100%の正解がないということもあり、初めから最適なデザインに仕上げることは難しいものです。そのため、限られた時間の中で、何度も検証しながら、よりよい落としどころを見つけていくことが必要になります。「たった1ページだからすぐに仕上がる」などと考えるべきではありません。1ページに凝縮された商品・サービスの魅力を整理しながら、心を動かすデザインを目指していくという発想で臨まなければ、よいランディングページデザインにはなりません。また、常に時代は流動的に変わっていくため、構成面やデザイン面において改善を重ねていくことも大切です。ランディングページとは、育てていくものでもあるのです。

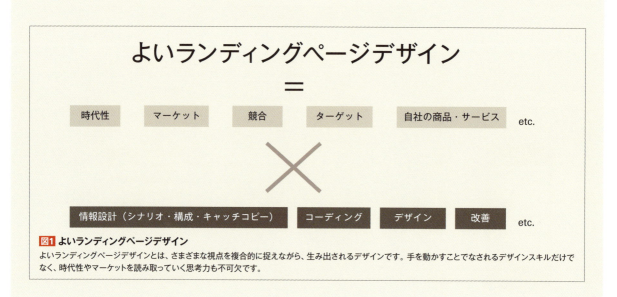

図1 よいランディングページデザイン
よいランディングページデザインとは、さまざまな視点を複合的に捉えながら、生み出されるデザインです。手を動かすことでなされるデザインスキルだけでなく、時代性やマーケットを読み取っていく思考力も不可欠です。

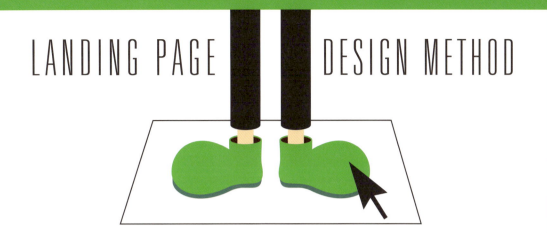

LANDING PAGE　　DESIGN METHOD

Chapter
1

ランディングページ とは？

LANDING PAGE DESIGN METHOD

01 ランディングページとは何か?

インターネット広告を効果的に活用するうえで、今や欠かせない存在となっているのがランディングページ（LP）です。ランディングページでは、商品の購入や問い合わせなどといった成果を追及するため、一般的なWebサイトとは考え方やデザインが大きく異なります。まずは、ランディングページの特徴について見ていきましょう。

ランディングページの目的

今日では、一般的なWebサイトの目的は多岐にわたります。自社について知ってもらうためのコーポレートサイトや、企業や商品のイメージを向上させるためのブランディングサイト、ユーザーに有益な情報を提供するためのオウンドメディアなど、目的に応じてさまざまな形態のWebサイトが展開されています。

一方で、ランディングページの目的はいたってシンプルです。それは、リスティング広告[*1]に代表されるインターネット広告から来訪してきたユーザーに、ランディングページを通して、商品購入や資料請求などといった行動を起こしてもらうことです。これらの行動による成果をコンバージョン[*2]と呼びますが、このコンバージョンを最大限に高めるためにデザインされているものこそ、ランディングページにほかなりません 01 。

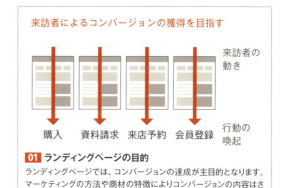

01 ランディングページの目的
ランディングページでは、コンバージョンの達成が主目的となります。マーケティングの方法や商材の特徴によりコンバージョンの内容はさまざまですが、いずれも定量的に表せます。

1ページで情報を伝えるランディングページ

来訪者に行動を起こしてもらい、より多くのコンバージョンを獲得するために、ランディングページにはさまざまな特徴が見られます。その中でもとりわけ重要なのが、複数のページで構成されている一般的なWebサイトとは異なり、1ページで完結しているということです。

一般的なWebサイトは、トップページを起点に複数の下層ページに分岐しており、情報の抜けや漏れがないように網羅的に構成される傾向があります 02 。ユーザーの流入経路と離脱経路が複数ページに及んでしまうため、ユーザーのサイト内の動きを意図的にコントロールすることが難しく、改善点を見つけ出すのが困難な傾向にあります。

一方のランディングページは、マーケティングの目的に合わせて、必要な情報だけを1ページに凝縮していく特徴があります 03 。そのため、複雑なページ遷移もなく、ページ解析においても、問題点を特定しやすいため、改善もしやすい傾向があります。

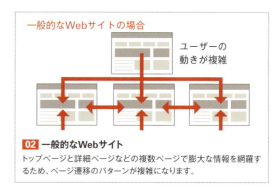

02 一般的なWebサイト
トップページと詳細ページなどの複数ページで膨大な情報を網羅するため、ページ遷移のパターンが複雑になります。

03 ランディングページ
商品の購入や資料請求など、目的を達成するために必要な情報を、最適な順番で1ページに整理します。

*1:リスティング広告
主に、検索されるキーワードに連動する「検索連動型広告」と、提携するパートナーサイトに表示される「コンテンツ連動型広告」の2種類がある。

*2:コンバージョン
商品購入や問い合わせ、会員登録や資料請求など、Webサイトの来訪者の行動によって得られる成果のこと。CVともいう。

ランディングページの制作に求められるもの

ランディングページは、1ページに情報がまとまっているWebページであるため、一見手軽に作成できるものと思われがちです。しかし、いざ制作を始めてみると、それほど容易ではないことに気付くでしょう。

1ページの中に、商品やサービスの魅力を、どのようなテキスト・画像要素を使い、どのような順序・レイアウトで、どのようなテイストのデザインに落とし込めば、ユーザーに行動を起こしてもらえるのでしょうか？ ランディングページの来訪者に目的とする行動を起こしてもらうためには、これらをユーザー目線で分析したうえで、それぞれの要素を1つ1つ組み立てる工程を踏んでいく必要があるのです。ランディングページで高いパフォーマンスを達成するためには、このようなユーザーの心理を深く考えたアプローチ、すなわち高度なマーケティング力が欠かせません 04 。

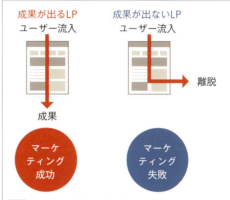

04 ランディングページの成否
ランディングページで成果を出すためには、ページから離脱させないマーケティング力が必要です。テキスト・画像だけに限らず、全体のシナリオや構成まで、考えるべきことは多岐にわたります。

ランディングページに欠かせない情報デザイン

インターネット上で「このようにすれば成果が出る!」云々と謳われる、ランディングページに関する成功法やテンプレートをそのまま流用したとしても、実際には成果につながらないという厳しい現実に直面することでしょう。

上記のマーケティング力の話とも通じることですが、ランディングページにおいて重要なのは、自社の商品やサービスを魅力的にユーザーに伝えるための考える力であり、その結果として生み出される情報設計です。ランディングページにおけるこうした情報設計のことを、筆者は「情報デザイン」と呼んでいます。商品やサービスに関する情報が戦略的にデザインされたランディングページは、ユーザーに自然とそれらの魅力を伝えることができ、期待される行動へと、コンバージョンへと導く力を持っています 05 。

世の中には、オンリーワンと呼べるような商品はそれほど多くは存在しません。ほとんどの業界内で、競合するライバル商品やサービスがあるものです。そうした厳しい環境の中で、他社との違いや差別化を意識しながら情報をデザインし、ランディングページの来訪者に、自社の商品やサービスの魅力を巧みに伝えなければなりません。

本書では、そのような価値あるランディングページが少しでも制作しやすくなるように、できる限り具体的に解説していきます。

05 情報デザインの重要性
自社の商品やサービスをより魅力的にアピールするためには、戦略的な情報設計が不可欠です。

LANDING PAGE DESIGN METHOD

02 コンバージョンとは何か？

これまでに、ランディングページの目的は、来訪者による商品購入や問い合わせなどのコンバージョンにあると説明しました。実際に、ランディングページを制作する前に、まずコンバージョンについて深く検討しておく必要があります。ここでは、その具体的な内容を見ていきましょう。

Webマーケティングの成果指標となるコンバージョン率

マーケティング業界で日常的に議題に上がるコンバージョンという概念は、ランディングページにおいても切り離せないほど重要な指標です。ここでコンバージョンを「指標」と呼ぶのは、数字として定量的に表すことができるからにほかなりません。インターネット広告などのオンラインマーケティングの大きな利点は、このコンバージョンのように、すべてを数値化できることです。どの期間にどの程度の人数がランディングページに訪れたのかや、そこからどれだけの成果につながったのかがすべて数値化できるため、実際の成果を明確に把握することができます。

投資している広告に対して、見合った成果が出ているのか否かを明確にするために、まず「コンバージョン率[*1]」という指標が必要になります。コンバージョン率は、「コンバージョン数／ランディングページに訪れた人数×100」で計算することができ、「%」で表現されます。商品の購入をコンバージョンとして設定したケースを例に解説してみましょう。100人のユーザーがランディングページを訪れて、その中の1人が商品を購入した場合、コンバージョン率は、「1／100×100＝1％」という計算式で導かれます。仮にこのコンバージョン率が2％になれば、50人に1人が商品を購入してくれることになるため、売り上げにおける効率が倍増する計算になります 01 。

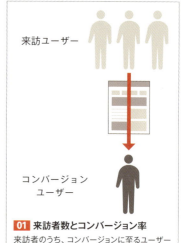

01 来訪者数とコンバージョン率
来訪者のうち、コンバージョンに至るユーザーが多ければ多いほど、コンバージョン率が高いといえます。

コンバージョン率と顧客獲得単価

コンバージョンと広告費用の関係を明確にするためには、1件のコンバージョンを獲得するために必要とされた広告費用「顧客獲得単価[*2]」を、さらに算出する必要があります。

商品の購入をコンバージョンとして設定した場合について考えてみましょう。このときコンバージョン率を1％とすると、1件の商品が購入されるために100人の集客が必要になる計算です。1人を集客するために必要な広告費用を50円とすると、100人を集客するための広告費用は、「50円×100人＝5,000円」になります。つまり、1件の商品購入を達成するために、5,000円を要したことになります。この5,000円こそが、この例における顧客獲得単価です。

さて、このとき仮にコンバージョン率が倍の2％になったとします。5,000円の広告費用で100人を集客すると2件の商品が購入されることになるため、1件の商品購入につき必要な広告費用は、半額の2,500円に下がることになります。このことから、コンバージョン率が倍増すると、顧客獲得単価が半減するという相関関係がわかります 02 。

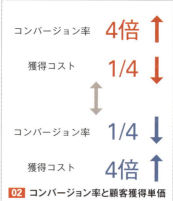

02 コンバージョン率と顧客獲得単価の関係性
コンバージョン率が上昇すればするほど、顧客獲得単価は減少するため、広告費用を軽減できます。

*1:コンバージョン率
Webサイトを訪問したユーザーのうち、実際にコンバージョンに至ったユーザーの割合を示す。顧客転換率、CVR（Conversion Rate）とも。

*2:顧客獲得単価
1件のコンバージョンを獲得するために必要なコストを意味する。CPA（Cost Per Acquisition）とも。

コンバージョンの定義を決めてからランディングページの目的を考える

コンバージョンとは、あくまでランディングページの成果を意味する概念的な名称に過ぎません。ランディングページを活用したWebマーケティングを開始する際には、コンバージョンの定義を、資料請求にするのか、商品の購入にするのか、セミナーの予約にするのか、会員の登録にするか、あらかじめ決めておく必要があります。

たとえば、一般ユーザー向けの月額課金型の会員制Webサービスを運営している場合、このWebサービスの肝となるのは、やはり会員の獲得でしょう。そのためランディングページのコンバージョンの定義として、会員登録が第1に浮かび上がってきます。しかし、ここでもう1歩踏み込んで考えてみると、会員登録というコンバージョンを大きく2種類に分けることもできます。1つ目は、無料会員登録というコンバージョンです。そしてもう1つが、有料会員登録というコンバージョンです。

まずはお試しを目的として無料会員登録だけに誘導するのか、それとも有料会員として最初から登録してもらうのか。またはその間をとって、無料会員と有料会員の2つのコンバージョンを、1つのランディングページ上で来訪者に選んでもらう形をとるのか。コンバージョンの定義とひと口にいっても、考え方や選択肢は実に多様なのです。

なお、一般的に無料会員と有料会員の場合では、ユーザーがコンバージョンに至るまでの心理的ハードルが全く異なります。無料会員は最初から費用がかからないため、ユーザー側としては登録しやすい傾向があるからです。必然的にコンバージョン率が有料会員と比べて高くなるということは、容易に想像できるでしょう。ここで大切なのは、コンバージョンの定義を決めると同時に、そのコンバージョンがユーザーの心理的なハードルとして高いのか低いのかということを考えることです 03 。

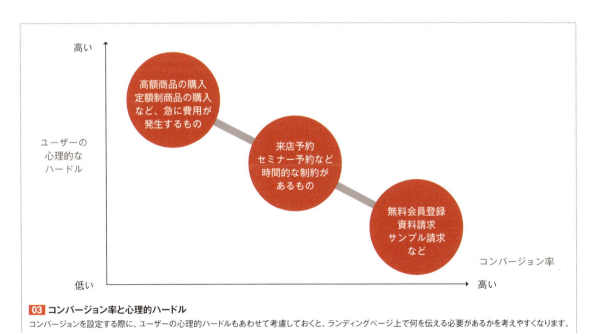

03 コンバージョン率と心理的ハードル
コンバージョンを設定する際に、ユーザーの心理的ハードルもあわせて考慮しておくと、ランディングページ上で何を伝える必要があるかを考えやすくなります。

また、設定したコンバージョンの種類によって、ランディングページの作り方も異なってきます。商品を購入させるために必要な情報とサンプルを請求させるために必要な情報は、根本的に異なってくるからです。その意味でも、まずはコンバージョンというゴールを決めて、そのゴールに到達するための最適な情報を設計し、ランディングページに落とし込んでいくという手順が重要です。

033

LANDING PAGE DESIGN METHOD

03 ランディングページと リスティング広告の関係

Chapter 1-02では、まず考えるべきコンバージョンの具体的な内容について解説しました。ここでは、その次に考えるべき広告施策について解説します。クリック課金型のリスティング広告がおもな広告施策となるため、このセクションでは、ランディングページとリスティング広告の関係について深めていきます。

リスティング広告による集客

リスティング広告にもいろいろな種類がありますが、ここでは基本的なものである検索連動型広告[*1]について触れていきます。たとえば英会話を学びたいというユーザーがいた場合、GoogleやYahoo!などの検索サイトで、「英会話スクール」や「英会話　教材」、「英会話　学習」などといった、ユーザーが頭に思い描いているキーワードを検索することでしょう。その検索キーワードに対して、関連する広告が表示されるというものが、検索連動型広告です [01]。代表的な検索連動型広告サービスとしては、Googleの「Google AdWords」、Yahoo!の「Yahoo!プロモーション広告」が挙げられます。

　ここで重要なのは、どのようなキーワードを調べているユーザーに対して、検索連動型広告でランディングページを見せたいのかということです。たとえば、英会話スクールを運営している会社が、「英会話　教材」というキーワードで検索しているユーザーに検索連動型広告を配信したとしたらどうでしょう。英会話の教材を買おうと思っているユーザーに、「英会話スクールに通学しませんか?」などと案内したとしても、ユーザーのニーズに合致しているとは言い難いため、あまり効果的ではありません。「英会話　教材」というキーワードではなく、「英会話　スクール」というキーワードで検索しているユーザーに対して、「当スクールはこのような魅力がありますよ」と伝える広告とランディングページを見せてこそ、ニーズに合致するといえるでしょう。

　自社の商品・サービスの顧客になりうるユーザーが、どのようなキーワードで検索しているのか。そのキーワードに対して表示させた広告・ランディングページに、どのような情報を盛り込んでいけば、ユーザーを納得させて目的とするコンバージョンにつなげることができるのか。これらのことを、ランディングページを制作する前に、あらかじめしっかりと考えておく必要があるのです [02]。

[01] 検索連動型広告のしくみ
ユーザーによって検索されたキーワードと関連性のある広告が検索結果ページに掲載されるため、明確なニーズを持ったユーザーを集客しやすくなります。

	提供する商品・サービスとの親和性	コンバージョン率
キーワードA	高い	高い
キーワードB	低い	低い

[02] キーワードの親和性
キーワードによって、商品やサービスとの親和性やコンバージョン率は大きく異なります。なお、Google AdWordsやYahoo!プロモーション広告では、どういう検索キーワードが、月間でどれぐらい調べられているのかを詳細に把握することができます。

*1:検索連動型広告
検索サイトなどの検索結果が表示されるページに掲載される広告。検索キーワードの関連事項が掲載されるため、ユーザーのニーズと合致しやすい。

*2:クリック単価
広告をユーザーに1回クリックされるたびに発生する費用のこと。キーワードごとに相場が異なる。CPC（Click Per Cost）とも。

リスティング広告のクリック単価

リスティング広告を運用するうえで、キーワードと並んで重要になるのが広告費用です。広告費用の基本的な指標として、「クリック単価[*2]」があります。クリック単価とは、指定したキーワードに対して掲載される広告が、1回クリックされるごとに発生する費用のことです。ランディングページを制作する前に、キーワードごとのクリック単価のおおよその目安がわかるため、目標とする顧客獲得単価や、目標とするコンバージョン率を、あらかじめ決めておくことができます。

キーワードごとにクリック単価が異なるのは、同じキーワードを利用している競合他社が存在するためです。キーワードに対する広告掲載は入札によって決められるため、人気があるキーワードほど高騰するという傾向があるのです。高いものでは数千円にまで高騰しているキーワードもあるため、間違った目標設定をしないように注意しなければなりません。ランディングページを制作する前に、目標とする具体的なコンバージョンの指標を決め、そのコンバージョンを獲得するための費用がどの程度であればビジネスとして成立するのかを、あらかじめシミュレーションしておくことを推奨します。

広告費用を抑えるために重要になる広告の品質

クリック単価は、リスティング広告を上手に運用することで抑えることができます。リスティング広告には、個々の広告の品質を位置づける指標があり、この指標によってクリック単価が変動するからです。この指標は、Google AdWordsでは「品質スコア」、Yahoo!プロモーション広告では「品質インデックス」と呼ばれています。品質スコア（品質インデックス）が高ければ高いほど、優先的に広告が掲載されるしくみになっています。つまり同じキーワードで入札している競合他社よりこれらの指標が高ければ、より低いクリック単価でも広告が掲載されやすくなるのです 03 。

03 広告品質と掲載順位の関係性
左図の場合、広告の品質においてはB社が優れているため、ユーザーに適した広告として上位に掲載されやすくなります。なお、品質スコア（インデックス）は10段階評価で表されます。

この品質スコアを左右する要素は、複数の指標から決められます。しかし、指定されたキーワードと、表示される広告やランディングページの関連性・一貫性が大きく関係しています。そのため基本的には、検索キーワードに合致した最適なコンテンツを備えたランディングページ作りが求められるということを覚えておきましょう。よいランディングページを制作すれば、競合他社よりも広告パフォーマンス（費用対効果）を高めることが期待できるのです。

LANDING PAGE DESIGN METHOD

04 ランディングページの重要性

ユーザーの行動を喚起するランディングページは、マーケティングのしくみすら変えるポテンシャルを持っています。コンバージョン率の高いランディングページがあれば、商品の購入や来店の予約、商品・サービスに関する資料請求による見込み客の獲得などといった、重要なマーケティングをすべて自動化してくれます。

必要な広告費用を明確化できる

これまでに触れてきたように、オンライン広告を活用するランディングページの運営では、状況を数値で明確に把握できます。どれだけの広告費用を投入して、どれだけの売り上げが達成できたのか。どれだけの資料請求があり、どれだけの来店予約があり、どれだけの会員が増えたのか。これらの状況を数値化することができるため、目標とするコンバージョン率やコンバージョン件数を設定しやすく、その目標を達成するために必要な予算もはっきりします。

たとえば、制作したランディングページで目標とするコンバージョン率が安定して達成できている場合、顧客獲得単価に、追加で増やしたいコンバージョン数を掛け合わせることで、必要な追加広告予算を容易に算出することができます 01 。よいランディングページは、マーケティングを強化・拡大することに自然につながっていくのです。

01 必要な広告予算の求め方

市場内のシェアを拡大できる

魅力的なランディングページを運営し、コンバージョン率を高めれば高めるほど、低い予算で顧客や見込み客を獲得することができるという直接的なメリットが生まれます。それに加えて、よいランディングページ運営をすれば、市場内のシェアを拡大することができるという間接的なメリットにもつながります。

とりわけ検索連動型広告においては、特定のキーワードが検索される上限数「検索ボリューム」があります。この検索ボリュームを、あるキーワードに関する市場全体と捉えてみましょう。その限られた市場の中で、自社と競合他社が顧客や見込み客を取り合っているということになります。自社が高い確率で顧客や見込み客を獲得できているとするのなら、必然的に競合他社の顧客の獲得効率が低下していると考えることができるのです 02 。

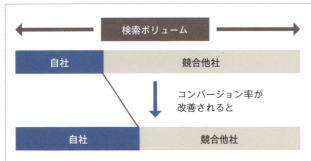

02 検索ボリュームと市場シェア
コンバージョン率の高いランディングページに改善すれば、市場内のシェアを拡大したことになります。厳密には、検索ボリュームはキーワードの種類によって変動する傾向があるため、ある一定数の検索ニーズのボリュームに対して、シェアが拡大できるという意味になります。

*1:HTML5
Webページを記述するための言語であるHTML（HyperText Markup Language）の最新版。動画や音声などを使った高度な表現が可能。文章の構造も強化され、より記述しやすくなっている。

*2:CSS3
Webページのデザイン表現をより豊かにする言語であるCSS（Cascading Style Sheets）の最新版。従来のCSSでは不可能だった画像や文字の加工などといった、より高度な表現が可能。

*3:jQuery
プログラミング言語である「JavaScript」をより簡単に記述することができる。非常に軽量であるだけでなく、ブラウザに依存しない動作が実現できる。

マーケティングプロセスをさらに強化できる

高いコンバージョン率を維持するランディングページとして機能している場合、入り口のマーケティング効率を高めることができているといえるでしょう。そうであれば、競合他社が手薄になっている部分にも、組織全体として注力することができるため、マーケティング上の差別化や競争力を生み出すきっかけを作ることができます。

たとえば、資料請求をコンバージョンとする優れたランディングページが機能しているとしましょう。資料請求から商談に至る施策が自動化されることで、ユーザーにリピートしてもらうことや長く使い続けてもらうための施策など、ほかの部分に注力できるようになるはずです。あるいは、店舗の来店予約がランディングページによって自動化されたとすれば、商品開発やサービスそのものの改善などによる顧客満足度の向上に注力できるようになるでしょう。ランディングページによる業務の効率化は、マーケティングを強化するための余力を着実に生み出してくれるのです。

ランディングページを活用したマーケティングは、もっと広がる

タブレット端末やスマートフォンの普及に加え、HTML5[*1]やCSS3[*2]、jQuery[*3]をはじめとした表現手法の登場により、ランディングページで表現できることの幅やリーチできるユーザー数が、急速に広がりつつあります。株式会社電通が発表した2014年の日本の広告費の統計を見ても、インターネット広告の市場規模が堅調に伸びていることがわかります03。いうまでもなく、今や1兆円を超えるこのインターネット広告市場を支えているものこそ、ランディングページにほかなりません。

ユーザーには、パソコンのみならず、スマートフォンやタブレットを活用する日常が定着しています。気になることがあれば、いつでも手持ちの端末を使って検索し、どのような商品・サービスにも簡単にアクセスすることができるため、商品・サービスそのものを広めるための環境がすでに整っているといえるでしょう。ランディングページは、こうしたWebマーケティングの要となるクリエイティブツールとして、今後さらにその品質やパフォーマンスが問われることになっていくはずです。

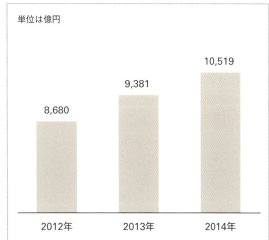

03 **インターネット広告市場の推移（媒体費＋製作費）**
「2014年 日本の広告費」株式会社電通発表のPDF資料より抜粋
http://www.dentsu.co.jp/news/release/pdf-cms/2015019-0224.pdf

LANDING PAGE DESIGN METHOD

05 ランディングページでできること

どのような場合にランディングページを活用すればよいのか。自社の場合はどのような活用が可能なのか。ここでは、そのような疑問に答えるために、実際のランディングページの活用方法を紹介します。自社の場合に当てはめながら考えてみると、よりいっそう理解が深まることでしょう。

既存事業でも新規事業でも幅広く活躍

Webマーケティングを展開するうえで、今やランディングページは必要不可欠なツールです。その活用範囲は広く、運用方法を間違えなければ、着実に事業目的を達成することができるはずです。制作にかかる工数や時間も、複数ページを必要とする一般的なWebサイトよりも軽減できるため、思い立ったらすばやく立ち上げることができる点も魅力の1つといえるでしょう。

ここで、かつて筆者がチャイルドシートの販売促進を担当したときの話を例に挙げたいと思います。九州で子ども向けのリサイクル業を行っていたA社様は、新規事業として通販ビジネスを始めることになり、第1弾の商品として、チャイルドシートを開発されました。チャイルドシートの販売価格は、当時で税込18,980円（定価は税込25,200円）。決して安いわけではありません。それでも、このチャイルドシートを3ヶ月以内に100台販売し、さらに製品ラインナップを増やして、事業を積極的に拡大していきたいというA社社長様の強い思いを受け、筆者はこの仕事を引き受けることになりました。

当時、5,000円以上の商品単価では、インターネット上では売りづらいという話もありました。しかし筆者は反対に、ランディングページの真価を発揮するよい機会であると考えました。さっそくA社社長様と一緒になって、チャイルドシートのランディングページ制作に取りかかったのです 01 。

ランディングページ完成後、すぐさまリスティング広告の運用を開始しました。その結果、**当初目標としていた100台をはるかに超え、8ヶ月間で実に560台という販売実績を作ることに成功**しました。ここで気になる顧客獲得単価は2,000円です。つまり、2,000円の広告投資コストで、18,980円のチャイルドシートを、8ヶ月間も安定して売り続けることができたわけです。

同社は今では、当初の計画どおり、公式サイトを立ち上げて製品ラインナップを増やし、小さく始めたランディングページの成功モデルを大きく拡大して、売り上げを急上昇させる会社へと成長を遂げています。ランディングページ1つが、事業の未来までをも変えてしまう光景を、筆者が目の当たりにした瞬間でもありました。この成功モデルは、販売パターンさえ見つかれば、小さな成功を大きく拡げる力をランディングページが秘めていることを、再確認させてくれます。

01 チャイルドシートのランディングページ
2012年7月から開始したキャンペーン。全国各地のユーザーから購入があり、2ヶ月で目標販売台数である100台を超え、8ヶ月で560台の販売を記録しました。

*1:B to C
Business to Consumer の略。企業と個人消費者のあいだで行われる商取引を意味する。個人向けネットショップの取引などがこれに該当する。B2Cとも。

*2:B to B
Business to Business の略。企業と企業のあいだで行われる商取引を意味する。人材派遣や商材取引などがこれに該当する。B2Bとも。

*3:アップセル
商品の購入を検討している顧客に対して、よりグレードの高い商品を勧めるセールスの手法。

ランディングページの具体的な活用方法

ランディングページは、一般ユーザーを相手にするB to C[*1]や、法人を取引先とするB to B[*2]を問わず、自由に活用することができます。設定するコンバージョンの違いこそあるものの、ほとんどの業種・業態でランディングページを活用することができます。ここでは、それら代表的なパターンについて紹介します 02 。

■ 新商品や既存商品をランディングページで販売したい場合　　　　　　B to C

商品の販売をランディングページ上で完結させるケース。化粧品、健康食品など特定業界に限らず、宝石・ジュエリーやアパレルファッション、有料型のWebサービス会社まで、活用範囲は広い。Web上で販売まで完結できる見込みがある場合に、購入促進用のランディングページが活用される。

| コンバージョン | 「購入する」「定期購入する」など |

■ トライアルユーザーをランディングページで獲得したい場合　　　　　B to C　B to B

無料もしくは初回限定の低価格などの条件付きで、商品・サービスを体験してもらう場合に活用される。物販以外にも、教育系サービス、金融サービス、美容系サロンやプライベートジム、結婚相談所、ウェディングなどの接客系サービス業まで活用される。B to Bでも、商品によってはトライアル期間を設ける場合がある。無料から有料へのアップセル[*3]の見込みが高い場合に活用される。

| コンバージョン | 「お試し購入」「無料で登録」「無料トライアル」「無料で相談する」など |

■ 来店予約、セミナー・イベントをランディングページで集客したい場合　B to C　B to B

店舗の予約獲得や定期的に開催するセミナー・イベントでの集客で活用されるランディングページ。特に、美容エステやウェディング関連、歯科業界など人を介する販売活動が必要な場合、来店予約は重要なコンバージョン指標となる。また、セミナー・イベントにおいては、B to Bでも見込み客を効率的に集める手段として活用されることがある。

| コンバージョン | 「来店予約する」「セミナーに参加する」「会場見学する」など |

■ 資料請求、見積り依頼など、見込み客を集めたい場合　　　　　　　　B to C　B to B

商品サービスの詳細をもっと知りたいと思ってもらえる関心度の高いユーザーを集めたい場合に活用されるランディングページ。ユーザー側にとっても、さらに詳しい情報や費用について確認できる機会があるため、業種・業態を問わず、もっとも活用しやすい傾向がある。

| コンバージョン | 「資料請求する」「見積り依頼する」「カタログを請求する」など |

02 ランディングページの代表的パターン

Chapter 1 ランディングページとは？
Chapter 2 ランディングページの事前準備
Chapter 3 コンテンツ
Chapter 4 ランディングページのデザイン制作
Chapter 5 ランディングページのコーディング
Chapter 6 ランディングページの運用改善による最適化

039

LANDING PAGE DESIGN METHOD

06 | 商品・サービスがランディングページに向いているか見極める

無数に存在する商品・サービスのすべてで、ランディングページを活用した効率的なマーケティングができるというわけではありません。ランディングページを利用すべきでない場合もあるのです。それではいったい、どのような判断基準を持っていれば、ランディングページを有効に活用することができるのでしょうか。

関連キーワードの検索ニーズが重要

ユーザーをランディングページへ流入させる方法としては、数あるインターネット広告の中でも、とりわけ検索連動型のリスティング広告が主流になっています。Chapter 1-01でも触れたように、検索サイト上で、検索キーワードに対して関連する広告が表示されるというものが、検索連動型広告です。裏を返せば、広告に設定してあるキーワード自体が検索されなければ、そもそも広告がユーザーの目に留まることもなく、ひいてはランディングページを訪れるユーザーが発生することもないといえるでしょう。

そのため、ランディングページを使った商品やサービスのプロモーションを検討する場合、まずはその商品やサービスに関連するキーワードそのものが、インターネット上でしっかりと検索されているかどうかが重要になります。ほとんど検索されていないキーワードに関連する商品やサービスでは、広告を十分に表示させる事ができないため、ランディングページを用いたマーケティングが適しているとはいえません。どのようなキーワードが、どのぐらい検索されているのか。そのボリュームや傾向を把握し、扱っている商品・サービスのインターネット市場における規模を掴んでおく必要があるのです。

こうした検索ニーズの調査のためには、Google AdWords[*1]およびYahoo!プロモーション広告[*2]が提供しているキーワードプランナー／キーワードアドバイスツールを使うことが有効です。まずは商材に関連するキーワードのボリューム感をしっかり調べておきましょう 01 。さらに、検索キーワードの人気度の長期的な推移を調べることができるGoogleトレンド（https://www.google.co.jp/trends/）を使えば、商材と関連するキーワードがどのような検索傾向を持っているのかをより正確に調べることもできます 02 。

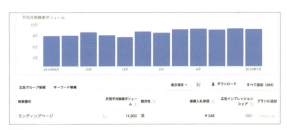 

01 キーワードプランナー／キーワードアドバイスツールによるボリューム調査
指定したキーワードの検索ボリュームを確認することができます。地域別やデバイス別の検索ボリュームまで細かく調べることができます。

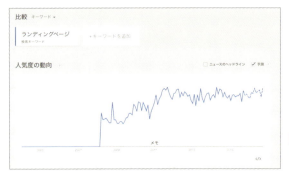

02 Googleトレンドによるトレンド調査
指定したキーワードの検索人気度の長期的な推移を、グラフで確認することができます。ただし、ボリューム数を調べることができない点に注意しましょう。

*1:Google AdWords
Googleが提供するインターネット広告サービスの名称。アカウント登録することで管理画面にログインでき、必要な検索キーワードのリサーチから広告配信まで行うことができます。

*2:Yahoo!プロモーション広告
Yahoo!が提供するインターネット広告サービスの名称。Google AdWordsと同様、アカウント登録することで必要な検索キーワードのリサーチから広告配信まで行うことができます。

競合他社による広告出稿の有無もポイント

扱っている商材に関連するキーワードの検索ニーズが十分にあると確認できたとしても、ただちにランディングページによるマーケティングが適しているとは断言できません。たとえ検索ボリューム自体が多くとも、ビジネスとは関係性の薄い検索が多くなされているという可能性も想定されるからです。

関連キーワードによる広告が機能するかどうかを検証するためには、GoogleやYahoo!などの検索サイトで、その関連キーワードを実際に検索してみることが有効です 03 。自社の商品・サービスと競合・関連する企業が、実際に広告を出稿しているかどうかを判断基準とするためです。検索した結果、さまざまな企業が広告を出稿していることが広告枠から確認できた場合、そこでは実際にビジネスが成立していると考えられるため、その商材はランディングページによるマーケティングに向いていると判断することができるでしょう。

ここで全く広告が出稿されていないという場合は、十分に注意しなければなりません。広告として効果が期待できないという可能性が想定されるからです。もちろん、どの競合他社も気付いていないニッチなキーワードであるというポジティブな可能性も考えられるため、関連キーワードを選定し直すなどして、冷静に判断していく必要があります。

03 GoogleおよびYahoo!での広告調査
自社の商材に関連するキーワードをあらかじめ検索しておけば、競合他社の広告の出稿状況から、ビジネスの可能性を判断できます。

そもそもビジネスとして成り立つかどうかも検討する

商材の関連キーワードの検索ニーズがあり、競合他社による先例も確認できたとしても、最後はやはり、自社のビジネスとして成立するかどうかを検討する必要があります。Chapter 1-02でも触れたように、扱う商品・サービスをランディングページでプロモーションした結果、広告への投資分を差し引いたとしても、利益を生み出せるのかどうかが重要です。

たとえば、リピートが見込める商品・サービスの場合は、生涯利益を想定した試算によって、広告への投資価値を判断することができるでしょう。また、単価が大きい商品・サービスの場合は、かさむであろう顧客獲得単価を売り上げから差し引いたとしても、しっかりと利益が出せるかどうかが判断指標となるでしょう。ランディングページが有効かどうかを考える場合、このようにビジネスとして成り立つかどうかをシミュレーションしておくことは、どのような商品・サービスにも共通して重要です。

LANDING PAGE DESIGN METHOD

07 ランディングページ制作・運用で失敗しないために

複数ページから構成されるWebサイトと異なり、1ページで完結するランディングページは、一見すると簡単に制作・運用できると思われるでしょう。しかし、実際にはそれほど簡単にはいかないものです。ここでは、ランディングページの制作・運用で失敗しないために、まずおさえておきたいことについて解説します。

1つの商品やサービスに絞る

ランディングページは1ページで完結する、スペースが限られたものであるため、その1ページで達成したい目標を1つに絞ることが重要です。たとえば、複数の商品やサービスを1ページでまとめて紹介し、コンバージョンにつなげようとしても、よい結果には結び付きません。商品・サービスの秀逸なプロモーションがこれだけインターネット上にあふれている状況です。目標をいくつも狙った中途半端なプロモーションは、紹介したい商品・サービスそれぞれの特徴を説得力をもってアピールしづらくなるため、コンバージョンの獲得という観点においては現実的ではないのです。

一般的なWebサイトに設けられている一覧ページやカテゴリページは、あくまで商品やサービスをさらに詳しく紹介するための導線に過ぎません。つまり、ユーザーに対して選択肢を提示することを目的として構成されたページです。一方でランディングページは、商品・サービスにおけるコンバージョンを獲得することを目的として構成されるページです。しかし、複数の商品やサービスを1つのランディングページで紹介すると、情報過多のために来訪ユーザーの焦点が定まらなくなってしまい、コンバージョンの獲得という目的を達成しづらくなります。やはり基本的な考え方としては、1ページにつき1つの商品・サービスだけを紹介することが大切です 01 。

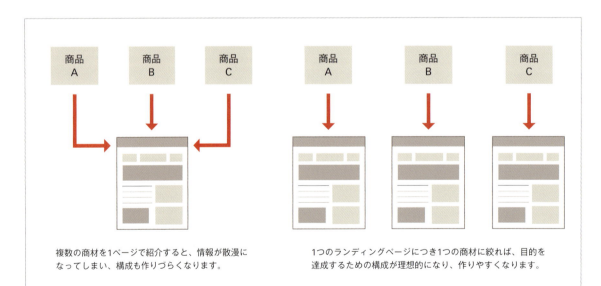

複数の商材を1ページで紹介すると、情報が散漫になってしまい、構成も作りづらくなります。

1つのランディングページにつき1つの商材に絞れば、目的を達成するための構成が理想的になり、作りやすくなります。

01 1つの商品・サービスにつき1つのランディングページを用意する
複数の商品を1つのランディングページにまとめようとしないことが肝心です。

1つの商品・サービスに絞ってランディングページを制作していけば、その後の進行過程も複雑になりません。コンバージョンの目標を設定したあとは、来訪ユーザーに商材を魅力的に伝えるコンテンツの制作に集中すればよいだけです。上から順にランディングページの構成そのものを準備していくだけなので、円滑に進めることができます。

*1:KGI
達成すべき目標の定量的な指標。目標達成の判断基準として定義する。重要目標達成指標とも。ランディングページにおいては、目標とするコンバージョン率やコンバージョン件数などを定める。

*2:KPI
目標を達成できているかを計るための定量的な指標。KGIと比較して進捗度合を判断する。重要業績評価指標とも。ランディングページにおいては、実際のコンバージョン率やコンバージョン件数などが対象となる。

目標を決めておく

ランディングページの制作や運用で失敗しないためには、事前の目標設定も必要不可欠です。たとえば、どのぐらいのコンバージョン件数やコンバージョン率を運用開始3ヶ月時点の目標とするのか、そのためにどのようなコンテンツ・デザインにすればよいのか、などです。こうした目標をあらかじめ決めておくことで、制作段階で注力すべきことや関係者に協力してもらうことなどが、具体的にいろいろと見えてきます。

初めてランディングページを制作する場合では、構成・コンテンツ・デザインはすべて仮説をもとに制作しなければいけな

いため、こうした目標設定がとりわけ重要です。目標とする数字を決めておけば、目標へと近付けていくための、その後の改善プランも組み立てやすくなります。

とりあえず制作することから始めてしまうと、運用後の成功と失敗の判断がしづらくなり、ひいては改善もしづらくなるものです。こうした成否の判断のための具体的な目標をKGI[*1]と呼びますが、まずは運用開始3ヶ月間のKGIを決めておくことを心がけておきましょう 02 。実際の具体的な成果指標であるKPI[*2]と照らし合わせ、改善のための判断基準としましょう。

	運用1ヶ月目	運用2ヶ月目	運用2ヶ月目
目標コンバージョン率	1%	1.2%	1.5%
実際のコンバージョン率	0.6%	0.9%	1.3%
目標との差	0.4%	0.3%	0.2%

02 目標イメージ例
コンバージョン件数やコンバージョン率、広告費などを月別にシミュレーションし、実際の成果と比較します。

責任者を明確にすること

ランディングページの制作には、広告設計・ターゲティング・原稿制作・構成・デザイン・コーディング・フォーム構築など、複数の工程が含まれますが、それらすべてを1人で担うことはあまり現実的ではありません。ディレクター・デザイナー・エンジニアなど、2～3名のチームで取り組むことが必然的に多くなります。

その場合に注意しておきたいのは、責任者の存在です。全体の方向性や各工程でのディテール面で、進行上の迷いや疑問が出てくることはよくありますが、関係者それぞれの意見やアイデアをすべて1ページにうまくまとめるということが、現実的に難しいという状況にも直面するものです。そのため、社内

での制作とする場合や、一部の工程を制作会社に依頼する場合なども含めて、マーケティング面・仕様面・品質面などにおいて、最終的な意思決定を行う責任者を1名に決めておくことが大切です。

責任者を決めることで、進行過程上のトラブルや迷いを最小限に抑えることができます。またこの責任者は、同時に立てた目標に対して、責任を持って取り組むことも必要です。そのため責任者は、広告面・デザイン面・技術面などでディテールの判断ができるように、それぞれの工程について一定の知識を持っていることが理想的です。

043

LANDING PAGE DESIGN METHOD

08 よいランディングページの条件とは？

ランディングページに対する捉え方は、人により違います。ある人がよいと思うランディングページを、別の人はよいと思わないこともあるものです。それでもなお、ランディングページの価値を決める客観的な基準があります。よいランディグページを制作するために、最低限おさえておきたい必要条件を見ていきましょう。

ユーザーが納得する情報があること

ランディングページには、リスティング広告を目にして目的意識を持ったユーザーが流入します。すなわちそのときユーザーは、表示された広告に惹かれて、商品やサービスについてより詳しく知ろうとしている状態にあるといえるでしょう。その知りたいという要求に対して、納得してもらえる回答を準備できているのかどうか。この点がよいランディングページかどうかを判断する1つの条件になります。

たとえば、Webサイトの一覧ページやトップページに、ランディングページを設定することもできますが、この場合は目的意識を持った特定ユーザーの流入を考えたページ設計になっていません。そのため、訪れたユーザーによっては、自分が探している情報が見当たらないとひと目で判断をして、たちまちページから離脱してしまうでしょう。

また、人気No.1や満足度90％と謳われたり、お客様の賞賛コメントを掲載しているランディングページを見かけることは多いでしょう。ただし、具体的に商品・サービスの特徴は何なのか、競合他社のものと何が違うのかという詳細部分については、あまり多く語られていないページも見受けられます。このような場合は判断材料不足となり、来訪したユーザーは本当にこの商品・サービスが自分にとって価値があるのかどうかを判断することができないということになります。

目的を持って来訪したユーザーが、ランディングページで何を知りたがっているのか。それに答える情報コンテンツがしっかり用意できているのかどうか。この部分について、ユーザー目線で考えていく必要があるのです。

たとえば、ランディングページを制作したいというユーザーがいたとします。検索キーワードとして想定される例としては、「ランディングページ　制作」などでしょう。ただし、この場合ユーザーは、品質の高いランディングページを制作してくれる会社を探しているとは限りません。価格が安いランディングページを制作してくれる会社を探している場合もあるからです。そのためサービスの提供側としては、安く作りたいと思っている人には安く作れるサービスだと納得してもらう必要があり、品質の高いものを作りたいと思っている人には品質が高いものを作れるということを納得してもらう必要があります。

ランディングページにまず必要なのは、目的意識を持ったユーザーに対して、共感してもらい、そのコンテンツに納得してもらうことです。それができなければ、コンバージョンというアクションには至りません。ここでいう共感とは、自分と同じ悩みや課題を持ったユーザーがすでに利用しているということから生まれたり、記載されてる内容そのものが、ユーザーが求めている内容と合致していることから生まれたりもします。またここでいう納得とは、商品・サービスを購入したり利用したりする必要性について、頭で理解してもらうということにあたります **01**。この共感・納得をページ上で展開できるかどうかが、ランディングページの良し悪しを決める判断基準の1つです。

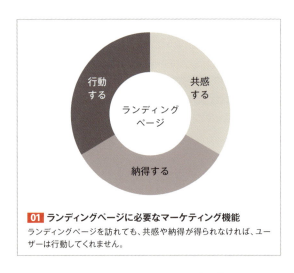

01 ランディングページに必要なマーケティング機能
ランディングページを訪れても、共感や納得が得られなければ、ユーザーは行動してくれません。

*1:CTA
ランディングページに来訪したユーザーに、コンバージョンという行動を起こしてもらうための誘導。リンクボタンなどの形をとることが多い。Call To Action の略。

購入後・利用後のイメージが湧くこと

たとえ初回が無料体験であったとしても、その商品・サービスにお金を支払い、個人情報を提供する価値があるかどうかについて、ユーザー側の判断はとても冷静です。ページに掲載されている商品・サービスを購入して利用する際のポジティブなイメージをユーザーに持ってもらえない限り、コンバージョンという行動には至りません。

とはいえ、その部分を意識するあまり、競合他社の商品・サービスとの違いや特徴を説明しすぎてしまうのは好ましくありません。これでは反対に、ユーザー側の知識が追いつかず、内容が難しすぎて理解してもらえないというジレンマに陥ってしまうからです。どのようなユーザーに、どれぐらいの情報量を提供すれば、目的とするコンバージョンに至るのか。その点を意識しながら、情報そのものを取捨選択していくことが求められます。

結局のところ、商品・サービスを購入して利用することで、具体的にどういう状態からどういう状態になるのかということについて、わかりやすく案内してあげることが必要になります。このことは、サービス利用者の声や購入者の声というコンテンツに限らず、デザインも含めたコミュニケーション全体の課題でもあります。購入後・使用後のイメージを湧かせてあげる工夫があるランディングページは、対象とするユーザーへの訴求力が、自ずと高くなります 02 。

02 イメージの重要性
テキスト情報を含むデザイン全体から、購入後・利用後の具体的なイメージを湧かせられるかどうかが重要です。

ユーザーに何をしてほしいのかが明確であること

ランディングページは、あくまで広告です。そのため、ユーザーに何をしてほしいのかという企業側の目的を、わかりやすく提示することが必要になります 03 。最終的にランディングページで、来訪ユーザーに何をしてもらいたいのか。サービスに関する資料を請求してもらいたいのか、商品の購入をしてもらいたいのか、お試しの体験をしてもらいたいのか。これらの目的をランディングページ上でユーザーに伝え、行動を喚起するものが、リンクボタンなどとして設置されるCTA[*1]です。

CTAではできる限り、何をしてもらいたいのかの「何を」の部分を、具体的かつわかりやすく表示することが重要です。たとえば、「お問い合わせ」などという曖昧な言葉は避けたほうがよいでしょう。無料相談なのか、サービスに関する質問なのか、見積りの依頼なのか、瞬時に判断できる言葉に置き換えたほうが、ユーザーに対して親切です。

03 CTAの例
CTAは、わかりやすく、かつ具体的に表現することが大切です。

LANDING PAGE DESIGN METHOD

09 よいランディングページを作るために必要な3つのポイント

ランディングページ制作の根本的な部分で間違ってしまうと、時間やコストをかけて作ったとしても、期待するほどのパフォーマンスを上げることはできません。それではいったい、どのようなポイントに注意しておけばよいのでしょうか。ランディングページを制作する前に、外せない3つのポイントをおさえておきましょう。

ターゲットと訴求ポイントを明確にしておく

検索キーワードを「ユーザーの欲求やニーズ」だと定義すれば、そうした欲求やニーズを抱えている人が世の中にどれだけいるのかは計りしれません。当然ながら、すべての人に共通する欲求やニーズ、あるいは悩みや課題というものは、なかなか存在しないものです。そのため、すべての人の欲求やニーズを満たし、誰からもよいと思ってもらえるランディングページを制作することは、ほとんどできないと考えるべきでしょう。

人によって知りたいことや求めているものが異なるため、たとえ商材のジャンルが限られているとしても、それに答える側のランディングページは1つで十分だということにはなりえません。今やインターネットで、ほとんどの商品・サービスを手に入れることができる多様な時代です。ユーザーが満たしたいとするニーズそのものが、あらゆる要素・あらゆる部分で細かく分かれているのです。つまり、いかに優れたランディングページといえども、たった1つだけで対象とするすべてのユーザーを満足させることは、現実的には不可能だということです。

そのため、ランディングページを制作する際には、どのようなユーザーに向けて、どのような魅力を訴求するランディングページを制作するのかという方針を、事前にはっきり決めておくことが重要です。こんな人やあんな人にもと欲張って、対象とするユーザーを広げてしまえばしまうほど、ランディングページのコンテンツやデザインはぼやけてしまうものです。その結果、目的とする行動をユーザーに起こしてもらえないランディングページが仕上がってしまうこともありえます。

また、複数の工程が連なるランディングページ制作においては、ディレクター・デザイナー・フロントエンドエンジニア[1]・バックエンドエンジニア[2]などといったさまざまな職種の人と、社内・社外を問わず、力を合わせて取り組むことになるはずです。そのため、それぞれがランディングページ制作上の共通の認識を持っておかないと、制作進行そのものが停滞してしまうことにもなりかねません。

ランディングページの方針を事前に決めておくこと——すなわち、どのような人に、何を訴求し、どのような行動を起こさせるためのランディングページなのかということを言葉で定義しておくことです。これこそ、よいランディングページを制作するために外せない1つ目のポイントです 01 。

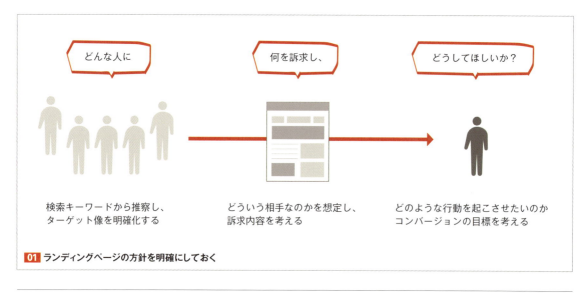

01 ランディングページの方針を明確にしておく

046

*1：フロントエンジニア
ユーザーが直接目にしたり操作したりする部分を担当するエンジニアのこと。ブラウザ上で表示される部分の記述などを手掛ける。

*2：バックエンドエンジニア
ユーザーが直接目にしたり操作したりしない部分を担当するエンジニアのこと。プログラミングやサーバーインフラの整備などを手掛ける。

イメージに近いランディングページを参考にしておく

よいランディングページに仕上げるためには、より明確な完成イメージを思い描いておく必要があります。しかし、取り組む前から完成イメージを思い描くことは簡単ではありません。とりわけ初めてランディングページを制作する場合はなおさらです。そこで、既存のランディングページをまとめた参考サイトを確認することをおすすめします。これから制作しようとしているランディングページのイメージに近いものを探しておくことは、無駄な工程や作業などを増やさないためにも行っておくべきです。GoogleやYahoo!などの検索サイトで、「ランディングページ　制作実績」、「ランディングページ　デザイン参考」、「ランディングページ　まとめサイト」などのキーワードで検索すれば、ランディングページの参考サイトがすぐに見つかるはずです 02 。ランディングページの参考サイトを見るときに、特に意識しておくべきポイントがいくつかあります。自分がこれから作ろうとしているランディングページと比べて、参考ページは、対象ユーザーに近いかどうか、どういった情報をどのような順番で盛り込んでいるか、コンバージョンポイントを何に設定しているのか、などです。

漠然と見ているだけでは意味がないため、見るポイントを意識して、参考にする習慣を付けておきましょう。そうすることで、イメージをスムーズに掴むことができるだけでなく、具体的にどのような情報が必要で、どのような素材が必要なのかというものも、次第に見えてくるはずです。ただし、参考サイトを閲覧するのは、あくまでイメージに近い参考ランディングページを事前にリサーチするためです。流用などの行為は決して行ってはならない点に注意してください。

02　参考サイトの例
イメージに近いランディングページを探しておけば、用意すべき情報や素材などについての具体的なヒントが得られます。

競合相手の訴求内容もリサーチしておく

来訪ユーザーは、必ずしも1つのランディングページだけを見るわけではありません。ユーザーによっては、タブで複数のランディングページを開いて比較しながら、よりよい内容を選択するものだということを忘れないようにしましょう。

ランディングページで伝えたい内容は、リスティング広告の広告文におおむね反映されているため、同じ検索キーワードで広告出稿している競合となりうる会社が、どういった訴求をしているのかはすぐにリサーチすることができます。訴求内容が競合他社と同じ内容になっていないかどうか、また他社と比較・検討された際に、しっかりと自社の商材をPRできているかどうかにとりわけ着目しましょう。来訪ユーザーに、発信するメッセージを受け止めてもらうためには、これらのチェックは欠かせません。競合会社や競合サービス、競合製品となりうるページのリサーチは、どれだけ行っても行い過ぎることはないのです。

LANDING PAGE DESIGN METHOD

10 どのランディングページにも寿命がある

商品や事業にライフサイクルというものがあるように、ランディングページにおいても使い続けられる寿命があります。3年以上使い続けていても同じパフォーマンスを発揮し続けるものもあれば、3ヶ月後には改修・改善が必要になる場合もあるものです。なぜこのようなことが起きるのかについて紹介していきます。

デザインの変化が早すぎる

ランディングページを含めたWebデザインの変化は目まぐるしいもので、毎年のようにトレンドとなる新しいデザインテイストなどが出てくるほどです。そのデザインの流行を追いかけることが重要というわけではありませんが、全体的にデザイントレンドの変化が早すぎるために、制作したランディングページのデザインも、時とともに自然と古く感じられてしまうものなのです。また、毎年のように新作としてリリースされるパソコンやスマートフォン、タブレット端末などのスクリーンサイズの仕様変更も、ランディングページの短命化に拍車をかけています。ランディングページの制作が完了し、広告を運用する段階に入ってからも、最新のデザインテイストを参考サイトなどでこまめにチェックしておくべきでしょう。自社のランディングページがいつまで使えるのかについて、常に客観的な視点で見極めていくことが必要なのです。

ランディングページの寿命を物語る例を紹介しましょう。以下の2つのランディングページは、同じサービスをPRするために、3年前に制作したものと最近制作したものです 01。全く同じサービスを扱っているにもかかわらず、デザインが根本的に異なることに、ひと目で気付いてもらえることでしょう。

01 3年前と今のランディングページの比較
左が3年前、右が今のランディングページです。制作したランディングページも経年劣化するため、定期的に作り変えることが必要です。

048

*1:Googleアナリティクス
Googleが提供している無料のアクセス解析ツール。ユーザーから広告の分析までさまざまな機能を備える。Google AdWordsと連携させることも可能。

*2:BizMark
日経BPコンサルティングが提供している有料のアクセス解析ツール。ユーザーの経路分析や行動分析に優れている。

相対評価であることを忘れてはいけない

Chapter 1-09でも触れたように、ユーザーは1つのランディングページだけを見ているわけではありません。ランディングページ上で対価が発生する場合においては特に、複数の選択肢の中でもっともよいと思うものを選択するための比較・検討が、ユーザーの頭の中で自然と行われています。その比較・検討の段階でユーザーに選ばれるために、何を訴求するべきかということは、広告を出稿している市場のジャンルによって異なります。しかしいずれにしても、複数の競合他社がそれぞれの検索市場でひしめき合っているということに変わりはありません。

このとき注目したいのは、競合他社もまた日々変化を続けているだろうということです。自社が対象とするユーザーに、同じくマーケティングを仕掛けている競合他社は、意図的にランディングページを複数用意してパフォーマンスのテストを行い、1つのページを定期的に改善しているのかもしれません。そのようにして競合他社の訴求力が高まると、時間をかけて制作したものであっても、自社のランディングページの訴求力やパフォーマンスは、相対的に低下してしまいます。市場の規模が一定である場合、競合する会社にランディングページの改善や改良、あるいはリニューアルなどを仕掛けられてしまえば、コンバージョン率の低下にもつながりかねません 02 。このように、競合他社の成長や、市場内の新たなプレイヤーの登場などによって、自社のランディングページの寿命も流動的に変化するものなのです。

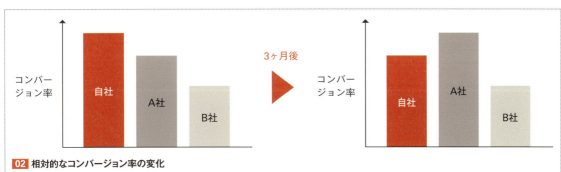

02 相対的なコンバージョン率の変化
コンバージョン率を高く維持していたランディングページでも、競合他社のランディングページが改善されれば、相対的にコンバージョン率が下がることがあります。

改善は必要だが慎重に

今日では、ランディングページを含めたWebページへの来訪ユーザーを分析するために、無料のGoogleアナリティクス[*1]から有料のBizMark[*2]まで、多数のアクセス解析ツールが利用できます。ランディングページのどの部分がユーザーに注視されてるのか、用意したCTAをクリック／タップしてもらえているのかどうか、ユーザーがどれぐらいページに滞在しているのか、直帰率はどれくらいなのか。アクセス解析ツールでこれらの疑問をあらゆる角度から分析することで、ランディングページそのもののパフォーマンスを数値化することが可能です。

そしてその数字をもとに、何をどう変更するべきなのかを見つけていくことが、コンバージョン率の改善では求められます。ただし、改善すべきポイントを間違えてしまうこともありえます。マイナーチェンジで解決できることなのに、根本的なリニューアルを行ってしまう失敗もあるでしょう。改善施策の選択内容いかんで、ランディングページの寿命を長くすることもできれば、短くしてしまう可能性もあるということを理解しておきましょう。何を、どのような順番で、どう改善していくべきかという改善方針とその根拠を、しっかりと固めておくことが大切です。

LANDING PAGE DESIGN METHOD

11 ランディングページの広がる守備範囲の変化

ランディングページの守備範囲は年々広がっています。この1ページのWebページは今後、1つのコミュニケーション手段として、デジタルマーケティングの進化とともに、その活用方法をますます広げいくことでしょう。ランディングページをどのように活用できるのか、具体例を交えて見ていきましょう。

検索連動型以外の広告でも数多く利用

ランディングページは、基本的には検索連動型広告の受け皿として活用されるケースが多いですが、検索連動型広告には検索件数の上限があります。裏を返せば、検索ボリューム（市場規模）を超えるユーザーにリーチすることは物理的に不可能だということです。しかし、コンテンツ連動型広告と呼ばれる広告手法なら、この不可能を可能にします。

コンテンツ連動型広告は、自社の商品・サービスに関連するサイトに広告を表示することができるため、潜在的なユーザーに自社の商品・サービスを認知してもらうために活用することができます 01 。たとえば、英語の翻訳サイトを使っていると

きに、英会話スクールに関するバナー広告が表示されたとすれば、一定の割合で興味のあるユーザーがその広告を経由し、ランディングページへ流入するものと考えられます 02 。年齢や性別、居住地域などの属性情報で絞り込んだユーザーに向けて、コンテンツ連動型広告を掲載することもできるので、より高い確率で店舗への来店を促すことも可能です 03 。広告の活用手法によって、検索ユーザーを待つだけではなく、こちら側から必要な相手にランディングページを届けるということもできるのです。

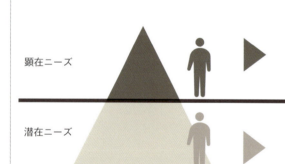

01 検索連動型広告とコンテンツ連動型広告の傾向

検索連動型広告の流入ユーザーの傾向
検索キーワードを能動的に調べて、ランディングページに訪れる層。納得できれば、コンバージョンユーザーになりやすいが、競合他社の広告出稿もあるため、クリック単価が高くなる傾向がある。

コンテンツ連動型広告の流入ユーザーの傾向
商材に関連するサイトやブログのバナーから、何気なく訪れる層。関心度は検索ユーザーほど高くはないためコンバージョンに至りづらいが、クリック単価が低いため、流入数の増加や、認知度アップに使える。

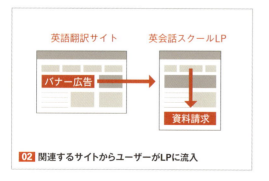

02 関連するサイトからユーザーがLPに流入

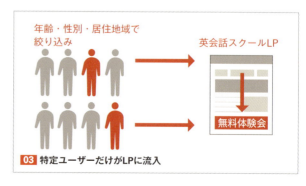

03 特定ユーザーだけがLPに流入

スマートフォン専用ランディングページの重要性

2015年3月末時点で、国内のスマートフォンの契約数は、6850万台にのぼるとされています（株式会社MM総研調べ）。たった数年でスマートフォンが普及し、気になることや知りたいことなどを手軽に調べるための手段として、必要不可欠なツールとなりました。特にBtoCのサービスにおいては、スマートフォンユーザーの比率がすでにパソコンユーザーを上回っているところも少なくないでしょう。

今やランディングページも、パソコンに限られたものではなく、とりわけBtoCのサービスにおいてはスマートフォンのランディングページは欠かせません 04 。気になる記事に関連する広告や、そのエリアに限定したユーザーに広告を配信したいという目的がある場合にも、スマートフォンに最適化されたランディングページは目覚ましい成果をもたらしてくれます。単純にパソコン用のランディングページを表示させておけばよいといえる状態ではないほど、スマートフォン専用のランディングページから獲得できるコンバージョンは、魅力的なものとなっています。

04 スマートフォン専用ランディングページの例
パソコン用のランディングページをスマートフォンで閲覧すると、画面の表示が崩れてしまう場合があるため、スマートフォン専用のランディングページを用意する必要があります。

ランディングページのユニークな活用方法

BtoBのサービスでは、特定の業種や職種の人に向けた事業モデルも珍しくはありません。その場合、ランディングページを用意したとしても、インターネット広告で対象とする相手に見つけてもらうことが難しいのではないかとも考えられるでしょう。しかしランディングページが、インターネット広告の受け皿としてだけでなく、アナログ的手法と組み合わせて活用することもできるとしたらどうでしょう 05 。

数ヶ月前に、ある特定の業種や職種の方に向けたマーケティングで、資料請求件数を一定期間で獲得するというプロジェクトに携わりましたが、このときはリスティング広告をいっさい使わず、ランディングページとアウトバウンドのコールセンターを組み合わせることで、プロジェクトを成功させることができました。業種や職種で絞り込んだユーザーに電話し、ユーザーのパソコンでランディングページを確認してもらいながら営業した結果、3ヶ月の目標件数をたった3週間でクリアすることができたのです。この方法では、コールセンターのスタッフの説明スキルに依存することなく営業できるというメリットもあります。

05 アナログマーケティングでの活用例
テレマーケティングというアナログ手法でも、ランディングページを活用できます。

COLUMN
おさえておきたい ランディングページの魅力

仮説を検証するツールとして

自社の商品・サービスを、どういったターゲットに、どのような訴求軸で展開すれば、もっともパフォーマンスのよいマーケティングができるのでしょうか。経営者をはじめ、マーケティング担当者、広告運用担当者など、多くの人々がぶつかる壁です。あらゆる仮説を立てたとしても、実際に検証ができなければ、机上の空論となってしまいます。しかし定量的に成果が確認できるランディングページであれば、その仮説を定量的に検証することが可能なのです。

成果を獲得するパターンを見つけ出す

ランディングページを制作する目的は、あくまでコンバージョンという成果を獲得することです。目的が明確であり、複雑なページ遷移もないため、商品やサービスの効果的な見せ方を研究・改善することにおいて、非常に有効なツールです。

実際に、ランディングページ内のどのボタンが何%クリックされているのかということや、ランディングページのどの部分で何%のユーザが離脱しているのかということなどを、ヒートマップ（Chapter 5-09参照）などの解析ツールで視覚的に分析することもできるのです 図1。このように現在の状況を把握しやすいため、高い確率でコンバージョン率の向上を実現することができるということも、ランディングページの大きな魅力です。

小さく始めて、大きく育てる

商品やサービスをユーザーに届けるまでのスピードが早ければ、競争力にもつながります。ランディングページなら大規模なサイトと比べて、制作工程に大きな時間やコストを要しないため、作り方や制作過程を間違わなければ、スピーディーに商品やサービスの魅力をユーザーに伝えることができます 図2。そして、その成功モデルをもとに、単一ページのランディングページから複数ページにおよぶWebサイトへ拡張させていくことも可能になります。

こうした理由から、ネットビジネスをまず小さく始めたいスタートアップの会社においては特に、ランディングページは非常に有効なマーケティングツールといえます。また、仮にランディングページの運営が中止や見直しの憂き目に遭ったとしても、ダメージを小さく抑えることができる点も、魅力の1つといえるでしょう。

図1 ランディングページの分析
ランディングページは、単一ページであるため、ユーザーの動きを把握しやすく、成果を高めるための改善を効率的に行うことができます。

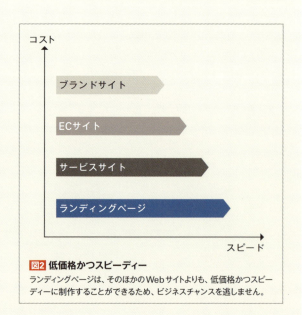

図2 低価格かつスピーディー
ランディングページは、そのほかのWebサイトよりも、低価格かつスピーディーに制作することができるため、ビジネスチャンスを逃しません。

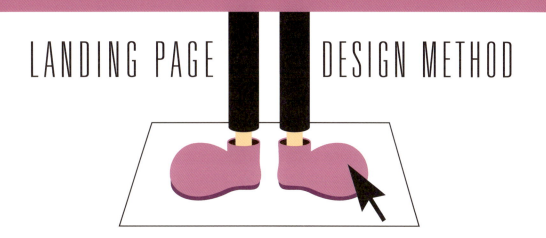

LANDING PAGE　　DESIGN METHOD

Chapter 2

ランディングページの事前準備

LANDING PAGE DESIGN METHOD

01 ランディングページの制作工程

ランディングページの制作工程は、見た目のデザインが注目されがちですが、その前後の工程も重要です。それら複数の工程がつながって、1つの機能するランディングページとして仕上がっていきます。ここでは、制作に入る事前準備として、ローンチまでの各工程での大切なポイントを紹介します。

開始からローンチまでの4つの工程

当然ながら、行き当たりばったりでランディングページの制作を開始してしまうと、無駄な手戻りも多くなってしまい、作業を効率的に進めることはままならないでしょう。そこでまず、作業をスムーズに進めていくために、全体の制作工程を把握しておく必要があります。

これまでにも述べてきたとおり、ランディングページの最終目的は、来訪ユーザーにコンバージョンという行動を起こしてもらうことです。そのため、その目的を達成することに照準を合わせつつ、1つ1つの工程を進めていかなければなりません。目標意識を反映した概念的な工程から、より具体的な工程へと徐々に進んでいくイメージです。

結論からいうと、どのようなタイプのランディングページの制作であっても、戦略設計、情報設計、デザイン開発、コーディングという、大きな4つの工程に分解することができます 01 。個人で行う場合でもチームで行う場合でも、基本的にこの流れは変わりません。まずは、開発工程自体を分解して考えながら、それぞれの工程におけるポイントをおさえていきましょう。1つ1つの工程を大切にしながら作業を進めていくことで、目的を達成するためのランディングページへと仕上げることができます。

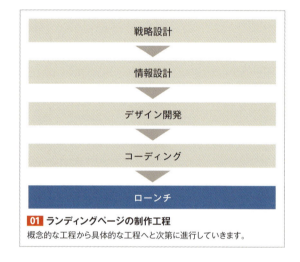

01 ランディングページの制作工程
概念的な工程から具体的な工程へと次第に進行していきます。

戦略設計のポイント①──[入口と出口の設計]

それでは、最初に取り組むべき戦略設計の工程から見ていきましょう。戦略設計では、どのようなランディングページが必要なのかを掘り下げて考えていきます。そのために、これからプロモーションしようとしている商品・サービスを、どのようなユーザーに訴求し、どのような行動を起こしてもらうのかを、具体的に決めていくことになります 02 。いい換えれば、インターネット広告からどのようなユーザーを流入させるのかという入口の設計と、広告から流入したユーザーにどのようなコンバージョンを起こさせたいのかという出口の設計を、まずはしっかりと固めておく必要があるのです。

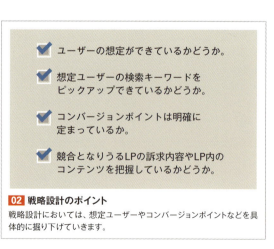

02 戦略設計のポイント
戦略設計においては、想定ユーザーやコンバージョンポイントなどを具体的に掘り下げていきます。

戦略設計のポイント②――[競合他社を調査する]

戦略設計では同時に、競合となりうる商品やサービスのランディングページが、現在どのような訴求をしているのか、どのようなコンバージョンポイントを用意しているのか、どのようなキャンペーンを展開しているのかなども、あわせてチェックしておくべきでしょう。このような調査をすることで、競合他社も具体的なユーザーを想定しながら、あらゆる施策を打っていることが見えてきます。各社がどのようなことをどのような方法で伝えようとしているのかをあらかじめ頭に入れておけば、自社のランディングページを制作するうえで参考になるだけでなく、競合他社との差別化を図るうえでも有益でしょう。競合他社のランディングページの調査を通して、ユーザー目線の相対評価を意識すれば、自社の商品・サービスの伝えるべき魅力が何であるのかもはっきりとしてくるはずです。

結局のところ、ユーザーを流入させる入口と、ユーザーが行動を起こす出口を決めるだけでは、その間をつなぐランディングページのあるべき方向性を設定することは困難なのです。戦略設計の工程では、入口の設計・出口の設計・競合ランディングページのコンテンツ把握という3つの視点から俯瞰して、自社のランディングページの方向性を考えていくことが重要です 03 。

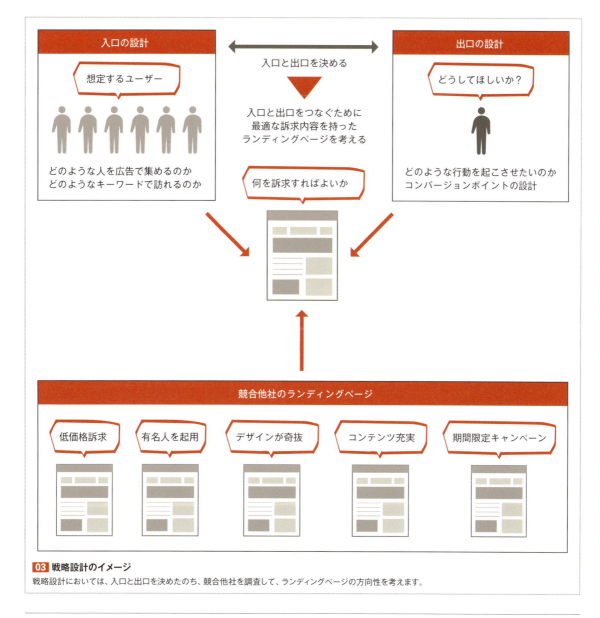

03 戦略設計のイメージ
戦略設計においては、入口と出口を決めたのち、競合他社を調査して、ランディングページの方向性を考えます。

戦略設計のポイント③ ―― [競合他社の分析方法]

戦略設計においては競合他社のランディングページを調査することも重要だと説明しましたが、実際にはどのように分析を進めていけばよいのでしょうか。

ただ漫然と競合ランディングページを眺めているだけでは効果的には分析できません。より明確な分析のためには、競合ランディングページの訴求内容を項目分けした一覧表を作成するとよいでしょう。優れた競合ランディングページが、どのような構成で、何をユーザーに伝えているのかを目視でチェックしながら、それぞれの項目をまとめることで、全体像がさらにくっきりと見えてくるはずです。このとき、訴求内容だけでなく、キャンペーンの有無やCTAの種類など、より具体的な項目についても区分けすることがポイントです 04。

なおこの段階では、ランディングページの見た目のデザインを細かくチェックすることよりも、どのようなコンテンツがあるのかに注目することのほうが重要です。なぜ競合ランディングページがこのような構成を採用しているのかという点に着目しながら観察していくと、競合他社の戦略理解も深まり、自社の差別化要素を考えるきっかけや材料にもつながっていくことでしょう。

	競合A	競合B	競合C
訴求内容A	◎	△	◎
訴求内容B	△	◎	○
訴求内容C	○	×	○
訴求内容D	×	×	○
キャンペーン	有り	無し	無し
CTAの種類	2つ	1つ	2つ

04 競合ランディングページの分析例
競合するランディングページを一覧表で分析してみることで、自社の差別化要素を考えるきっかけにもつながります。

戦略設計のポイント④ ―― [方向性をまとめてみる]

ここまでのプロセスを経れば、最終的に制作しようとしているランディングページの方向性が見えてくるはずです。そして想定ユーザーや訴求内容、そしてコンバージョンポイントが明確になった段階で、具体的なランディングページの内容を、テキストや図解でまとめてみるとよいでしょう 05。こうすることで、あらためて方向性を整理することができると同時に、ランディングページ制作にたずさわる関係者間で共通認識を確認することもできるようになります。

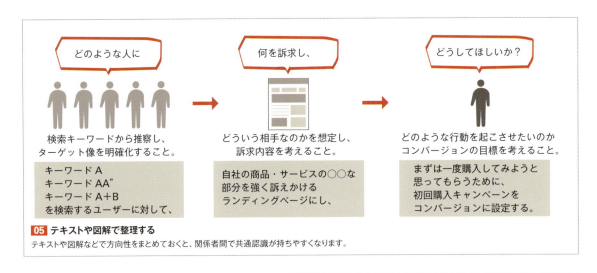

05 テキストや図解で整理する
テキストや図解などで方向性をまとめておくと、関係者間で共通認識が持ちやすくなります。

*1:ワイヤーフレーム
Webサイトのコンテンツや構成などの骨組みを大まかに示したもの。

最後に、まとまった戦略や方向性に対して方針変更がないかなどを、あらためて時間をおいて冷静に判断しておくことも必要です。この戦略設計の方針が変わると、そのあとに控える工程にもすべて影響が出てきてしまうのです。次の工程からは、情報設計やデザイン開発、コーディングという具体的な実作業に入ってしまうため、戦略設計は入念に準備しておきましょう。

情報設計のポイント①──［大きな流れからテキストへ］

戦略設計に続く情報設計は、最初に設定した想定ユーザーやコンバージョンポイントに合わせて、全体のシナリオと細部の情報を具現化していく工程にあたります。一般的には、ワイヤーフレーム*1の設計といわれている工程です。特定の検索キーワードからランディングページに流入してきたユーザーに対して、まず何を訴求して、どのような順番で情報を伝え、最終的なコンバージョンへ至らせるのか。それらの流れを整理し、より具体化していくのです 06 。

- ✓ 自社の商品・サービスの特徴や強みを伝えられているかどうか。
- ✓ コンバージョンへと誘導できる構成に仕上がっているかどうか。
- ✓ ユーザーの流入ニーズを満たせている内容かどうか。

06 情報設計のポイント
情報設計においては、戦略設計で固まった戦略や方向性をもとに、より具体的な細部を詰めていきます。

まずは戦略設計において定めたランディングページの内容を、大きな流れに置き換えて整理しましょう。どのようなサービスで、誰のためのサービスで、他社と何が違うのか──こうしたユーザーに伝えるべきポイントを、大まかながらも順序正しく並べるのです。そのうえで、それらの各要素を詳細な見出しと本文テキストとして具体化していきましょう。こうすることで、要点が明確で理路整然とした流れのあるテキストを仕上げることができるはずです 07 。

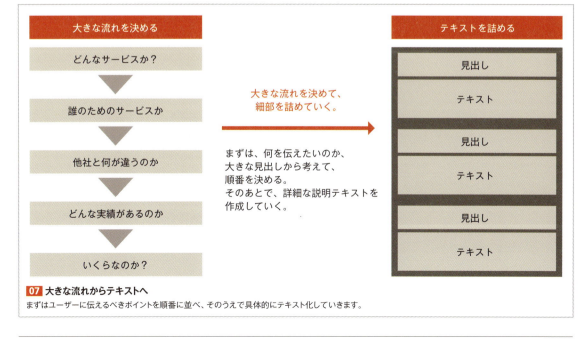

07 大きな流れからテキストへ
まずはユーザーに伝えるべきポイントを順番に並べ、そのうえで具体的にテキスト化していきます。

情報設計のポイント②──[テキストからレイアウトへ]

大きな流れからテキストを詰めることができたら、そのテキストをもとにレイアウトを詰めていきましょう。まずは大まかな構図から作り込んでいき、テキストが映えるよう細部の構成を作り込んでいきます。その際に、設計した戦略がユーザーの心理に沿っているかといった点や、各コンテンツに商品・サービスの差別化要素があるかなどを、あらためて検証する必要があります。なお、こうしたワイヤーフレームは、デザインのベースとなる設計図にもあたるため、テキストの要素だけでなく、写真素材や数値データ、CTA（Chapter 1-08参照）などの多様な要素についても、どのように配置していくかを決めておく必要があります 08 。

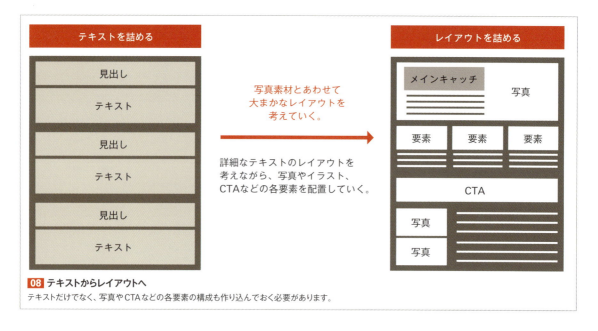

08 テキストからレイアウトへ
テキストだけでなく、写真やCTAなどの各要素の構成も作り込んでおく必要があります。

そのほかにも、ユーザーが実際に入力というアクションを起こす場所となるフォームのレイアウトも決めていかなければなりません。フォームの項目要素は、コンバージョンの目的に合うように、できるだけ必要最小限のものに絞り込んでいく必要があります 09 。

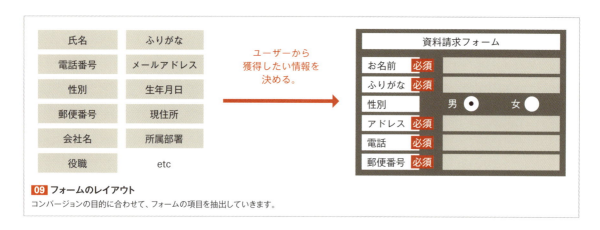

09 フォームのレイアウト
コンバージョンの目的に合わせて、フォームの項目を抽出していきます。

ここまでのフェーズをきっちりと構築したあとで、ユーザーにとっての見た目となる部分である、デザインの開発や動的表現などの実装フェーズに移行しましょう。

デザイン開発のポイント①——［方針を決める］

戦略設計と情報設計が済んだところで、デザイン開発に入りましょう。デザイン開発も、考える仕事と手を動かす仕事の2つに分かれます。実際には、この2つを行き来しながら、情報設計において策定したワイヤーフレームをもとに、デザイン開発を進めていくことになります。まずは、レイアウト、フォントや色彩の設計などのバランスを考えながらデザイン全体の方針を決め、そのあとで具体的に作業を進めていきましょう 10 。

 デザインのトーン＆マナーは定まっているか。
 レイアウトの工夫ができてるか。
 色彩設計はできているか。
 使用するフォントの設計はできているか。
 メインビジュアルに訴求力があるかどうか。
 パーツデザインの作り込みがしっかりできているか。
 写真素材のトリミングや加工がしっかり行えているか。

10 デザイン開発のポイント
まずは全体的な方針をじっくりと考えることが重要です。

デザイン開発のポイント②——［検証を重ねる］

ランディングページにおいては、デザインが一度で固まるということはまずありません。そのため、作業の合間に制作途中のデザインを見直しながら、目的とするランディングページのデザインに仕上がっているのかどうか、何度も検証を重ねることが必要です 11 。また、ランディングページは縦に長いレイアウトのため、全体像の構成チェックがおろそかになりがちです。全体が組みあがってから、全体像を俯瞰してバランスを確認することも忘れないように心がけましょう 12 。

11 検証の徹底
まずは全体的な方針をじっくりと考えることが重要です。作業と検証を何度も繰り返しながら、デザイン制作を進めていきます。

12 全体像のチェック
ランディングページは縦に長いため、全体像のチェックを怠りがちです。

デザイン開発のポイント③──［ユーザーを意識する］

デザインというものは、テキストの情報以上に、来訪ユーザーの印象を強く左右します。そのため、デザインの方向性を決める際には、想定する来訪ユーザーに受け入れてもらえるデザインを目指しましょう。デザインのアウトプットそのものを想定ユーザーに最適化するという考え方で、デザイン制作を進めることが重要です。情報設計で策定したワイヤーフレームだけでなく、戦略設計で具体化したマーケティング方針にも立ち返り、想定ユーザーや訴求ポイントを再確認しながらデザインを進めましょう 13 。

主婦向け・天然除菌抗菌スプレー

《訴求内容》
高い抗菌力で衛生度が高い製品であり、かつ、手軽に使いやすいことを訴求。

《デザイン》
お子様を持つママに使ってもらう製品であるため、「安心感」と「親近感」を感じてもらえるデザインに仕上げている。
茶系やグリーンなどのカラーでエコ・アース感を表現し、柔らかな印象が伝わる丸ゴシック系統のフォントを選定している。

男性向け・デオドラントミスト

《訴求内容》
ビジネスマンのための、スーツ専用のスプレー「KIELT」の洗練された世界観を訴求。

《デザイン》
製品の持つブランド世界観を強く意識したデザイン。
毎日のスーツの品格を保つためのアイテムであるため、ページ自体にも品格を感じられる書体やカラーリングを選定。また、極力情報を詰め込まず、余白を設けることで、伝えたいメッセージの訴求を高めるデザインに仕上げている。

13 ユーザーを意識したデザイン例
これらの例のように、対象ユーザーに歩み寄りながらデザインを作り込んでいくことが重要です。

コーディングのポイント①──［総合的な視点から仕上げる］

デザイン開発が固まったら、いよいよコーディングに入ります。このコーディングという実装作業は、できあがったデザインにまさに命が吹き込まれる最終工程です。これまでの工程がどれだけ優れたものであったとしても、コーディングが不十分であれば、よいランディングページには仕上がりません。そのため、構成やデザイン、マーケティングなど、あらゆる角度から総合的に取り組む必要があります。基本的な動作上の不具合がないか、デバイスやブラウザごとにレイアウト崩れがないかなどを確認することはもちろん、ユーザーの視点から見て使いやすいランディングページになっているのかを意識することが欠かせません。とりわけ下記の3つのポイントを重点的に検証しながら作業を進めていきましょう 14 。

- ☑ 画像フォントとデバイスフォントの使い分けができているかどうか。
- ☑ 表示速度は意識できているかどうか。
- ☑ フォームが想定どおり動いているかどうか。

14 コーディングのポイント
デザインやマーケティングなどを考慮しつつ、これらの項目を確認しながら仕上げていきます。

コーディングのポイント② ──［フォントの使い分け］

　コーディングは、ランディングページのデザインを忠実にブラウザ上で再現するための大切な工程です。特に、テキスト情報をブラウザ上で適切に表示させることを重視しましょう。そのためには、より自由で豊かな表現が可能な画像フォントと、編集が容易で視認性の高いデバイスフォント（Chapter 4-06参照）の使い分けが欠かせません。1セクションを丸ごとスライスし、画像として処理しているページも見受けられますが、全体的な画像容量が大きくなるうえに、本文テキストの視認性も悪くなってしまうなど、見た目上にもデメリットがあります。見出しや本文などの各要素をしっかりとスライスし、画像フォント、グラフ、デバイスフォントなどを使い分け、適切にマークアップしていくことが大切です 15 。

15 フォントの使い分け
自由な表現ができる画像フォントは見出しに、視認性の高いデバイスフォントは本文に使うとよいでしょう。

コーディングのポイント③ ──［表示速度］

　ランディングページは各コンテンツが縦に長く連なるシングルページとなるため、必然的に通常のWebサイトよりも1ページあたりのファイル容量が大きくなる傾向があります。そこで、ランディングページを構成するファイルを軽量化し、表示速度を向上させるためのひと手間をかけることが大切です。画質をできるだけ落とさずに画像ファイルを圧縮したり、HTMLやCSSなどのコードファイルの無駄を排除したりする作業を、しっかりと行っておきましょう 16 。

　なお、表示速度を確認するためには、開発者向けサイト「Google Developers」の提供している無料ツール「PageSpeed Insights」を活用するとよいでしょう。表示速度がスコアとして表示されるため、どれだけ軽量化できているかが一目瞭然です。

16 ページの表示速度の確認
Google DevelopersのPageSpeed Insights
（https://developers.google.com/speed/pagespeed/insights/）
を使えば、ページの表示速度がスコアで確認できます。

コーディングのポイント④ ──［フォームの動作］

　ユーザーが行動を起こす場所となるフォームでは、完成後の動作確認が欠かせません。入力ページ以降のページに遷移するか、完了ページ到達後にユーザーへのサンクスメールは送信されるか、管理者向けの通知メールは受信できるかなど、動作そのものを確認するとともに、必須／任意の項目設定などにも間違いがないかチェックしていきます。実際に入力作業をしてみて、入力のしやすさなどを実際に体感しながら、改善することも大切です 17 。

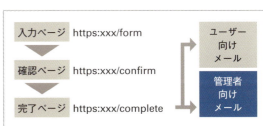

17 フォームの動作確認
実際に入力作業を行い、あらゆる動作が正常かどうかをチェックしていきます。

061

LANDING PAGE DESIGN METHOD

02 キーワードの特性を理解する

ランディングページは、広告の中でも特に検索連動型広告における受け皿として利用されることが多いため、ユーザーが検索するキーワードと親和性の高いランディングページの制作が必要不可欠です。制作の事前準備として、キーワードをどのように捉え、どのように選定していけばよいかを見ていきましょう。

キーワードには射程範囲がある

基本的にユーザーは、まず検索サイトで関心のあるキーワードを検索し、検索結果ページに表示される検索連動型のリスティング広告を経由して、ランディングページに流入します。Chapter 1-03でも解説したとおり、このときリスティング広告が掲載されるには、ユーザーの検索キーワードと関連のあるキーワードを、あらかじめリスティング広告に設定しておく必要があります。では、ランディングページを運用する際に、どのようなキーワードを設定して、ユーザーを流入させればよいのでしょうか。このとき設定するキーワードの内容によって、流入してくるユーザーの性質やコンバージョン率が大きく異なってくるため、慎重にキーワードを選択しなければなりません。

ここで、商材として扱いたい商品やサービスの認知度が高いケースで考えてみましょう。このとき、ブランド名や商品名などといった固有名詞で検索してくるユーザーは、すでにその商品・サービスに対する関心が高いと思われるため、コンバージョンに至る確率も高いだろうことが容易に想定できます。一方で、固有名詞を含まないより一般的なキーワードが検索された場合、ユーザーは不特定の何かを探している状態です。このときユーザーは固有のサービスをイメージしていない状態のため、掲載されたリスティング広告からランディングページに流入したとしても、固有名詞で検索したユーザーよりもコンバージョン率は自然と低くなります。

固有名詞で表されるキーワードを「ブランドワード」といい、固有名詞を含まないような一般的なキーワードを「ビッグワード」といいますが、上記の例からもわかるように、ブランドワードとビッグワードでは大きな性質の違いがあるため、状況に応じて効果的に使い分けましょう。とはいえ、リスティング広告では、ブランドワードやビッグワードのような1語のみのキーワードしか設定できないわけではありません。ビッグワードと目的とするキーワードを掛け合わせた「ミドルワード[*1]」も設定することができます。

筆者が運営しているランディングページのサービスサイト「コンバージョンラボ」を例に挙げてみましょう。ここでのブランドワードは「コンバージョンラボ」にあたり、ビッグワードは「ランディングページ」にあたります。ミドルワードとしては「ランディングページ　制作」や「LP　制作」などが挙げられるでしょう 01。もちろん、「ランディングページ」というカテゴリを超えた、さらに大きなビッグワードを想定することもできます。

なおリスティング広告では、指定したキーワードと検索キーワードがどこまで一致したら広告が掲載されるのかという「マッチタイプ」を、キーワードごとに選ぶことができます。キーワードが完全に一致すると掲載される「完全一致」、フレーズが一致すると掲載される「フレーズ一致」、一部が一致すると掲載される「部分一致」などがあるので、こちらもあわせて考慮しましょう。

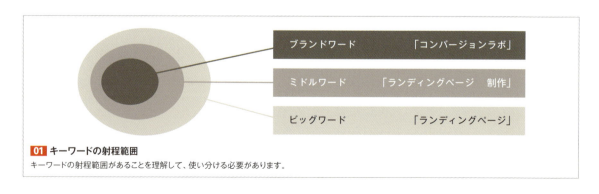

01 キーワードの射程範囲
キーワードの射程範囲があることを理解して、使い分ける必要があります。

062

*1:ミドルワード
ビッグワードと目的系ワードが組み合わされたキー
ワード。検索ボリュームはビッグワードよりも少なく
なる。

キーワードの検索ボリュームによる違い

ここで実際に、キーワードの検索ボリュームをGoogle
AdWordsのキーワードプランナー（Chapter 1-06参照）
によって具体的に調べてみましょう。ビッグワードになればなる
ほど検索ボリュームが大きく、ミドルワード、ブランドワードの順に、
検索ボリュームが小さくなっているということが確認できるか
と思います 02 。

　ここで注意したいのは、それぞれのキーワードごとの他社と
の競合性です。当然ながら、検索ボリュームの小さいブランド
ワードの競合性は低く、検索ボリュームの大きいビッグワード
ほど競合性が高くなる傾向があります。リスティング広告はオー
クション形式で掲載順位が決まるため、入札が集中するキーワー
ドであるほどクリック単価が高くなるということです。コンバー
ジョン率だけでなく、広告予算とも照らし合わせながら、パフォー
マンスのよいキーワードを選択する必要があるのです。

検索語句		月間平均検索ボリューム [?]	競合性 [?]		推奨入札単価 [?]
ランディングページ	⌐∿	14,800	高		
ランディングページ 制作	⌐∿	1,300	高		
コンバージョンラボ	⌐∿	260	低		

02 キーワードプランナーによる検索ボリューム調査
検索ボリュームが大きくなればなるほど、競合性が高くなる傾向があることに注意しましょう。

キーワードの選定でユーザーのイメージも見えてくる

これまでのポイントを総合的にふまえながらキーワードを
選んでいくことで、ユーザーが自社のサービスにどの程
度関心があるのかという大まかな目安がわかってきます 03 。
検索ボリュームが少ないミドルワードから大きなビッグワードま
でを意識してランディングページを投入する場合は、ユーザー
を取り込むための工夫のあるコンテンツを用意していくことが
必要です。ビッグワードのユーザーは情報を収集している段階
のため、ユーザーを引き留めるための工夫が重要です。ミドル
ワードのユーザーは、情報収集の段階から一歩進んで、明確
な目的を持って検索行動をしているため、その目的を達成で
きると思わせるコンテンツが必要でしょう。

	キーワードの特性	ユーザーの性質
ブランドワード	検索ボリュームが知名度に依存するワード。テレビCMなどマス広告が多ければ、必然的にボリュームが増える。	ユーザーのサービスに対する関心が高いため、コンバージョン率は必然的に高くなる。
ミドルワード	複数のビッグワードが組み合わされたキーワード。検索ボリュームはビッグワードよりも少なくなる。	目的意識を持った検索ユーザーであるため、ブランドワードよりもコンバージョン率は低くなるが、ビッグワードよりも高くなる傾向がある。
ビッグワード	商品・サービスが該当するカテゴリをキーワード化したもの。検索ボリュームが大きい。	商品・サービスに興味はあるが、まだ情報収集の段階にあるユーザーも多い。コンバージョン率はブランドワードやミドルワードと比べて低くなる傾向がある。

03 キーワードの特性とユーザーの性質
キーワードの選定を通じて見えてくるユーザー像を、ランディングページの戦略に活かしましょう。

LANDING PAGE DESIGN METHOD

03 キーワードからコンテンツを考える

Chapter 2-02では、キーワードが持つ特性とその選定について解説しました。このセクションでは、選定したキーワードからコンテンツを考えるポイントについて解説します。ユーザーが必要としている情報が何であり、どのようなコンテンツを用意していけばよいのかという点について、具体的に見ていきましょう。

ランディングページを訪れるまでのステップ

ユーザーは、検索サイトの検索窓に、目的とするものを見つけるためにキーワードを入力して検索しています。その検索結果のページに表示される検索連動型広告の一覧から、ユーザーにとってもっとも興味深い広告をクリックし、ランディングページへと流入してきます。その間わずか数十秒に過ぎないものですが、検索からランディングページを訪れるまでの過程で、ユーザーがすでに4つのステップを経ていることを、まずはしっかりと頭に入れておきましょう 01 。この4つのステップでのユーザーの心理を掘り下げて考えることで、選定したキーワードに適したコンテンツ像が見えてきます。

検索から流入までの流れ

検索する	広告を見る	クリックする	ランディングページを見る
何か目的のために、キーワードを検索している状態。	目的に合致するものがあるかどうかを広告文を見て取捨選択。	自分が探しているものにもっとも近そうな広告をクリックする。	ランディングページを見て、目的に合致しているかどうかを確認する。

01 ユーザーがランディングページに流入するまでのステップ
各ステップでのユーザーの心理を想定しながら、最適なコンテンツを探っていきます。

検索キーワードからユーザーの知りたいことを想像する

ユーザーがランディングページに求めているものは、知りたい答えがあるのかどうかという点に尽きます。たとえば、ランディングページの制作を依頼したいというユーザーがいたと仮定して説明しましょう。そのユーザーはまず検索サイトの検索窓に、「ランディングページ　制作」や「LP　制作」、あるいは「ランディングページ　制作会社　東京」などといったキーワードで検索をするものと想像できます。当然ながら、検索結果に表示された制作会社であれば、どこでもよいというわけではないでしょう。このときユーザーは、キーワードを検索していると同時に、サービスの具体的な内容をも求めているはずだからです。依頼する場合の料金はどれぐらい必要なのか、制作期間はどれぐらいかかるのか、どのような実績がある制作会社なのか、この会社に依頼することでどういうサービスを受けられるのか──こうしたユーザーが求めているだろう情報を具体的に想像することで、ニーズに合致するコンテンツに

つなげることができるのです 。

検索キーワードの例
「ランディングページ　制作」
「LP　制作」
「ランディングページ　制作会社　東京」

↓

ユーザーが知りたいと思っていることを想像する
どのようなサービスなのか？
どのような制作実績があるのか？
どれぐらいの費用がかかるのか？
どのような流れで進めていくのか？

02 ユーザーが知りたいことを想像する
想定されるキーワードからユーザーの知りたいことを連想していくことで、必要なコンテンツが見えてきます。

064

*1:フローチャート
工程などを視覚的に表現する流れ図のこと。
各ステップを図形で表現し、実線や矢印でつない
で流れを示す。

知りたい情報が伝わるコンテンツに

想定される検索キーワードから、ユーザーの知りたいだろう内容が見えてきたら、ランディングページのコンテンツを用意していきましょう。それぞれのセクションで、ユーザーの求めるニーズにしっかりと答えることを意識しなければなりません。最終的には、デザインやレイアウトなどを考えながら、自社の商品やサービスの魅力を最大限に伝えていくコンテンツへと仕上げていくことが重要です。それでは、ランディングページ制作を依頼したいユーザーを想定したコンテンツの実例を、ユーザーの知りたい内容と照らし合わせて見てみましょう。

■ どのようなサービスなのか？

ここでは、商品・サービスのコンセプトや考え方などをわかりやすく端的に伝えています。流入するユーザーにすばやく興味や関心を抱いてもらえるように、印象的なキャッチコピーやアウトプットに仕上げましょう 03 。

03 サービス内容を伝える
わかりやすさを重視して端的に表現しています。

■ どのような制作実績があるのか？

これまでの実績などを具体的に強調することで、目に見えづらいサービスの中身や品質などを伝えています 04 。目に見える実績がある場合は、それらを活用することで、よりイメージしやすくなるでしょう。商品の場合は、購入したお客様の声などを掲載すると効果的です。

04 実績を伝える
具体的な数字を掲げてアピールしています。

■ どれくらいの費用がかかるのか？

何にいくらかかるのか、どういうプランがあるのか、追加でかかる費用はあるのか、などという疑問に、できるだけわかりやすく答えましょう。図板でまとめて紹介することで、直感的な理解を促すこともできます 05 。金額などの表記がない場合、ユーザーの不安をあおることもあるため、可能な範囲で提示しておくことが大切です。

05 料金について伝える
余計な不安を排除するため、金額は明瞭に表記します。

■ どのような流れで進めていくのか？

依頼から作業完了までの流れを、要領よくまとめましょう。フローチャート*1と補足テキストで短くまとめると、わかりやすさが向上します 06 。ユーザーに、依頼後の流れをすばやくイメージさせることが大切です。

06 サービスの流れを伝える
フローチャートでわかりやすさを促しています。

065

LANDING PAGE DESIGN METHOD

04 ターゲットに照準を合わせる

ランディングページでは、ときにビッグワードに対応させることが難しいケースもあります。対象とするユーザー像が具体的にイメージできなければ、コンテンツのピントが合わなくなってしまうからです。そのような事態に陥らないよう、ターゲットを絞り込んでコンテンツを展開していく流れについて、例を交えて紹介します。

対象ユーザーを想像しながら情報設計を進める

ランディングページの制作過程では、想定していたコンテンツに対する修正点や、さらに盛り込むべきコンテンツに関するアイデアが、いろいろと出てくるものです。このような修正を最小限に抑えるためには、ターゲットとするユーザーのことをより具体的にイメージし、極力絞り込んでおくことが大切です。

たとえば、あらゆる目的に合わせて、英語が学べる通学制の英会話スクールがあるものと仮定しましょう。ただし英会話とひと口にいっても、さまざまな英会話のジャンルが存在するものです。世代によって、またその人が持っているスキルや学習したい目的によって、細分化されたニーズがあるからです 01 。

単純に「英会話」という大きなカテゴリのランディングページを制作しようとしても、それだけでは対象ユーザーを具体的に想像することが難しいため、コンテンツの内容もなかなか見えてきません。そのため、あらゆる目的に合わせて英語が学べる英会話スクールの場合であったとしても、1つのランディングページで対象とするターゲットは絞り込んでおくべきです。

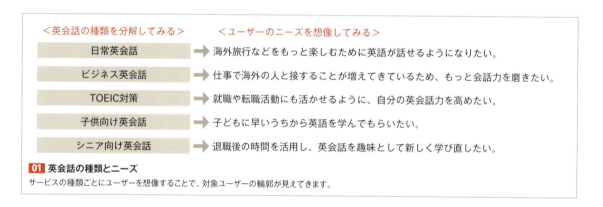

01 英会話の種類とニーズ
サービスの種類ごとにユーザーを想像することで、対象ユーザーの輪郭が見えてきます。

ユーザー目線でサービスを分類する

英会話というサービス自体を細分化し、ターゲットを大まかに絞り込んだあとは、より詳細なサービスについて考えましょう。それでは例として、ビジネス英会話を学びたいユーザーに向けたランディングページを制作することに決めた場合を想定しましょう。次に、ビジネス英会話を学びたいユーザーの目線でビジネス英会話サービスを網羅的に分類し、現在どのような手段があるのかということを把握しておきます 02 。

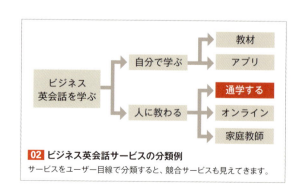

02 ビジネス英会話サービスの分類例
サービスをユーザー目線で分類すると、競合サービスも見えてきます。

066

このようにユーザーの目線からサービスを網羅的に分類すれば、サービスの詳細な全体像が把握できるため、競合サービスにも気付きやすくなります。この例では、ビジネス英会話というキーワードでランディングページを展開した場合、競合となるサービスが大きく2つあることがわかります。1つ目は、通学スクール以外の手段で英会話の学習ができる競合サービスの存在です。2つ目は、通学スクール内での競合スクールの存在です。つまり、この2点を意識したランディングページのコンテンツが必要だということがはっきりしたことになります。

ユーザーのニーズを想定する

続いては、今回ターゲットとしている、ビジネス英会話を学びたいユーザーについて、具体的に考えていきましょう。たとえば、会社でビジネス英会話の習得が必要とされているため、短期間でまとめて習得したいというユーザーもいれば、グローバル社会の発展に備えてじっくりと学んでいきたいというユーザーもいるものです。あるいは、すでに英会話の基礎知識があり、学習手段を問わないかわりに、あまりお金をかけずに学びたいというユーザーも想定できるでしょう 03 。

ビジネス英会話を学びたい人とは、どのような人なのか？

カリキュラム重視	マンツーマン重視	価格重視
・仕事でどうしても必要。 ・短期間でまとめて習得したい。 ・価格よりも内容重視。	・身に付くまでしっかり学びたい。 ・質問しながら、十分に理解したい。 ・自分のペースに合わせてほしい。	・すでに基礎知識はある。だからあまりお金をかけずに、空いた時間でコツコツ学びたい。

03 ユーザーのニーズの分類
該当するサービスを求めているユーザーの状況やシーン、ニーズなどを想像してみることが大切です。

このように、どのようなユーザーが想定されるのかということを具体的に深めていくことで、ビジネス英会話を学びたいという同一の目的を持ったユーザーの中にも、さまざまなタイプが混在していることがわかります。さて、仮にランディングページを展開しようとしている英会話スクールが、高額なマンツーマン学習に力を入れているとしましょう。その場合、マンツーマン重視のユーザーとカリキュラム重視のユーザーについては、今回のランディングページの対象ユーザーとなる可能性が高いと考えられます。このような志向や目的をもったユーザーに納得してもらうためのコンテンツが必要になるということです。当然ながら、価格重視のユーザーは対象ユーザーからはずれることになるので、こうしたユーザーのニーズは考慮しなくてもよいことになります 04 。

ターゲットにできるユーザーとできないユーザー

対象ユーザーの想定ニーズに合致するサービスが提供できるため、このような対象ユーザーを意識し、求めるニーズに合致するように情報を設計する。一方で価格重視ユーザーの場合、教材やアプリ、集団レッスンなどの低価格サービスとの価格比較で負けるため、対象ユーザーとはなりづらい。

04 対象ユーザーの絞り込み
自社のサービスとユーザーのニーズを比較して、ターゲットとなるユーザーを絞り込んでいきます。

ユーザーのニーズを満たすコンテンツを設計する

このようにしてターゲットとなるユーザーを絞り込むことができたら、そのユーザーのニーズを満たすためのコンテンツを考えていきましょう。ここでは例として、競合スクールが集団レッスン形式の英会話スクールである場合を想定してみます。

この場合、今回のランディングページで対象とする来訪ユーザーに納得してもらうためには、どのようなコンテンツが必要になってくるのでしょうか。その回答を得るためには、対象ユーザーのニーズをさらに深く掘り下げて、ユーザーが抱いている疑問点を想像することが重要です。自社が提供するレッスンの特徴は何なのか、どのようなカリキュラムでビジネス英会話が学べるのか、仕事で忙しいビジネスパーソンでも問題なく通えるのか、料金体系はどうなっているのか、最短でどれぐらいの期間で習得することが可能なのか——このようにユーザーの抱く具体的な疑問点を想定することで、ランディングページに必要なコンテンツがあぶり出されてくるのです 05 。

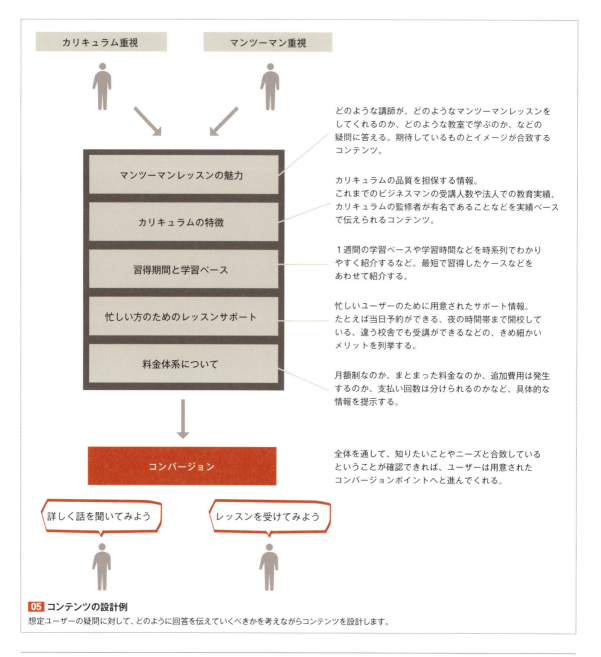

05 コンテンツの設計例
想定ユーザーの疑問に対して、どのように回答を伝えていくべきかを考えながらコンテンツを設計します。

このように、情報を設計し、細部の内容をさらに詰めていくことで、ランディングページのコンテンツが仕上がってきます。このとき、まずは大きな項目を考えて、そのあとで詳細な情報を抽出していくということが大切です。また、コンテンツの順番についても、作業を進めていきながら、順番を入れ替えるな

ど の修正を行いましょう。実際には、どの情報をどの順序で伝えれば、対象ユーザーにもっともわかりやすく魅力が伝わるのかということについて、仮説と検証を繰り返しながら進めていくことになります。

コンバージョンポイントを設定する

さらには、ランディングページの目的であるコンバージョンポイントをどうするのかということも、この段階で同時に考えていくべきです。今回の英会話スクールの例では、資料請求という形で対応するのか、無料体験の予約を促すのか、

両方を用意するのか、などといったことをコンバージョンポイントとして思案していくことになるでしょう。まずは、それぞれのコンバージョンポイントのメリットとデメリットを比較しながら、現実可能な範囲で対応を考えてみましょう 06 。

	資料請求の場合	無料レッスン予約の場合
メリット	・コンバージョンが獲得しやすい ・サービスに興味のあるユーザーがすぐに分かる	・レッスンの受講意思が強い
デメリット	・もう一度コンタクトが必要になる ・時間の経過とともに、ユーザーが他社に流れる可能性もある	・CPAが資料請求よりも上がる傾向がある ・希望日程が合わないなどのスケジュール調整が必要になる

06 コンバージョンポイントのメリット・デメリット
コンバージョンポイントの設計1つで、コンバージョン後の現場のオペレーションなどにも大きく関わるため、現実的に対応できるポイントを落としどころとするのが望ましいでしょう。

英会話のレッスンという目に見えないサービスを提供している場合、その品質確認の場を無料で提供することができれば、ユーザーも比較的申し込みやすくなるはずなので、コンバージョンも獲得しやすくなるでしょう。また、無料体験後のコンバージョ

ンユーザーは、ランディングページに記載されている訴求コンテンツと実際のレッスン内容に違和感や差異がなければ、具体的な有料コースへの申し込みを前向きに検討してくれることでしょう。

広告と内容の乖離に注意

反対に、ここで広告の訴求ポイントと実際のサービスの品質や内容が大きく違っていれば、その後の結果も変わってしまいます。当然のことながら、自社の商品やサービスを魅力的に伝えることと、過度に誇張して伝えることを混同してはいけません。顧客獲得単価やコンバージョン率を重視し過ぎるあまり、訴求内容を過剰に高めてしまっても、のちのち広告と現実の乖離にユーザーは気付きます。その結果、利益にならないばかりか、ユーザーの不満というマイナスの形で返ってくることもあります。

あくまでユーザーには、実際の商品やサービスにある魅力を、ありのましっかりと伝えていくことが重要です。またユーザー側も極めて冷静な判断をしてるため、あまりに過度な訴求をしてしまうと、どれだけ広告費を投下していても信頼を失ってしまい、大きな損失につながってしまうということも考えられます。時間をかけてでも、商品やサービスの魅力は何なのかということをよく考え、すばらしいランディングページに仕上げるというスタンスを忘れてはいけません。

069

COLUMN
ランディングページ制作をチームで円滑に進めるために

問われる多様な専門性

ランディングページ制作では、あらゆる作業工程を1ページに凝縮する必要があります。外から見れば、なぜたった1ページにそこまで手間と時間をかけるのかと思われるかもしれません。しかし、反対に1ページしかないからこそ、さまざまな角度からしっかりと作り込む必要があるのです。市場の状況を読むマーケティング力、デザインを想像するクリエイティブ力、コーディングなどの技術力や技術的な側面の理解など、多様な専門性が問われます。そのため基本的には、複数人のチームでランディングページを制作することになります 図1 。またチームで制作を行う場合は、そのチームを1つにまとめて進めていくディレクション力も必要です。

小手先のテクニックだけでは作れない

今日ではインターネットで検索すれば、ランディングページの作り方に関する記事が散見されます。筆者も情報収拾の一環としてチェックすることがありますが、そうした記事で謳われる小手先のテクニックだけで、よいランディングページが制作できるとは思いません。実際に、そのようなランディングページのすべてが、思い通りに成功しているわけではないからです。よいランディングページを制作するには、商材やターゲットによって作り方を変えなければなりません。自社の商品・サービスの魅力を、ユーザーにどのように伝えれば効果的なのかを考え、チームで認識を共有しておきましょう。

感覚だけで話を進めない

制作の進行過程で細部を詰めるときには、どうしても感覚的な内容におちいりやすいものです。感覚は人によって異なるため、のちのち収拾が付かなくなる状態に発展するということもあります。そのため細部を詰める際には、できるだけチームの責任者に判断を委ねるのがよいでしょう。あるいは意見に根拠を持って話し合い、責任と役割を明確に切り分けたうえで、チームで進めるようにしましょう。いずれにしても、相手が持つ感覚と100％同じ感覚でものごとを受け止められるという人は、まずいないと考えるべきです。

意思決定とレスポンスは迅速に

ランディングページ制作では、当初想定していたことが実現できなくなったり、必要な素材が揃えられなくなったり、デザインの確認に時間を費やしすぎてしまったりして、プロジェクトそのものが途中で停滞することが多々あります。何か1つの要素が欠けるだけでもランディングページは完成しないため、チームで作業を行う際には、意思決定をすばやく行ったり、依頼された内容にできるだけ迅速に対応できるようにしておかないと、全体の進行が大きく遅延することになりかねません。

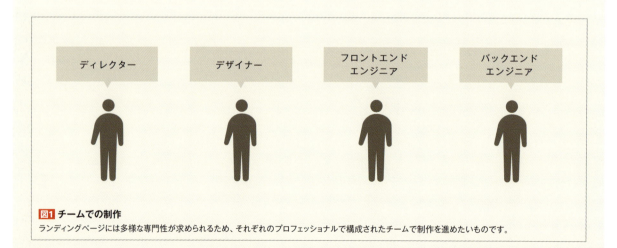

図1 チームでの制作
ランディングページには多様な専門性が求められるため、それぞれのプロフェッショナルで構成されたチームで制作を進めたいものです。

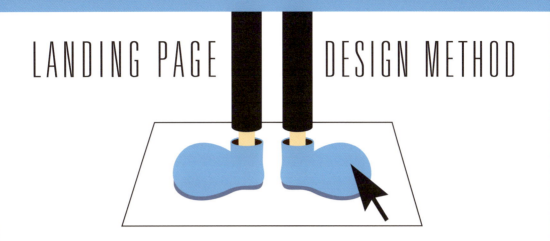

LANDING PAGE DESIGN METHOD

Chapter 3
コンテンツ

LANDING PAGE DESIGN METHOD

01 | ランディングページの
コンテンツとは?

Chapter 2では、ランディングページ制作の事前準備として、各工程のポイントと、戦略設計と情報設計のハイライトを紹介しました。このChapterでは、情報設計の核となるコンテンツとワイヤーフレームについてさらに詳しく解説していきます。まず初めに、コンテンツについて具体的に見ていきましょう。

ランディングページのコンテンツとは?

ランディングページに流入したユーザーは、検索したキーワードに対して、答えとなりうる情報そのものをランディングページで探しています。しかし、たとえユーザーの疑問に答える内容が用意されていたとしても、テキスト情報だけを無機質に並べたひねりのないコンテンツでは効果的ではありません。テキスト情報だけでなく、写真や数値データなどの要素が視覚的にバランスよく整理されていて初めて、ユーザーにとって充実したコンテンツといえるのです。

ランディングページのコンテンツは、セクションと呼ばれる小さなコンテンツの集まりによって構成されています。下のコンテンツ例では、それぞれのセクションごとに、ユーザーに伝えたい内容が、テキスト、写真、アイコン、イラストなどの要素を組み合わせて、視覚的に配置されていることがわかるでしょう 01 。これら複数のセクションを効果的に構成することで、ユーザーに利用価値や購入メリットを感じてもらうことのできる、ランディングページのコンテンツが完成するのです。

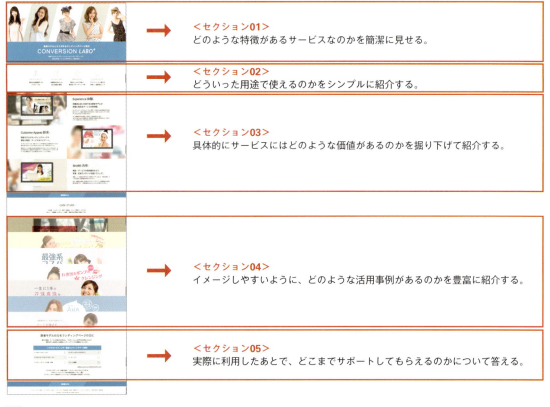

01 ランディングページのコンテンツ例
ランディングページのコンテンツは、役割分担されたセクションの集まりによって構成されている。

072

まずはセクションから考える

しかし、いざランディングページ全体のコンテンツを考えようとしても、コンテンツという概念自体が掴みどころがなく、どこかしら曖昧な要素があるため、なかなか作業に取りかかりづらいものです。そこで、いきなり全体のコンテンツを考えるのではなく、コンテンツを構成するセクションという小さな単位から考えていくようにしましょう。

すなわち、まず初めに各セクションの内容を個別に固め、そのあとでそれらのセクションを効果的に組み立てていくことで、ランディングページ全体のコンテンツを仕上げていくという手順です 02 。そのためには、ランディングページ全体のコンテンツを構成するために、どのようなセクションが必要なのかということを、反対に分解して考えていく作業から取りかからなければなりません。

Chapter 2で解説した戦略設計で、どのようなユーザーをターゲットとするかを絞り込み、そのユーザーをどう行動させるのかという目的を固め、そのためにランディングページで何を訴求すればよいのかを決めてさえいれば、スムーズに進めることができる作業のはずです。あとは、ユーザーに対する訴求を果たすために、どういったセクションが必要なのかを考えていけばよいでしょう。

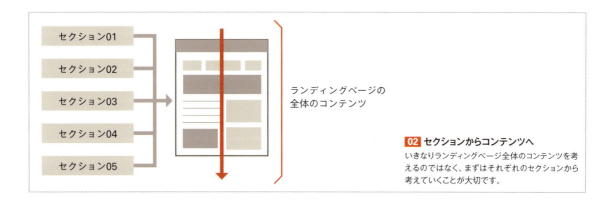

02 セクションからコンテンツへ
いきなりランディングページ全体のコンテンツを考えるのではなく、まずはそれぞれのセクションから考えていくことが大切です。

各セクションのテーマを考える

たとえば、プログラミングの自己学習が動画を通じてできるWebサービスがあったと仮定しましょう。そして、これからプログラミングを学びたいと考えているライトユーザーをターゲットとし、それらのユーザーにランディングページを通じて無料会員登録させるという目的を定めたとします。それでは、初心者でもプログラミングが学べる動画サービスがあることをユーザーに伝えるために、どのようなセクションが必要になってくるのでしょうか。

Chapter 2-04で説明したように、コンテンツを考えるためには、対象ユーザーのニーズを具体的に想像することが効果的です。そのうえで、そのニーズからユーザーが抱くだろう疑問点を、思いつく限り書き出してみるとよいでしょう。ランディングページの目的と照らし合わせて選別すれば、それらがそのまま各セクションのテーマ候補となるのです 03 。

"初心者でも学べる"ということが伝わるために、必要な情報は何か？		
ユーザーのニーズとランディングページの目的を考慮し、必要なセクションとして思いつくものを書き出してみる。		
どのような動画なのか？	どのようなときに使うのか？	初心者でも使えるのか？
動画だけのサービスなのか？	どう使えばよいのか？	どこまでが無料なのか？
サポートはあるのか？	どのような人が作った動画なのか？	有料プランはいくらか？

03 セクションのテーマ候補の列挙

LANDING PAGE DESIGN METHOD

02 コンテンツを用意する

Chapter 3-01では、コンテンツを構成するセクションのテーマ候補をリストアップしました。ここでは、そのときのテーマ候補をもとに、テキスト情報などのセクションの内容を用意していきます。コンテンツのワイヤーフレームを作成するための下準備にあたる作業のため、慎重に用意しておきましょう。

テキストを用意するところから始める

ランディングページのコンテンツの中でも、もっともウェイトを占める要素がテキスト情報です。そのため、まずはこのテキスト情報から作成し、そのあとでほかの情報を用意していくという手順が重要です。

Chapter 3-01では、コンテンツを構成する各セクションのテーマ候補を書き出しましたが、そのとき用意したそれぞれのテーマをより具体的に掘り下げて考えることで、テキスト化していきます。このとき、ユーザーの疑問に対する回答となるようなテキストを作成するように心がけましょう。ただし、いきなり最終的なテキストを書きあげるわけではありません。まずはポイントとなる短いテキストから準備し、のちのち肉付けしていくことになります。

ここでは、Chapter 3-01で挙げたセクションのテーマ候補の例をもとに、短いテキストを準備してみます 。

```
プログラミングを動画で自己学習できるWebサービスの
無料登録者を集めるランディングページという想定
```
※本書内の仮想の事例です。

"初心者でも学べる" ということが伝わるために、必要な情報は何か？

ユーザーのニーズとランディングページの目的を考慮し、
必要なセクションとして思いつくものを書き出してみる。

どのような動画なのか？	どのようなときに使うのか？	初心者でも使えるのか？
動画だけのサービスなのか？	どう使えばよいのか？	どこまでが無料なのか？
サポートはあるのか？	どのような人が作った動画なのか？	有料プランはいくらか？

▼

それぞれのセクションのテーマをまず短いテキストにまとめてみる

どのような動画なのか？	・1つの授業単位で30分とコンパクトに構成。 ・プログラムの実装例と解説を2画面で同時に見られる動画。 ・動画だから、理解できるまで巻き戻して確認できる。
どのようなときに使うのか？	・PC／スマートフォン／タブレットで学習できるから、時間も場所も問わない。いつでもどこでも学習可能。
初心者でも使えるのか？	・ノンプログラマーのためのコースが充実。 ・実際に、利用者の70％はノンプログラマーが活用している。 ・利用者から実際にサービス開発者が誕生したという実績もある。
動画だけのサービスなのか？	・映像学習で行き詰まったら、チャットやスカイプなどを通じて専任トレーナーがコーチングしてくれる（ただし有料）。
どう使えばよいのか？	・学びたい言語を自由に選ぶことができる。 ・初級者から上級者までレベル別に学ぶことができる。 ・専用教材で、演習問題に取り組むこともできる。

どこまでが無料なのか？	・会員登録はすべて無料。 ・映像授業も初回登録すれば、3回まで無料で体験できる。
サポートはあるのか？	・専用教材をダウンロードできる（ただし有料）。 ・質疑応答にトレーナーが対応してくれる（ただし有料）。
どのような人が作った動画なのか？	・サービス開発経験のあるフリーランスプログラマーが 　それぞれのテーマごとに映像授業を監修。
有料プランはいくらか？	・コース個別の料金体系。 ・オプションでトレーナーサポートを付ける場合は、 　月額2,980円の費用がかかる。

01 セクションのテーマからテキスト化する

このように、想定しているサービスに関連する情報を、それぞれのセクションのテーマに合わせてまず短いテキストに書き出してみることで、より具体的なコンテンツが見えてきます。内容が重複しているものなどは、ここで1つのセクションにまとめるなどして、調整していけばよいでしょう。

テキスト以外の情報を用意する

それぞれのセクションで伝えたいことがテキストとしてある程度まとまったら、続いてテキスト以外の情報について用意していきましょう。つまり、ランディングページの素材として、テキスト以外にどのような情報が必要なのかを考えていくことになります。ここでは、テキストでは説明しづらいものが何であるかを考えることがポイントです。

たとえば今回の例では、実際にどのような動画なのかということを、言葉でどれだけ具体的に説明しても限界があるでしょう。そのため、ランディングページ上でサンプルの動画を用意したほうがよいといえます。このように、セクションごとにどのような素材が必要なのかを洗い出していきます 。

どのような動画なのか？	・1つの授業単位で30分とコンパクトに構成。 ・プログラムの実装例と解説を2画面で同時に見られる動画。 ・動画だから、理解できるまで巻き戻して確認できる。

＜必要な素材は何か？＞
・学習イメージをユーザーに伝えるための実際の授業のサンプル動画が必要。

どのような人が作った動画なのか？	・サービス開発経験のあるフリーランスプログラマーが 　それぞれのテーマごとに映像授業を監修。

＜必要な素材は何か？＞
・映像授業監修者の開発したサービスの実績を紹介するキャプチャー画像が必要。
・映像授業監修者の顔写真や経歴についての素材も必要。

02 テキスト以外に必要な情報の洗い出し

LANDING PAGE DESIGN METHOD

03 ランディングページの構成・ワイヤーフレームとは?

これまでに、ランディングページのコンテンツ内容を用意する方法について解説してきました。コンテンツがある程度準備できた段階で、ページの構成・ワイヤーフレームを設計する作業に入っていきます。ここでは、ランディングページのワイヤーフレームとは何かを見ていきましょう。

ランディングページの構成・ワイヤーフレームとは?

ランディングページの制作過程でとりわけ重要なこととしては、デザインやコーディングなどの技術的な側面が主にあげられますが、その中に構成・ワイヤーフレームの設計も含まれます。デザインやコーディングの基礎となる構成・ワイヤーフレームの設計を間違えてしまうと、たとえ美しいデザインや優れたコーディングでランディングページを制作しても、うまく目的を達成できないランディングページに仕上がってしまうからです。

まずは、構成・ワイヤーフレームのイメージ図を見てみましょう 01 。

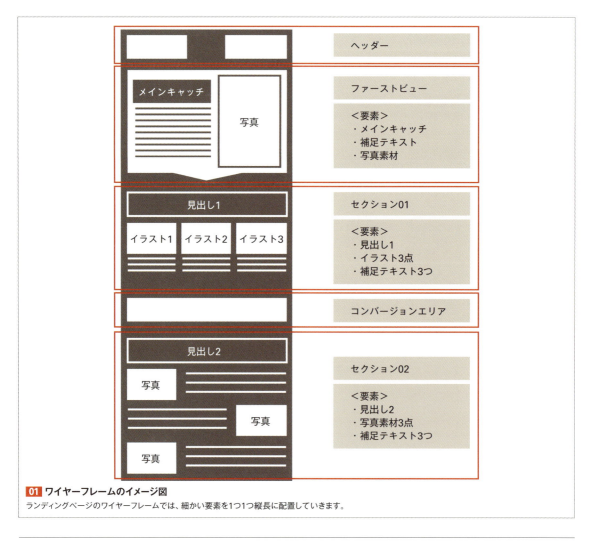

01 ワイヤーフレームのイメージ図
ランディングページのワイヤーフレームでは、細かい要素を1つ1つ縦長に配置していきます。

ランディングページは、それぞれ意味を持ったセクションが上から順に構成された縦に連なるWebページであるため、ワイヤーフレームも通常のWebサイトと違い、相当なボリュームがあるものになります。当然ながら、通常のWebサイトよりも全体のバランスに気を配りつつ、セクションの順序構成やワイヤーフレームを考えなければなりません。またこの段階で、それぞれのセクションに、ロゴ、キャッチコピー、補足テキスト、写真素材、イラストやアイコンなどの素材、CTAに設置するコンバージョンボタンなど、細かい要素を1つ1つ緻密に配置する必要があります。それらのセクションを1つ1つ作り込んだ結果として、全体のワイヤーフレームが仕上がります。

仕上がったワイヤーフレームをもとにして、その後の工程となるデザインやコーディングを行っていくため、設計内容とあわせて各セクションの内容もできるだけ詳しく作り込んでおかなければなりません。ランディングページのどこに、どのような要素が入るのかということがすぐに判断できるように、極力明確にしておく必要があるのです。

構成・ワイヤーフレームの作成で留意すべきこと

目的を達成することができるランディングページの制作を効率的に進めるためには、この構成・ワイヤーフレームの段階で、テキストや素材などがすべて用意されていることが重要です。ありがちな失敗例としては、素材やテキストもない曖昧なワイヤーフレームを、とりあえず社内や社外のデザイナーに渡して、任せっきりにして進めてしまうことです。このような進め方では、デザイナーが見当違いの方向性でデザインを進めてしまう恐れがあります。何度も修正を余儀なくされる可能性が高く、かなり非効率的な進め方だといえるでしょう。デザイナーに依頼するときばかりか、仮に自分でデザインを制作する場合においても、このような方法ではどうしても作業が捗らないものです。

目的意識のはっきりしない曖昧なワイヤーフレームは、最終的にどうしたいのかという方針が見えてこないため、デザインをアウトプットするにも時間がかかります。アウトプットがスムーズに進んだとしても、あとからコンテンツを追加したり、削除したりする必要がたびたび出てくるものです。こうした行き当たりばったりの進行になってしまえば、制作関係者をいたずらに疲弊させてしまう原因にもなりかねません。

このような挫折を味わわないために、ワイヤーフレームの担当者は、どこの要素に何が入るのかを綿密に組み立てて、できる限り具体的に詰めておかなければなりません。どのような写真をどのように配置するのか、セクションがどのような動きを想定しているのかなど、ランディングページの完成形をイメージしながら、構成・ワイヤーフレームをしっかりと作成する必要があるのです。ランディングページにおける構成・ワイヤーフレームは、ランディングページの品質を左右する大事な設計書・仕様書です。たとえ第三者が見たとしても、このセクションでどうしたいのかという細部まで意図が伝わる、わかりやすいワイヤーフレームを目指しましょう 02 。

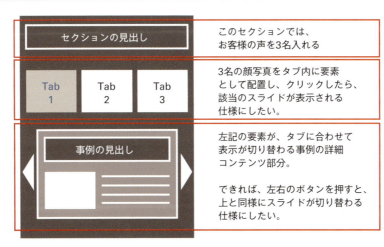

02 明確なワイヤーフレームを作成する
しっかりと意図が伝わるよう、ワイヤーフレームは細部まで作り込みましょう。なお、ワイヤーフレーム内で表示を動かしたいセクションがあった場合は、補足の説明資料を用意して、第三者が見てもわかるものにしましょう。

LANDING PAGE DESIGN METHOD

04 | 構成・ワイヤーフレームの作成手順

Chapter 3-03では、構成とワイヤーフレームの重要性について解説しました。ここからは、あらかじめ用意したコンテンツをもとに、実際にワイヤーフレームを作成する手順について具体的に見ていきます。ワイヤーフレームを第三者が見ても伝わる内容にするために、じっくりと慎重に作成していきましょう。

まずはユーザー心理を想像する

テキスト情報や各種素材などのコンテンツをある程度用意したら、それらのコンテンツをもとに視覚的に配置して、ワイヤーフレームを作成していきましょう。

Chapter 3-03でも触れたように、ランディングページのワイヤーフレームは、デザインにおける仕様書にもあたります。そのため、情報の展開や各セクションのテキストや写真素材、動画、イラストなどの素材がわかりやすく配置されているワイヤーフレームを作成しなければなりません。しかしその前に、ユーザーに情報を伝える順序を適切に構成する作業を、具体的に詰めていく必要があります。

ランディングページは前述のとおり、上から下へとユーザーがスクロールしていくシングルページです。そのため、それぞれの意味や伝えたいことを想定しつつ、来訪ユーザーの状態や心理に合わせて、各セクションを効果的に並べていく必要があります。

では、ここでもChapter 3-03に続いて、プログラミング学習サービスの仮想事例をもとに、構成の組み立てを行っていきましょう。このとき来訪ユーザーを、プログラミングを学びたいと思っている初心者だと仮定すると、検索キーワードとしては、「プログラミング　学習　初心者」などが想定されるでしょう。そのため、このユーザーが知りたいことは、自分に適したプログラミングの学習方法を探していると考えることができます。それではまず、この来訪ユーザーが考えること――ユーザーインサイトを想像し、図として書き出してみましょう 01 。

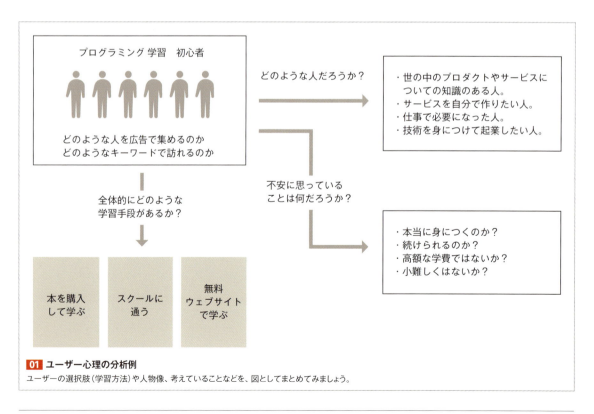

01 ユーザー心理の分析例
ユーザーの選択肢（学習方法）や人物像、考えていることなどを、図としてまとめてみましょう。

ユーザー心理をもとに大きな流れを考える

このようにして、ユーザーが気にするであろうポイントを整理したり、競合となりうるほかの学習手段をまとめてみたりすることで、何をどの順番で伝えていけば興味を抱いてもらえるのかという構成上の問題を考える材料にすることができます。ではその結果、自分でも学べるのかという不安をもった半信半疑のユーザーが多そうだと判断した場合を仮定して、それらのユーザーに納得してもらうための構成を組み立ててみましょう。

もちろんここで、Chapter 3-02で用意したコンテンツの各セクションのテキストを使います。とはいえ、そのまま順序だけを考えればよいわけではありません。それらのテキストを材料としつつ、想定するユーザーに合わせて、伝えたい情報として編集することも必要なのです 02 。

伝えたい情報	材料としたテキスト
プログラミングが初めての人でも続けられる映像学習。	・ノンプログラマーのためのコースが充実。 ・プログラムの実装例と解説を2画面で同時に見られる動画。 ・サンプル動画を用意する。
コードの動きをみながら、解説してくれる動画授業。わかるまで何度でも見られる！	・プログラムの実装例と解説を2画面で同時に見られる動画。 ・動画だから、理解できるまで巻き戻して確認できる。
事実、利用者の70%は、初心者である。	・実際に、利用者の70%はノンプログラマーが活用している。
利用者には、こんな点が評価されています。	・利用者から実際にサービス開発者が誕生したという実績もある。
コンパクトな30分学習。好きな時間に、手持ちの端末で自由に学習できる！	・PC／スマホ／タブレットで学習できるから、時間も場所も問わない。いつでもどこでも学習可能。 ・1つの授業単位で30分とコンパクトに構成。
どうしてもわからないところも担当トレーナーが個別に対応。	・質疑応答にトレーナーが対応してくれる（ただし有料）。

伝える順序

02 **大きな流れの構成例**
用意しておいたコンテンツをもとに、想定ユーザーを意識しながら、情報をデザインしていきます。

上記の構成例を見れば、テキスト情報を発展させる形で伝えたい情報がまとめられていると、大きな流れが明確になることがわかるでしょう。そして学習に不安を抱えたユーザーを説得するように、それらが順序よく並べられています。ただし実際には、一度で構成は決まりません。伝えたい情報の編集作業や順番などを試行錯誤しながら、もっともユーザーの心を掴みやすいであろう形を探っていくことになります。

079

伝えたい情報をレイアウトしてみる

ある程度、伝えたい情報とその順番がまとまった段階で、いよいよワイヤーフレームに落とし込んでいきましょう。ワイヤーフレームは、パソコンの編集ソフト（Word／Excel／PowerPoint／Photoshop／Illustratorなど）で作成しても、手書きで作成しても構いません。自分の進めやすい方法で取り組むとよいでしょう。

ここでは、来訪ユーザーが最初に目にする最上部のファーストビュー[*1]のワイヤーフレームを例に見ていきます 03 。Chapter 2-01でも触れたように、まず詳細な見出しやテキストを詰めてから、レイアウトを考えていくとよいでしょう。

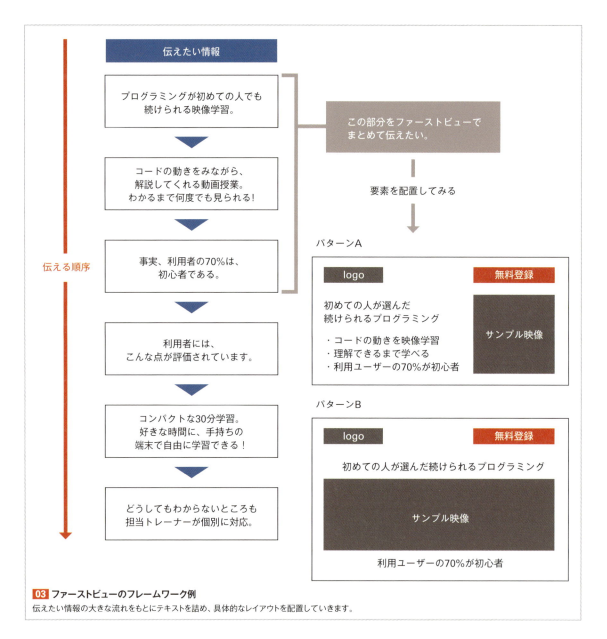

03 ファーストビューのフレームワーク例
伝えたい情報の大きな流れをもとにテキストを詰め、具体的なレイアウトを配置していきます。

このように視覚に訴える形でレイアウトを組んでみることで、初めて実際のイメージが見えてきます。そのうえで、伝えたいテキスト情報をコンパクトにまとめたり、テキストの内容自体を変えてみたりして改善します。どのような配置やレイアウトがもっとも視覚的に魅力を伝えられるのかという点も含めて、いくつかのパターンを試しながら整理していくのがよいでしょう。

*1:ファーストビュー
訪問ユーザーがそのランディングページで最初に見る画面のこと。ランディングページ全体のデザインを決定づける重要な要素でもある。

スマートフォン向けのワイヤーフレーム

スマートフォン専用のランディングページを作成する際にも、ワイヤーフレームの作成が必要です。もっとも、パソコンと違ってスマートフォンはスクリーンが小さく、また縦長のため、パソコンと同じ情報やレイアウトを詰め込むということは、物理的に困難です 04 。

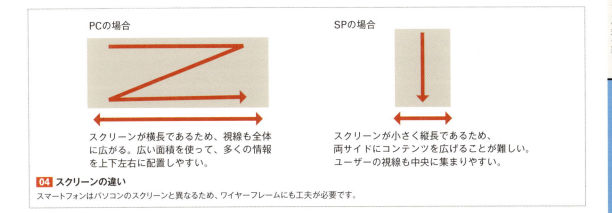

04 スクリーンの違い
スマートフォンはパソコンのスクリーンと異なるため、ワイヤーフレームにも工夫が必要です。

では、今回の事例をスマートフォンにあてはめた場合、ファーストビューのワイヤーフレームがどうなるかを見てみましょう 05 。

このように、情報量が多いパターンAにおいては、それぞれの要素を全体的に小さく配置していく必要があるでしょう。しかしこれ以上ファーストビューでの情報量を増やしてしまうと、狭いスクリーンに要素が密集するため、さらに見づらくなっていくことが想像できます。一方、情報量が少ないパターンBのワイヤーフレームでは、何を見てほしいのかが明確で、狭いスクリーンでも伝わりやすいレイアウトになっています。スマートフォンにおいては、できるだけ個々の要素を大きくするかわりに、要素の数は少なくするというルールを意識し、コンパクトにしていく必要があるのです。

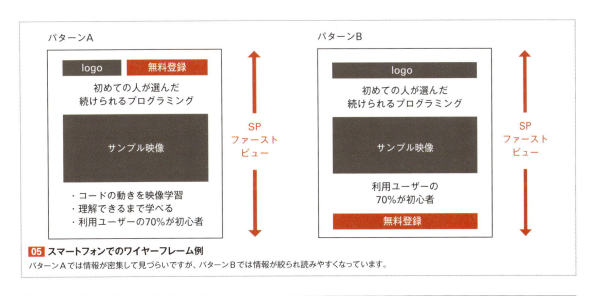

05 スマートフォンでのワイヤーフレーム例
パターンAでは情報が密集して見づらいですが、パターンBでは情報が絞られ読みやすくなっています。

LANDING PAGE DESIGN METHOD

05 コンテンツを整理するために必要なレイアウトの工夫

各セクションのコンテンツをワイヤーフレームに整理していく際には、事前にレイアウトについても知っておく必要があるでしょう。パソコンだけでなくスマートフォン向けにランディングページを用意するケースも昨今では増えてきているため、双方の具体的なレイアウトについて紹介します。

パソコン向けレイアウト

まずは、筆者が運営するランディングページの制作・運用支援サービスであるコンバージョンラボのパソコン向けランディングページの例をもとに、各セクションのレイアウトや配置に着目してみましょう **01**。なお、この例ではランディングページの一部を切り取って紹介しています。

01 コンバージョンラボのパソコン向けランディングページ

パソコンの横長のスクリーンを意識して、どのセクションも横長に作られています。しかし、たった1つのランディングページにおいても、さまざまなレイアウトパターンが混在していることがわかるでしょう。このように全体像を俯瞰することで、それぞれの小さなセクションごとに異なるレイアウトパターンが上下に組み立てられて、1つのランディングページデザインを構成していることが見えてきます。これらのレイアウトは、情報そのものの量や素材の数、またユーザーに伝える目的によって、もっとも最適な形で構成し、デザインしていく必要があります。

スマートフォン向けレイアウト

続いて、スマーフォンデバイスに特化したコンバージョンラボのランディングページも見ていきましょう。Chapter 3-04でも解説したように、スマートフォンのスクリーンは縦長です。この点を意識し、各セクションが縦長のレイアウトで構成されていることが全体的に確認できるでしょう。

ここで、事例紹介のセクションに注目してください。パソコン向けランディングページでは事例紹介の補足テキストが表示されていましたが、このスマートフォン向けランディングページでは、補足テキストの要素そのものがカットされています。スマートフォンの小さな画面ではそうした要素までは収まらないと判断したための対応で、同じ理由から全体的に情報量を最小限に抑えています 02 。

また、サービスプラン紹介のセクションにおいては、パソコン向けランディングページではプランAとプランBを左右に配置していますが、スマートフォン向けランディングページでは一方が選択表示されるようになっています。スマートフォンでは両方の要素を要素を同時に表示できるスペースがないからです。

このように、デバイスによって、レイアウトや情報量を最適に調整していくことで、そのデバイスに適したレイアウトを仕上げることができるのです。

02 コンバージョンラボのスマートフォン向けランディングページ

レイアウトは情報要素の数で変わる

ランディングページでは、テキストや画像などの情報要素の数によってもレイアウトを変える必要があります。ここでは、ファーストビューのレイアウトパターンをもとに、情報要素の数による違いについて解説します。具体的に、パソコン向けランディングページで横幅980ピクセルという同じルールで、情報要素が最小・中程度・最大という3つのパターンを想定し、レイアウトがどのように変化していくのかを見ていきましょう 03 。

← 横幅980ピクセル →　　　　**ファーストビューの場合**

ケース1　情報要素数　最小

比較的スタンダードなレイアウト例。情報要素が最小の場合は、レイアウトは比較的に整理しやすくなる。またユーザーにとっても、どの情報がもっとも大きな見出しなのか、シンプルで認識しやすいという利点がある。ただし、情報が少ない分、1つ1つの情報要素で何を伝えるべきかという点、つまりキャッチコピーの中身にも、細心の注意が必要になってくる。

ケース2　情報要素数　中程度

情報要素が中程度の場合は、上記のケース1のレイアウトから少し工夫することで、まとまりを持たせることもできる。このレイアウト例では、もっとも伝えたい内容を最上部に配置し、伝えたい内容に関する補足のテキストを画像要素と並列に配置しているが、こうした情報の主従関係を意識して整理していけば、ユーザーにとってもわかりやすいファーストビューになる。

ケース3　情報要素数　最大

ファーストビューで、サービスの特徴もあわせて伝えたいという場合に見られるレイアウトパターン。テキストの内容次第で、サービスの中身をファーストビューでよりしっかりと伝えることができる。一方で、ケース1とケース2のレイアウトと比較し、テキストで伝える内容が多いため、情報過多とならない工夫が必要。ここではキャンペーン情報の要素を外してバランスを取っている。

03 情報要素数によるレイアウトの変化（ファーストビュー）

このように、ユーザーに詳しく伝えようとすればするほど、情報の要素数は増えていき、限られた占有面積の中でのレイアウトは難しくなっていきます。できるだけ多くの情報を伝えようとするあまり、ユーザーがどこを見てよいのか判断がつかないレイアウトになってしまうことも、決して珍しくはありません。情報要素を増やす場合、何か別の情報要素を減らすという足し引きの発想をもってレイアウト考えていくことが、ワイヤーフレームの作成では必要になるのです。

続いて、商品・サービスの特徴を紹介するコンテンツを想定した場合についても見ていきましょう 04 。情報要素の数によって、どのようにレイアウトが変化していくのでしょうか。

← 横幅980ピクセル →　　　　　　　特徴紹介コンテンツの場合

ケース1　情報要素数　最小

情報要素が少ないため、特徴1つずつの要素を大きく表示し、写真やイラスト素材とあわせて説明することで、ユーザーにダイナミックに伝えていくことができる。左のように、写真とテキストを横に並置して特徴を紹介していくレイアウトは基本的な例になる。またこのケースでは、2つ目の特徴も同様のレイアウトで紹介することもできる。

ケース2　情報要素数　中程度

ランディングページ全体のボリュームを考えて、3つの特徴をまとめて1つのセクションで紹介したいという場合など。このケースでは、要素を横に並列させる方法がオーソドックス。写真などの必要なイメージ要素とテキストの見出しと詳細テキストを縦に配置していくことで、効果的なレイアウトを組み立てることができる。

ケース3　情報要素数　最大

特徴をまとめて4つ紹介したいという場合など。この場合は、2列×2列で要素を整理していくことも可能。一方で、1つのセクションという可視領域での情報量が必然的に多くなってしまうため、ユーザーが内容を理解するために少し負担・時間がかかるということを考慮しなければならない。そのため、補足のテキストの文字量なども最小限に抑えたり、見出しのコピーをわかりやすくするなど、用意したテキスト要素そのものも見直していく必要がある。

04 情報要素数によるレイアウトの変化（特徴紹介コンテンツ）

ユーザーの使いやすさも考慮する

　ワイヤーフレームの設計は、整理したコンテンツ情報をレイアウトに格納するだけではありません。同時にユーザーの動きを想定し、コーディングに関わる仕様設計も考えていく必要があるのです。実際にランディングページを訪れるユーザーの動作には、見るという行為以外にも、マウスでクリックしたりスマートフォンでタップしたりすることも含まれています。そのため、ユーザーが特定のデバイスで使いやすい仕様をワイヤーフレームの段階で想定し、設計していくことも重要なのです。

　ここでは、業務用シーラーのプロダクトを紹介するランディングページを例に見ていきましょう。このレイアウトでは、右側にサイドナビを設置していることがわかります 05 。このサイドナビはページをスクロールしても固定表示されるため、該当コンテンツのページ内遷移が容易にできます。

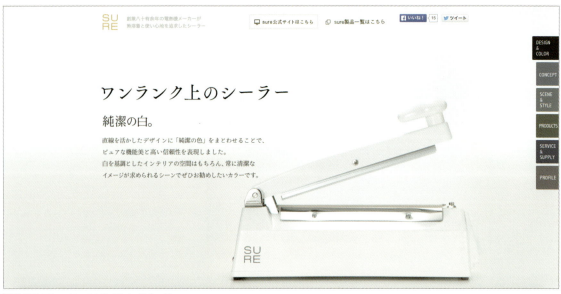

05 業務用シーラーのランディングページ
右側にサイドナビが配置されているため、ユーザーの利便性が向上します。

　ユーザーがランディングページで知りたい情報は、ユーザーによってそれぞれ微妙に異なるでしょう。たとえば、上から順にしっかりとコンテンツを確認したいというユーザーもいれば、見たいセクションだけを掻いつまんで情報収集したいというユーザーもいます。特に、ランディングページは縦に長く連なるWebページであるため、せっかちなユーザーが来訪した場合も想定しておきましょう。こうしたサイドナビを盛り込んだ仕様設計が必要なのはそのためです。たとえばユーザーが該当商品の仕様を確認したい場合、その仕様に該当するサイドナビボタンをクリックすれば、該当セクションに瞬間的にページが移動してくれるのです。ただし、サイドナビがあることでデザイン的にバランスが崩れてしまうこともあるので、注意が必要です 06 。

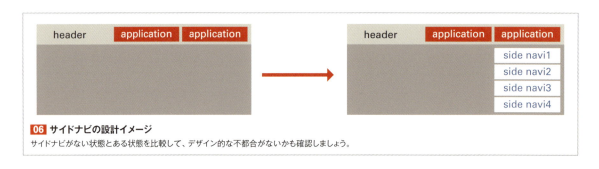

06 サイドナビの設計イメージ
サイドナビがない状態とある状態を比較して、デザイン的な不都合がないかも確認しましょう。

ユーザーの使いやすさを考慮した仕様設計はサイドナビの設置に限りません。たとえば、期間限定のキャンペーン情報を、ランディングページ上でユーザーに強く認識させたいというケースもあるでしょう。このような場合のために、表示画面最下部にキャンペーン要素を固定表示させるという方法もあります。固定表示されたボタンをクリックすると、そのキャンペーンの詳細をユーザーに確認してもらうことができるわけです。一方で、こうした固定表示は、関心のないユーザーにとっては邪魔なものです。そこで、固定表示が不要なユーザーのために、クリックすることで固定表示を閉じることができるボタンもあわせて設置しておくとよいでしょう 07 。

07 画面最下部の固定表示
画面最下部の固定表示は、クリックで開閉できるようにしておくと、あらゆるユーザーに対応できます。

　これら以外にも、たとえば紹介したい商品・サービスの特徴が5つ以上あるなど、物理的に情報が多すぎる場合にも、対策を立てておく必要があります。すべての特徴を見るのではなく、必要なところだけを確認したいというユーザーも想定されるからです。このような場合においては、詳細なコンテンツを紹介していくセクションの上部に、それぞれの詳細なコンテンツへ移動するためのボタンを一覧で用意しておくといった実装が効果的でしょう 08 。サイドナビと機能的には近いものですが、固定表示されるわけではない点や、特徴紹介コンテンツに限ったボタンである点が異なります。

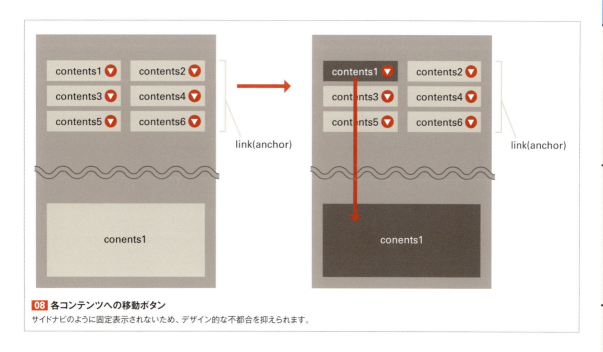

08 各コンテンツへの移動ボタン
サイドナビのように固定表示されないため、デザイン的な不都合を抑えられます。

　ワイヤーフレームの設計段階でこうした仕様設計まで考慮しておけば、このセクションでは何をしたいのかという意図と根拠がわかりやすくなるため、次のデザイン制作を1人で行う場合においても、チームで行う場合においても、スムーズに作業を進めることができるはずです。また、ユーザーにも見やすく使いやすいと感じてもらえれば、コンテンツを読み進めてもらえる確率も高くなるでしょう。そのため、ここで紹介した挙動に限らず、参考サイトなどを見ながら、状況に応じた仕様設計を考えていくとよいでしょう。

LANDING PAGE DESIGN METHOD

06 | 共感系コンテンツの設計

ユーザーはランディングページを見て、その商品・サービスが自分にとって必要かどうかを瞬間的に取捨選択しているといっても過言ではありません。そのわずか数十秒でユーザーに共感してもらうためには、どのようなコンテンツを設計していけばよいのでしょうか。具体例を交えて、紹介していきます。

自分のための商品・サービスだと感じてもらう重要性

キーワードで検索を行ったり、気になるバナー広告をクリックしたりしてランディングページを訪れたとき、ユーザーは頭の中でいったい何を考えているのでしょうか。「今の状態よりもさらによい状態になりたい！」といったポジティブな意識の場合もあれば、「今のマイナスの状態をゼロに戻したい！」といったネガティブな意識の場合もあるでしょう。これらユーザーの思惑は、商品・サービスが提供する価値や性質に依存しますが、いずれにしても「このようなサービスを求めていた」、「このような商品を探していた」とユーザーに感じてもらわなければなりません。自分にとってベストな商品・サービスだとユーザーに共感してもらうことが、ユーザーのページからの離脱を抑えるためにも必要です。

既卒者を対象とした就職支援会社の会員登録を目的としたランディングページ 01 を例に、ユーザーにそのように思わせる「共感系コンテンツ」がどういうものなのかを見ていきましょう。このランディングページを制作する際に、クライアントからのヒアリングや事前リサーチを行った結果、「既卒＝就職が難しい」という固定観念が多くの既卒者に持たれる傾向があることがわかりました。つまり、多くの既卒者は、自分が行う就職活動において、新卒と比べて不利になるのではないかというネガティブな心理を潜在的に持っているともいえます。しかしながら同社の就職支援サービスは、登録企業側に対して既卒者を紹介するという前提で契約を交わしているため、既卒者に対するハードルがそこまで高くありません。実際に同社は既卒者を企業に紹介し、数多くの実績を出しているのです。

それではここで、想定ユーザーである既卒者が共感するポイントは何なのかということを端的に整理してみましょう。既卒であることに対する不安が解消されることをユーザーは求めているため、「既卒でも正社員として就職しやすい環境がある」ということが何よりの共感ポイントとなるはずです。当然ながら、ランディングページを単なる広告と見なしているユーザーもいるため、ただの売り文句を並べていると思われてしまうかもしれません。しかしこのランディングページには、そう思われないための共感系コンテンツが用意されています。

01 就職支援会社のランディングページ
既卒でも就職しやすいことを共感ポイントとしています。

088

具体的な根拠を示す

02 就職支援会社の共感系コンテンツ1
既卒でも就職の道が開けていることを、根拠を明確にしてアピールしています。

それではファーストビューに続くセクションを具体的に見てみましょう。このセクションでは、売り文句に対するユーザーの疑念を払拭する共感系コンテンツを展開しています **02**。世の中全体からすると、既卒者と新卒者のあいだには何らかの差異があるものの、同社のサービスでは、既卒者を正社員として採用したい企業が登録しているため安心であると、根拠を明確に伝えています。

さらに、実際にどのような求人があるのかもユーザーが気になるところでしょう。そこで、具体的な求人例や求人に関するデータを紹介して説得力を強化することで、ユーザーを「これこそ自分が求めていたサービスなのかもしれない」という心理状態に導くことが期待できます **03**。

03 就職支援会社の共感系コンテンツ2
定性的根拠と定量的根拠を具体的に示し、さらに説得力を高めています。

このように、ユーザーの心理をもとに企業との接合点をつくり、そのうえで商品・サービスの長所をわかりやすく伝えるための情報設計をしていくことが、共感系コンテンツでは重要なのです。

089

ユーザーの思考やイメージに近付ける

04 統計学教育サービスの共感系コンテンツ1
コピーやイメージを想定されるユーザーのものに近付け、より共感してもらいやすくしています。

続いて、社会人向けに統計学の授業を個別指導で行っている教育サービスのランディングページをもとに説明します 04 。昨今、より最適なマーケティングを展開していくために必要な学問として、統計学が注目されています。この流れを受けて、統計学について詳しく学ぼうと考えているビジネスパーソンも増えてきています。このランディングページでは、このようなビジネスパーソンが対象ユーザーとなりますが、ユーザーの共感ポイントを探るため、まずはユーザーの心理について考えてみましょう。

統計学を学習しようと思っているユーザーに共通しているニーズとしては、仕事に生かしたいという欲求がまず想像できます。このことから、さらにキャリアアップないしスキルアップしたいという上昇志向を持っているとも捉えることができるでしょう。

「仕事ができる人は、ロジカルで数字に強い。」というメッセージからもわかるように、このファーストビューではポジティブな要素を強調しています。今よりもさらに向上したいというポジティブな意識を持っているユーザーに親近感を与えるためです。ユーザーの思考をそのままメッセージとして可視化し、ユーザーの求めるイメージをそのままビジュアルデザインとして展開することで、ユーザーはこれこそ自分にふさわしいサービスかもしれないと感じることでしょう。そこまで共感したユーザーは、さらに次のセクションを読み進めていくはずです 05 。

05 統計学教育サービスの共感系コンテンツ2
ファーストビューに続くセクションでは、ユーザーの心理に寄り添うテキストで、共感を掻き立てています。

客観的事実を活用する

　た同サービスのランディングページでは、すでに仕事で統計学を学ぶ社会人の受講予約が増えているという事実もしっかりとアピールしています。スクールに同じ考えを持った生徒が多くいるということがわかれば、ユーザーの安心感につながるからです。

　さらに、統計学をマスターしてスキルアップすることで、将来的な報酬面にも還元される可能性をアピールすることも忘れていません。サービスを利用することで、最終的に何がもたらされるのかという具体的なイメージを、客観的事実をもとにユーザーに提示することが重要です 06 。

データで見る文理の年収格差

TECH総研記事より抜粋（文理の年収格差）　http://rikunabi-next.yahoo.co.jp/tech/docs/ct_s03600.jsp?p=000352

（単位：万円）

職種	文系	理系
コンサルタント、アナリスト、プリセールス	683.3	691.3
通信インフラ設計・構築（キャリア・ISP系）	542.9	670.0
社内情報システム、MIS	542.9	571.1
システム開発（Web・オープン系）	523.2	505.7
ネットワーク設計・構築（LAN・Web系）	494.4	617.5
研究、特許、テクニカルマーケティング、品質管理ほか	494.4	601.4
運用、監視、テクニカルサポート、保守	491.4	573.2
技術系（ソフトウェア、ネットワーク）	480.4	487.0

06　統計学教育サービスの共感系コンテンツ3
実際のデータを提示することで、客観的に効果をアピールしています。

　次のセクションにあたる「お客様の声」も重要な共感コンテンツです。ここでは実際の受講生のアンケートをもとに作成し、同じ動機を持った生徒がすでに統計学の学習を始めているという事実を伝えています 07 。受講の満足度よりも、なぜ統計学を学ぼうと思ったのかという動機にフォーカスすることで、類似した状況にあるユーザーの共感を最大限に湧き起こします。このように、効果的な共感コンテンツをファーストビューから連続的に展開し、具体的なコースの紹介へとつなげていくのです。

お客様の声

"和（なごみ）"で統計マスターコースを選択したお客様の声

voice 1　36歳　製造業勤務　マーケティング部門

製造業のマーケティング責任者をしているのですが、より細かなユーザーのニーズをつかみたいと、統計数学を選択しました。もともと文系出身であったため、最初は本当に身につくのか、興味本位でしたが、学ぶうちにどんどんのめりこんで、今では、数字を見ることでユーザーニーズの傾向がすごくよく深くつかめるようになりました。特に、会議で発言できる選択肢が広がったことを実

07　統計学教育サービスの共感系コンテンツ4
類似した境遇にある既存ユーザーの実際の声は、とりわけユーザーの共感を掻き立てます。

LANDING PAGE DESIGN METHOD

07 | 評価系コンテンツの設計

商品・サービスの魅力を伝えるもっともわかりやすい手段としては、評価系コンテンツがあげられるでしょう。評価系コンテンツとは、会員数30万人、リピート率80％、創業50年などの実績を中心としたものから、第三者機関によるアンケート評価や、カテゴリでのランキングなど、非常に多岐にわたります。

No.1訴求の展開例

日常的に消費量の多いUVスプレーは、とりわけユーザーからコストパフォーマンスが重視される商品です。その中で、「世界No.1サイズ」のUVスプレーというコンセプトで展開している評価系コンテンツの例を見てみましょう 01 。

このランディングページでは、リサーチ会社による客観的調査をもとに、世界でもっとも大きいUVスプレーであるという意味で、「No.1」を強調しています。手頃な費用で長持ちするという、コストパフォーマンスに焦点を当てたコンテンツを展開しています。

このように、品質や満足度などといった何らかの要素でNo.1だということを訴求したいときには、外部のリサーチ機関などに依頼して客観的な認定を得ておくと、より効果的にアピールすることができるでしょう。

01 世界No.1サイズのUVスプレーのランディングページ
「No.1」という客観的評価は、ユーザーの心理を効果的に刺激します。

品質保証の展開例

ランディングページで商品の購入まで完結させたい場合、商品の品質をていねいに説明していくことが大切です。また、それ以外でも、商品の品質が第三者機関からも評価されているということを伝えることも同様に大切でしょう。ここでは、花珠真珠のランディングページを例に、品質保証の重要性について解説します 02 。

同社は、高品質な真珠をお手頃価格で提供する真珠のインターネット通販を行っており、ユーザーに安心して購入してもらうことを目的に、商品の品質についての説明を最大限情報開示しています。

実物が確認できないランディングページ上で商品の購入を目的としたコンバージョンを設計する場合は、購入するに値する品質保証がなければ、ユーザーにもなかなか納得してもらえないものです。必要に応じて、商品やサービスの品質を伝えることができる客観的な保証要素を準備しておきましょう。今回の例のように、鑑定書などを掲載すると効果的です。

02 花珠真珠のランディングページ
高価な商品の場合は、とりわけ客観的評価のアピールが重要です。

メディア掲載実績の展開例

テレビや新聞などといったメディアへの掲載実績の提示は、非常にポピュラーなアピール手法ですが、ユーザーの信用を得るには非常に効果的です。実際に、多くのランディングページで見受けられる手法です。既卒の方向けの就職支援サービスのランディングページを例に見てみましょう 03 。

同社は長年の事業運営実績や支援ノウハウから、多数のメディアに掲載されており、また多くの書籍を出版されているため、それらの掲載・出版実績を一覧表示して信頼感をアピールしています。こうした多数の実績からなる評価系コンテンツがあることで、ユーザーもより安心して、サービスを利用してくれることでしょう。

過去のメディア掲載や出版履歴などであっても、ランディングページで訴求するものと関連する場合、評価系コンテンツとして展開すると有効です。

03 既卒向け就職支援サービスのランディングページ
メディアに多数の掲載実績があれば、より信用性が高まります。

体験談の展開例

評価系コンテンツは、何かの保証や機関からのリサーチがなければ作成できないわけではありません。たとえば、体験型サービスの場合、既存ユーザーが実際に利用して、体験してみた結果どうだったのかという客観的評価を、視覚的に伝えればよいのです。

ここではフォトウェディングサービスのランディングページを例に見てみましょう 04 。こうしたサービスの場合、ユーザーがもっとも知りたいのは、やはりどのような写真が撮れ、本当に満足できるのかということでしょう。そのためこのランディングページでは、実際にサービスを利用した既存ユーザーの写真と体験談を紹介しています。こうしたユーザー目線のコンテンツであれば、サービスの内容をユーザーに疑似体験してもらうこともできるでしょう。

ユーザーの体験後・利用後のコメントなどが、その商品・サービスの評価や品質に大きく影響する場合、特にこうしたユーザー体験コンテンツは有効です。

商品・サービスの魅力を訴求するための評価系コンテンツは、ユーザーにとって、コンバージョンをするかどうかの判断基準になっているか、すなわち、ユーザーが知りたいコンテンツであることかどうかという点が重要になるでしょう。やみくもに「No.1」の訴求をしたところで、ランディングページのコンテンツとの関連性が薄い場合などは、あまり有効な手段とならないものです。自社の商品・サービスをユーザーの視点で評価したときに、「どういったものがあればより安心してもらえるのだろうか」ということを考えることも、訴求内容を決める糸口となるかもしれません。

04 フォトウェディングサービスのランディングページ
実際の写真と体験談があれば、サービスを利用した場合のイメージがはっきりします。

LANDING PAGE DESIGN METHOD

08 特徴系コンテンツの設計

ランディングページで最終的に伝えたいことは、商品・サービスの特徴がどういうものかということでしょう。特徴の伝え方次第で、ユーザーがコンバージョンという行動を起こすかどうかが変わります。そこで、商品・サービスの特徴を紹介する特徴系コンテンツについて具体例をもとに見ていきましょう。

テキスト主体でまとめる特徴の展開例

特徴系コンテンツの基本的な展開方法から見ていきましょう。これはセクションの見出しにインパクトのある特徴的なテキストを配置し、商品やサービスの特徴を3つ程度に絞り込んで、まとめて紹介するという方法です。

BtoB向け販路開拓支援サービスのランディングページを例に解説します 01 。このセクションでは、他社の販路開拓支援サービスではなかなか行われない一歩踏み込んだサポート内容を、3つの特徴として紹介しています。

この例のように、コンテンツの要素としては、3つの特徴それぞれで強調したいメッセージと補足となるテキストが主体となってきます。説明が重要になる内容では、とりわけこのテキストでの特徴紹介が欠かせません。もちろんそれらの情報に該当するイラストや写真などを用意することで、特徴をよりイメージしやすく伝えることができるでしょう。

01 BtoB向け販路開拓支援のランディングページ
説明が効果的な局面では、テキスト主体の特徴紹介が欠かせません。

写真を前面に押し出す特徴の展開例

しかし、特徴をテキストだけで説明することが難しいというケースもあるでしょう。たとえば、商品の使用感などをわかりやすく伝えたい場合、仮に長々としたテキストで説明したとしても、ユーザーにはなかなか伝わりづらいコンテンツになるかもしれません。

そうした場合、このUVスプレーのランディングページのような見せ方が効果的です 02 。UVスプレーが無添加であること、全身に使えるものであること、ベタベタしない仕様であることを、イメージ写真を全面に押し出して伝えています。

02 UVスプレーのランディングページ
言葉で表現しにくい特徴は、イメージ写真で表現するとよいでしょう。

テキストとイラストを組み合わせる特徴の展開例

とりわけB to Bサービスの場合、そのサービス自体が無形物であるため、サービスそのものの特徴をテキストだけでは説明しづらいという状況に直面することもあるでしょう。

そのような場合は、イラストとテキストをレイアウトで工夫して組み合わせることで、提供サービスの特徴を視覚的に伝えるという方法が効果的です。

下のランディングページの例では、ランディングページの改善とテレマーケティングを組み合わせたサービスの特徴を紹介しています 03 。テキストとイラストの掛け合わせにより、双方が融合しているイメージが伝わりやすくなっています。

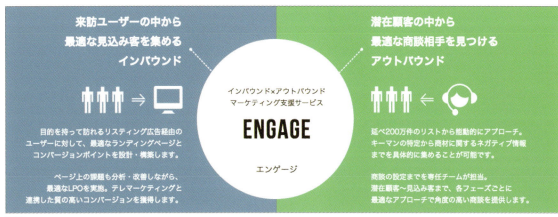

03 リードナーチャリングのランディングページ
抽象的な内容の場合は、テキストとイラストを工夫して掛け合わせましょう。

カテゴリごとにサービスの特徴を紹介したい場合の展開例

サービスの特徴を細分化した場合、いくつかのカテゴリにさらに分類されるという場合もあるものです。このような場合、サービスのカテゴリと特徴を切り分けて見せたほうがよいでしょう。たとえば下のランディングページのように、タブでサービスのカテゴリを切り替え、左右のボタンでそのサービスの特徴を切り替えるという方法があります 04 。タレントキャスティングサービスを行う同社の場合、5つのサービスカテゴリがあるため、そのカテゴリごとに特徴コンテンツを用意し、ユーザーに興味があるサービスカテゴリを選んでもらうUIを設計しています。

04 タレントキャスティングのランディングページ
サービスのカテゴリと特徴の両方を切り替えることができます。

LANDING PAGE DESIGN METHOD

09 写真の重要性

どれだけ構成やデザインが優れていても、よい素材がなければ、ユーザーに対する訴求力の高いランディングページを作ることは難しいでしょう。その素材の中でも、特に重要になるものが、視覚的に影響力の強い写真です。それでは、よい写真素材を用意するためにはどうしたらよいのでしょうか。

写真が持つ訴求力

ランディングページを開いたときにユーザーがもっとも強く影響を受けるのは、写真素材を中心としたデザインからくる見た目の印象でしょう。特に、利用イメージや商品・サービスのブランドイメージなどが大きくコンバージョンに関わってくる商品・サービスの場合、写真素材の品質でランディングページの品質が変わるといっても過言ではありません 01 。

わずかコンマ何秒という瞬間で、ユーザーはランディングページの見た目の印象から良し悪しを決めるものです。キャッチコピーなどのテキスト情報を読み、自分にとって必要か不要かの判断をするのはそのあとです 02 。ユーザーが具体的な内容までを理解しようとするのは、さらに先の段階ではないかと、筆者はこれまでの経験から考えています。

ランディングページでキャッチコピーが重要なのは当然のことではありますが、キャッチコピーだけでビジネスが成立するのであれば、ブログのようなもので十分のはずです。しかし、そのようなランディングページを筆者はあまり見たことがありません。

その商品・サービスに興味を持ってもらう要素としてのデザイン、そしてそのデザインに大きな影響を与える写真素材も、キャッチコピーと同じレベルで重要な要素といえるのではないでしょうか。

写真とは、商品サービスの利用者像だけでなく、楽しそう、心地よさそう、綺麗になりそうなど、ユーザーにとって重要な印象そのものを与えているのです 03 。

01 フォトウェディング体験のランディングページ
体験写真を配置することで、利用イメージを掻き立てています。

02 黒蝶真珠のランディングページ
キャッチコピーよりも、まず写真に目が引き付けられることがよくわかります。

03 水クレンジングのランディングページ
質感や使用感といった印象そのものを、写真は効果的に表現できます。

よい写真素材を準備するために

それでは、よい写真素材を準備するためには、どうすればよいのでしょうか。結論からいえば、方法は2つしかありません。1つは、プロのカメラマンに依頼をして、打ち合わせを行い、しっかりと撮影してもらうことです。そしてもう1つの方法は、有料や無料の写真素材サイトを有効活用することです。予算や時間に余裕があれば、やはり写真を撮影したほうがよいでしょう。当然ながら、写真素材も1つのコンテンツです。そのコンテンツを撮影するということは、独自性のあるコンテンツを用意できているという強みにもつながります。ただし、写真素材サイトを活用するメリットもあるため、一概にどちらがよいかはいえません。撮影する場合と写真素材を利用する場合のメリット／デメリットを参考にしながら、自社の場合どうすればよいかを判断していきましょう 04 。

	撮影する場合	素材サイトを使う場合
メリット	・他社にはない独自の素材コンテンツが持てる。 ・準備の仕方で、イメージ通りの写真を撮影することができる。 ・その後のランディングページの改修や更新で、そのほかの撮影済みの写真も活用できる。	・撮影コストがかからない。（ただし有料素材サイトの場合は、素材の買取費用や月額の利用料が必要） ・撮影するための準備が不要。 ・たくさんの写真素材の中からイメージにあった素材を選ぶことができる。 ・パソコンとインターネットがつながれば、いつでも素材サイトを利用できる。
デメリット	・撮影するための費用が別にかかる。（カメラマン、スタジオ、ヘアメイクなどの付帯費用） ・撮影準備などの時間がかかる。（カット割りや事前打ち合わせ、スケジュール調整などの付帯作業が発生する）	・競合他社と選んだ写真素材が被ってしまう場合がある。 ・イメージに近い写真がない場合、写真素材を加工する手間などがかかる可能性がある。 ・写真が多いため、選ぶこと自体に想定以上に時間がかかる場合もある。

04 撮影する場合と素材サイトを使う場合のメリットとデメリット

イラストを用意する場合

またイラスト素材についても、写真素材と同様のことがいえます。ランディングページでイラストを中心に使いたい場合、プロのイラストレータに依頼するか、社内デザイナーに作成してもらうか、素材サイトのイラストを有効活用するかといった方法があるでしょう。特にイラストでは、イラストのテイストが商品・サービスのイメージに合うかどうかといった要素もあるため、安易には素材サイトを活用できません。また、複数のイラストを使用する場合、イラスト同士の統一感にも十分に気を配らなければなりません。写真素材と同様に慎重な判断を行っていく必要があるでしょう。

COLUMN
ランディングページの長さはどのように決めればよい?

目的によってボリュームは変わる

「ランディングページは短いほうがよいでしょうか? それとも、長いほうがよいでしょうか?」——これは、多くのお客様からよく訊かれる質問です。しかし、一概に答えられるものではありません。それは、来訪ユーザーに商品・サービスの価値を適切に伝えらえるボリュームが、目的・競争状態・商品やサービスで伝えたい特徴などにより、異なるからです。ランディングページでどういう目的を達成したいのか、どれだけのコンバージョン指標を達成したいのかということによって、伝えるべき内容は変わります。そしてその伝えるべき内容に応じて、コンテンツの適切なボリュームは変動するものなのです 図1。

双方の具体的なケース

ランディングページが短くなるケースとしては、たとえば以下のようなものが考えられるでしょう。1つ目は、競合他社に比べて明確な強みがある場合です。2つ目は、競合他社に比べて、圧倒的な知名度がある場合です。3つ目は、安売りバーゲンなどの告知など、付加価値の説明を必要としないものである場合です。こうした余計な説明を省けるケースでは、比較的短いランディングページでこと足りるでしょう。

一方、ランディングページが長くなるケースとしては、以下のようなものが考えられます。1つ目は、競合の多い市場のため、差別化を意識してサービスをていねいに説明する必要がある場合です。2つ目は、ほかにはない真新しい商品・サービスであるため、商品自体をよく説明する必要がある場合です。3つ目は、無形サービスのため、サービス内容だけでは差別化が難しく、企業スタンスや考え方を示す必要がある場合です。

このように、ランディングページの長さというものは、コンバージョンの内容と市場の競争状態、付加価値を説明する必要性の有無などで大きく変わるのです。

長さも含めて改善していく

ランディングページの最適な長さは、その市場内での相対評価で決まるため、共通の基準は存在しないでしょう。相対評価も、制作前から正確に把握できるわけではありません。短いランディングページを立ち上げたあとで、必要だと思われるコンテンツを付加する場合もあれば、長いランディングページを立ち上げたあとで、コンバージョンと無関係な要素をなくし、より短くしていくことも実際にあるものです。ユーザーに伝えたい内容や、目標とするコンバージョン指標をもとに、まずランディングページを立ち上げてから、抜けているコンテンツの有無、無駄なコンテンツの有無などを常に検証していき、自社にとって最適な長さへと仕上げていくしかないと考えます。

図1 目的によって長さは変わる
ユーザーに伝える内容やコンバージョン設定によって、ランディングページの長さは大きく変わってきます。

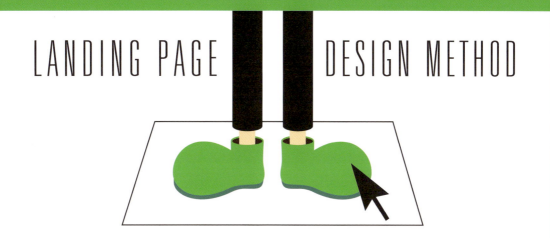

LANDING PAGE　　DESIGN METHOD

Chapter
4

ランディングページの
デザイン制作

LANDING PAGE DESIGN METHOD

01 ランディングページデザインの ステップ

ランディングページデザインはいくつかのステップを経て完成します。事前に理解すべき情報を把握したうえで、実作業に入っていきます。実際には検証を繰り返しながら、1つ2つ前の作業に戻ることも多いため、厳密には区別しづらい部分もありますが、ここでは大きく3つのステップに分解して説明していきます。

ランディングページデザインにおける3つのステップ

ランディングページのデザイン制作をするステップは、大きく3つに分かれます。1つ目のステップは、ランディングページの対象となるターゲットや商品・サービスの理解です。これはマーケティング情報を理解するステップになります。2つ目のステップは、最低限のデザインルールの設定です。インパクトのあるダイナミックなデザインが必要となるランディングページにおいても、全体を通したデザイン的な統一が必要になるためです。そして3つ目のステップで、実際にデザインの作業に入っていきます 01 。

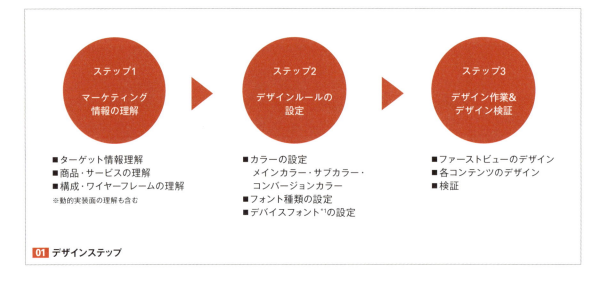

01 デザインステップ

ステップ1──[マーケティング情報の理解]

ステップ1「マーケティング情報の理解」は、ランディングページのデザインに入っていく前に行うべき作業です。まずは、これからデザインしようとしているランディングページが、いったいどのようなものであるのかという背景を、よく理解しておかなければなりません。性別・年代・志向などを含めたどのようなユーザーに対して、どのようなセールスポイントで商品・サービスを訴求するランディングページに仕上げたいのかを、明確に把握しておく必要があります。

これらの事情によって、ランディングページのデザインの方向性も大きく変わっていきます。また、設計図である構成・ワイヤーフレームには、設計者の意図が必ず込められています。目立たせたいところや、コンテンツの並び順など、設計者の狙いをしっかりと把握することで、求められるデザインとずれのないデザインができあがります。その際、コーディング面での動的な表現をあらかじめ把握しておくことも重要です。

このステップについては、Chapter 4-02で詳しく説明していきます。

100

*1：デバイスフォント
コンピュータにもともとインストールされているフォントのこと。画像形式ではないため、のちのち容易に編集が可能。

ステップ2──［デザインルールの設定］

　ステップ2「デザインルールの設定」も、実際にデザインを構築する前に行っておくべき作業です。

　とはいえ、ランディングページには一般的なWebサイトほどのデザインルールの設定は求められません。ランディングページは1ページで完結しているため、複数ページにまたがる一般的なWebサイトに比べて、メリハリのあるダイナミックなデザインが必要になるからです。より自由な、意図的に「崩したデザイン」が必要になるともいえるでしょう。

　ただし、デザインのルールが全くなければ、ランディングページ全体の統一感が薄れ、バラバラな印象を与えかねません。そのため、最低限のルールを設定しておくことが欠かせません。

こうしておけば、デザインに統一感をもたせられるだけでなく、のちのち作業を効率化することにもつながります。

　デザインをルール化するための要素としては、色・フォント・写真テイスト・各パーツのサイズなどが挙げられます。これらの要素を切り分けて、いったん整理してみることが大切です。もっとも、デザイン前に明確に決められるものでもないため、デザイン制作を実際に行いながら、最終的な落としどころを探っていくことになるでしょう。

　このステップについては、Chapter 4-03で詳しく説明していきます。

ステップ3──［実作業＆検証］

　ここまでの2つのステップを経たのち、いよいよ実作業のステップに入っていきます。序盤ではとりわけ、デザインの決め手になるファーストビューに力を入れることがポイントです。ファーストビューのデザインの良し悪しが、ランディングページ全体のデザインの方向性を決めるため、何度も検証を重ねながら最適なファーストビューにまで作り込んでいきましょう。ファーストビューのデザインについては、Chapter 4-07で詳しく説明していきます。

　一般的な順序としては、ファーストビューでデザインの方向性が固まったあとで、それに続くコンテンツを1つ1つ上から順に作っていきます。ただし、デザインのアプローチの仕方は状況によって変わることに注意しましょう。たとえば、全体の枠組みを大まかにデザインしたあとで、それぞれのコンテンツを

作り込むという順序でデザインするケースもあります。写真やテキスト情報などが揃っていない場合には、このような順序で作業を進めたほうが効率的な場合もあるので、取り組むランディングページのプロジェクトの状況に応じて、柔軟に判断するとよいでしょう。

　いずれにしても、一度で最高のデザインができることはまずありません。ファーストビュー以外でも、すべてのコンテンツにおいて何度も検証が必要になります。このように何度も練り上げられてこそ、初めてよいデザインが生まれます。

　なお、こうした検証の際には、デザインを行っているデザイナー自身が、ランディングページを見る実際のユーザーの目線に立ちながらデザインを見直すことがポイントです。客観的な視点から検証することで、新たな発見も得られることでしょう **02**。

02 デザイン検証
ステップ2で設定したルールの見直しも含めて、ユーザーの視点に立ちながら、作成したデザインを見直してみましょう。

LANDING PAGE DESIGN METHOD

02 ランディングページデザインを始める前に

ランディングページのデザインの目的は、あくまでコンバージョンです。そのため、構成・ワイヤーフレームなどをもとにいきなりデザインに入るべきではありません。デザインに入る前に理解しておくべきことがいくつかあります。この過程を大切にすると、結果的にコンバージョンに結び付くよいデザインになります。

ランディングページのターゲットや商品・サービスを理解する

まず、基本情報としておさえておかなければいけないのは、これからデザインしようとしているランディングページが、どのようなターゲットに対して、どのような商品・サービスの魅力を伝えようしているのかということです。

ランディングページのターゲットによって、仕上がるデザインは当然ながら変わってきます。たとえば、男性向けであるか女性向けであるかによって、デザインのトーンは変わります。

さらに、仮に女性向けとする場合を取っても、20代向けと50代向けでは、デザインのトーンも大きく異なります。もちろん商品・サービスによって変わることもありますが、一般的には若い年代の女性であるほど活発なデザインが、年代が上に行くほど落ち着いた雰囲気のデザインが求められます **01**。

性別や年代、あるいはタイプなどによって、デザインの方向性も絞られていきます。それらをしっかりと把握し、自分なりに対象とするユーザーをイメージしてみることが大切です。

そして当然ながら、商品・サービスに対する理解も欠かせません。ターゲットの場合と同様に、デザインも大きく変わってきます。たとえば、高価格で高級感を打ち出したい商品であれば、デザインにも品格や品質感が求められますし、低価格で買いやすさを訴求したければ、親近感が必要になってきます。

もちろん、価格だけでデザインのトーンは決められません。その商品・サービスが持つブランドイメージ[*1]も大切です。ブランドイメージは、競合する商品・サービスと比較した場合のマーケット上でのポジショニングによって決まってきます。価格が安くても、デザインには品質感を出したいという場合もあれば、価格は高いものの、他社と同じように高級感を出すのではなく、あえて親しみやすさを出したいという場合もありえます。つまり、その商品・サービスの特徴を掴むとともに、ある程度、競合も含めたマーケットの中での位置付けをどのようにしていきたいのかも知っておく必要があるということです。

このように、ターゲット情報と商品・サービス情報を掛け合わせながら理解することで、デザインの方向性のヒントが得られます。ターゲット情報や商品・サービス情報は、構成・ワイヤーフレーム設計時に、マーケティング資料としてまとめられたりしているケースが多いため、まずはそういった資料などを読み込んで理解を深めることが大切です。あるいは、資料などがしっかりそろっていない場合は、担当者としっかりと話し合うことで理解を深めましょう。

01 年代別デザイン例
左は20代女性向けのデザイン例です。明るめの色味とポップなフォントで若々しさを感じさせるデザインに仕上がっています。一方、右は、50代女性向けのデザイン例です。明朝系のすっきりとしたフォントと淡い上品な色使いで、大人らしいデザインに仕上げられています。

*1:ブランドイメージ
特定の商品やサービスに対して、社会や消費者が抱いている印象。

*2:パララックス
視差効果とも呼ばれ、奥行きや立体的な印象を持たせる動的なエフェクトのこと。

*3:スライダー
繰り返しのコンテンツなどを使う際、上下または左右などの動きによって、隠されたコンテンツを表示させる実装手法。

構成・ワイヤーフレームの意図を理解する

ターゲットや商品・サービスの基本情報を理解したあとは、設計書となる構成・ワイヤーフレームの意図を理解することが重要です。構成・ワイヤーフレームには、マーケティング担当者やディレクターなどの設計意図が込められています 02 。

たとえば、全体を通じて来訪者に伝えたいこと、ユーザーに起こさせたいアクション、構成の並び順、使用したい写真のテイスト、デザインのトーン、特に見せたいコンテンツ情報やキャッチコピーなどです。その強弱はケースごとに変わるかもしれませんが、重要となるポイントは必ずあります。

それらを理解せずにデザインを行ってしまうと、意図に全く反したものになり、作り直しになることは間違いありません。そうなれば、立ち上げまでのスケジュールがずれ、ひいては顧客獲得の機会を失うことにもなりかねません。急がば回れといいますが、しっかりと1つ1つの設計要素の意図を理解することが、スムーズなデザイン進行の要となり、質の高いデザインへとつながります。

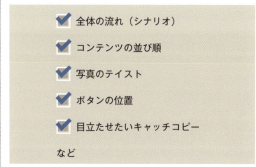

02 構成・ワイヤーフレームの意図
構成によっておさえるポイントは異なってくるので、その都度、設計者に意図を確認することが重要です。

動的な実装面もあらかじめ理解する

デザインの仕事は、デザインを行うことだけではありません。当然ながら、実際のコーディングを想定したデザインを行う必要があります。構成・ワイヤーフレームの中には、どのような動的表現を実装したいのかという設計側の意図も含まれています。その点も含めて意図を把握することが大切です。パララックス*2 などの動きを実装したいのか、スライダー*3 などの動きを実装したいのかによって、デザインの仕方も変わってきます 03 。

その際に注意したいのは、コーディングが手間にならないように、デザイン自体をシンプルにしてしまいがちだということです。実装を意識しすぎると、かえってデザイン自体に手を抜いてしまうという、本末転倒の作用が発生してしまうこともあります。

そのような場合には、あえてデザインとコーディングの工程を分けて、別々の担当者に作業させるとよいでしょう。そうすることで、コーディングの手間を意識せずにダイナミックなデザインができ、コーディングを担当するコーダーは、そのデザインを忠実に再現することに集中できます。ランディングページのデザインでは、狙いたい動的表現を意識しつつも、コーディングの手間を考えないという視点も大切なのです。

03 動的表現の例
ランディングページをスクロールすることによって、デザインが動的に変化します。

LANDING PAGE DESIGN METHOD

03 | Webサイトとランディングページのデザインの違い

一般的なWebサイトとランディングページでは、デザインの考え方が大きく異なります。その理由は、ランディングページが商品・サービスの購入や問い合わせなどに特化した広告ページだからです。Webサイトとの違いという点から、ランディングページに求められるデザインについて考えていきましょう。

Webサイトとは何か？

Webサイトとランディングページのデザインの違いを考える前に、そもそもWebサイトとは何を指すのか大まかに定義しておきたいと思います。Webサイトにもたくさんの種類がありますが、「ページ数が複数にわたるサイト」をWebサイトと考えてよいでしょう。

たとえば、企業のオフィシャルサイト、商品サイト、ブランドサイト、採用サイト、キャンペーンサイトなどの「ページもの」のサイトを指します 01 。

01 一般的なWebサイト
ページが複数にわたるものがWebサイトです。

Webサイトとランディングページの役割の違い

それでは、Webサイトの役割、ランディングページの役割について、それぞれ見ていきましょう。これまでに、Webサイトは複数のページにわたるサイトであると説明しました。トップページを起点として、下層となるさまざまなページに遷移していく構造になっています 02 。そのため、ページ遷移を促すことを前提にしたデザインが必要とされます。たとえば、別のページとリンクしているナビゲーションメニューの配置やデザインが重要です。またトップページ自体が、雑誌でいうところの目次のような位置づけになります。さらに複数ページにわたる分、情報の網羅性が高く、ページごとに必要な情報が分類・整理された、いわば「カタログ」的な機能を持っているのが、Webサイトの特性といえます。

一方のランディングページは、縦長の1ページ完結型の構造です 03 。Webサイトとは違い、別のページに遷移するのではなく、ページの下までスクロールしてもらうということが重要になってきます。その単一のページ内で、ユーザーに購入・問い合わせなどのアクションを起こしてもらうことが目的になるからです。ランディングページの場合は、Webサイトのように情報を網羅的に配置するのではなく、見せたい情報を絞って伝える「広告的」な機能を特性として備えています。

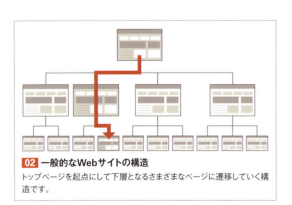

02 一般的なWebサイトの構造
トップページを起点にして下層となるさまざまなページに遷移していく構造です。

03 ランディングページの構造
基本的に1ページで完結します。外部へのリンクなどは貼らず、ユーザーの離脱を防ぎます。

*1:ジャンプ率
画像や文字などの、大きいサイズと小さいサイズ
の比率。

このような違いがある理由は、ユーザーの目線になって考えてみるとよりわかりやすいでしょう。すでに何らかの接点を通じて、その企業なりその商品・サービスなりを知っているユーザーが、より具体的な情報を得ることを目的に訪れるものがWebサイトです。それに対してランディングページは、ある商品を購入しようとして、検索サイトなどを通じて情報を調べたユーザーが、初めて出会うページです。つまりランディングページは、初め て訪れたユーザーに対して興味自体を喚起することを必要とする広告物なのです。そもそも情報を取得する経緯や経路が違うため、構造にも違いが出てくるというわけです。

このような違いから、より詳しい情報を得るためのカタログ的な役割を持つWebサイトと、初めてユーザーが訪れる1ページ完結型の広告ページであるランディングページは、正反対の特性を持っているといえるのです。

Webサイトとランディングページのデザインの違い

それぞれの役割の違いがわかったところで、Webサイトのデザインとランディングページのデザインの違いについてまとめていきたいと思います。

これまでに説明したような構造上の違いから、両者では自ずとデザインのアプローチの仕方も変わってきます。まず、Webサイトのデザインでは、複数のページにわたるという構造上、ページの量産を前提とした細かなルール設定が必要です。たとえば、見出しに使用するフォントやデザインの統一、共通パーツのデザイン、ページデザインのレイアウトの共通化などといったものです。また、Webサイトでは別のページへの遷移を目的としているため、ナビやボタンのデザインが重要になってきます。

対するランディングページは、基本的には単一ページです。ランディングページのデザインにおいてももちろんルール設定が必要なところもありますが、Webサイトのデザインに比べると、そこまで厳密なルールは必要としません。しかし、ルールやページの遷移に関するデザイン要素が少ないかわりに、1ページを下までスクロールしてもらうための飽きのこないデザインが必要になります 04 。大まかに考えると、Webサイトのデザインの場合は、一定のフォーマットを作成し、そのルールに従ってページを量産していくという方法が主体になります。ページが複数にわたるというその特性上、ルールを破ったデザインにしてしまうと、全体のバランスが取れないいびつなものになってしまうでしょう。

・別ページへの誘導を明確にしたUIデザイン

Web-site design

・ページの量産を前提とした明確なルール設定
　レイアウト・見出し・カラー・フォントサイズなどの統一

Landing-page design

・スクロールし続けてもらうための飽きないデザイン
　＝ジャンプ率*1の高いレイアウトやフォントデザイン

・コンバージョンを狙ったUIデザイン

04 Webサイトとランディングページのデザインの特徴
Webサイトデザインには量産のための一定のフォーマットとルール設定が必要です。ランディングページは、単一ページのためスクロールしてもらうための変化のあるデザインが必要です。

興味をもってスクロールし続けてもらいたいのに、同じようなフォーマットのコンテンツが延々と下まで続けば、当然ながら飽きられてしまいます。そのため、ランディングページのデ ザインにおいては、意図的に「崩したデザイン」が必要になってきます。いい方を変えれば「ダイナミックで動きのあるデザイン」が求められるのです。

105

ダイナミックなデザインをつくる

　ランディングページは、商品やサービスの魅力を伝える広告でもあるため、来訪したユーザーにインパクトを与えることが大切になります。ひと目見てすぐに素通りされてしまうようなデザインでは、ユーザーに求めるアクションを起こさせることは難しいでしょう。このことから、ある程度読み飛ばされることも前提にした、拾い読みも可能になるメリハリのあるデザインがポイントになるといえるでしょう。実際に、こうしたダイナミックなデザインを行うためのいくつかの手法がありますが、ここでは、基本的な手法としてどのようなものがあるかを把握しておきましょう。

■ フォントサイズを変える

フォントサイズの大小を駆使してメリハリを付けましょう。特に読ませたい部分を大きくして強調し、単語だけを拾っても意味がわかるようにすることがポイントです。当然ながらフォントのサイズが大きければ、ユーザーの目に止まりやすくなります 05 。

05 フォントサイズを変える
特に伝えたい単語やセンテンスを大きくすることで、ユーザーの目にとまりやすくなります。

■ 背景写真を大きく配置する

背景写真を大きく配置すると、ランディングページ全体のデザインにもリズムを付けることができます。また、写真はイメージの訴求力にも優れているため、文字情報だけでは実現できない直感的な理解を高めることにもつながります 06 。

06 背景写真の配置
背景に写真を置くことで、内容を直感的に訴求できます。写真がない場合は、文字情報から理解を促すことになります。ランディングページ全体のデザインによって、背景に写真を活用するかの判断が必要になります。

■ コンテンツをランダムに配置する

コンテンツを1つのフォーマットで配置すると、ユーザーの目線の動きが単調になり、ユーザーが飽きてしまう原因にもなりかねません。あえて目線を左右に動かすようなデザインを行うことで、そのランディングページへの興味を持続させることができます 07 。

07 コンテンツの配置
コンテンツをあえてランダムに配置することで、見た目に動きが出ます。たとえば、並列的なコンテンツが3つ以上続く場合などに有効なレイアウトです。

*2:メインカラー
ランディングページのメインとなるカラー。商品・サービスの核となるブランドカラーを採用することが多い。

*3:サブカラー
メインカラーを補完する役割となるカラー。ランディングページにアクセントを付けるために使用する。

*4:コンバージョンカラー
訪問ユーザーにアクションを促すためのカラー。コンバージョンエリアそのものやパーツ要素となるボタンカラーに使用する。

■ コンテンツごとにカラーを変える

コンテンツごとに色を変えることで、コンテンツの切り替わりを明確にし、情報を伝えやすくすることができます。

ただし、全体のバランスを考慮せずに多くの色数を使ってしまうと、かえって不格好なものになってしまいますので、注意が必要です 08 。

08 コンテンツカラー
コンテンツの背景色を変えることは、ランディングページのデザインにメリハリをもたらし、コンテンツの境目もわかりやすくします。

これらの基本的な手法を活用することで、単調にならない動きのあるデザインになります。実際にデザインしなければならないランディングページの内容やテイストによって、強調箇所や使用する色などが変わってくるため、その都度検証を行いながら、バランスのよいものに仕上げていきましょう。

ランディングページデザインのルール設定

これまでに、ランディングページではユーザーを飽きさせないために意図的に崩したデザインが必要だと説明してきました。そうとはいえ、全くデザインのルールが必要ないわけではありません。メリハリや動きを付けようとするあまり、全くルールを持たないデザインにしてしまうと、統一感のないバラバラな印象のランディングページになってしまいます。そのため、あらかじめ最低限のルール設定をしておく必要があるのです。

ランディングページのデザイン要素を分解してみるとわかりやすいかもしれません。基本的には、色・フォント・写真などのパーツの掛け合わせがデザインになります。つまり、使う色や色数、使用するフォントの種類や写真のテイストをあらかじめ決めておくことで、一定のルールが設けられ、ページに統一感を持たせることができます。また、画像やフォントのサイズもある程度の目安を決めておくことが大切です 09 。

これらのルールを設定したうえで制作していくことで、統一感を持たせながらも変化のあるデザインに仕上げていくことが可能になります。

■ ランディングページのデザインルール設定例

①メインカラー*2とサブカラー*3とコンバージョンカラー*4の設定

②メインで使用するフォントとサブ的に使用するフォントの設定

③デバイスフォントの最小使用サイズの設定

④使用する写真のテイストを設定

09 デザインルール
色・フォント・写真テイスト・サイズなどの、デザインの基本となる要素を大まかにでも設定しておくことで、ランディングページに統一感を持たせることができます。

107

LANDING PAGE DESIGN METHOD

04 | ランディングページの
トーン&マナーを決める

デザインのトーン&マナーは数値化・言語化しづらいもののため、方向付けの仕方によってはやり直しの多くなる工程です。そのため、関係者間での認識共有を適切な方法で行うとともに、トーン&マナーのよりどころを決めることがポイントになります。ここでは、それらを明確にするためのガイドラインについて解説します。

トーン&マナーとは何か?

トーン&マナーとは、デザインから受ける印象を指します。デザインテイストという表現にも言い換えられるかもしれません。形容詞でたとえられるものといえばわかりやすくなるでしょう。「かわいい」、「かっこいい」、「大人っぽい」などの言葉によって表現される印象です 01。

とはいえ、イメージを言語化した際にも、人によってその捉え方は変わってくるため、非常に解釈が難しい面があります。

トーン&マナーの認識が関係者間で合致していなければ、いつまでも齟齬のある状態が解消されず、「何かが違う」という言葉のもと、何度もやり直しが続きます。こうしたことは制作やデザインに携わる方であれば、一度や二度は経験したことがあるでしょう。

また、ニュアンスの問題になるため、修正を依頼する側もその感覚を適切に表現することが難しい場合があります。

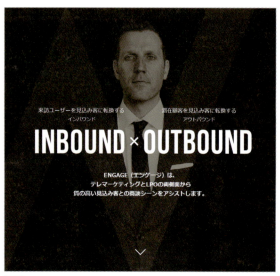

01 トーン&マナー
トーン&マナーは、そのデザインを見た人が受ける印象です。個人によって感じ方や言葉の定義が異なるため、言語による共有が難しくなりがちです。

トーン&マナーの認識を共有する

表象化しづらいトーン&マナーですが、この認識自体を関係者間でうまく共有できれば、デザインの決裁がスムーズに進みます。まずは、それぞれの人が持つ感覚が異なるため、言語化するだけでは認識の共有がしづらいということを理解しておくことが大切でしょう。トーン&マナーが障壁となり、プロジェクトの進行が遅れるなどの事態が想定できる場合や、実際にそうした問題が起こった際には、そのことを念頭に入れて、関係者間でイメージを共通するというアクションが必要になります。そうした場合のイメージの共有方法や効果的なプロジェクトの進行方法について、具体的に紹介したいと思います。

*1：ベンチマーク
基準となるもの。デザインのトーン＆マナーにおいては、既知のランディングページやWebサイトのデザインテイストを基準にすると効果的。

*2：ロゴ・マーク
商品・サービスのネーミングをデザインしたワードマークや、抽象的な図形をデザインしたシンボルマークなどがある。その商品やサービス固有のブランドイメージを示したもので、色などにも指定があるものが多い。

ベンチマークやサンプルを用意する

あ りきたりかもしれませんが、イメージを共有するための手段として、すでにあるランディングページやWebサイト、何らかの制作物を基準にするという方法は効果的です。インターネットや書籍など、世の中に公開されているランディングページやWebサイト、あるいはパンフレットなどのさまざまな作品をまとめてくれているメディアはたくさんあります。すでにビジュアル化されているものなので、それらを例として見れば、ランディングページの依頼者の意向がある程度は理解できます。つまり、ベンチマーク*1やサンプルになるものを用意することで、お互いのイメージの共有をはかるということが重要です。

視覚的な基準をお互いに共有しておけば、認識の溝を埋めることができるでしょう。

ここで注意が必要なのは、そのベンチマークやサンプルとなるランディングページやWebサイトは、あくまで1つの参考に過ぎないということです。もちろんそれらをそのまま真似るべきではありません。もっとも、仮に真似をしようとしても、世の中には1つとして同じ商品・サービスは存在しないため、全く同じデザインになることは必然的にありません。しかし類似点の多いデザインに仕上がってしまえば、大きな著作権問題に発展しかねないのは周知のとおりです。

商品・サービスのロゴマークを拠り所にする

ど のような商品・サービスにも、必ずといっていいほどロゴやマークが存在します。ロゴやマーク*2はただ単にデザインされたものでなく、ほとんどの場合は商品やサービスに関する何かしらの意味が込められているものです。

ロゴやマークは、その商品・サービスのブランドイメージの起点となるものであり、ブランドカラーとして象徴的な色が決められている場合も少なくありません。そのため、ロゴやマークが持っているイメージやカラーを1つのよりどころとして、トーン＆マナーを決めていくという方法も有効です。この方法では、商品・サービスの根本にある概念を共有し合うことにもつながるため、自ずと認識のズレが起こりにくくなります 02 。

ロゴマーク

ランディングページデザイン

02 ロゴやマークを起点にする
商品・サービスの核となる概念がロゴマークには詰まっています。ロゴマークの見た目や色も含めて、その核となるものを拠り所にすることは、トーン＆マナーを決めるうえで効果的です。

109

ターゲットをもとにトーン＆マナーを考える

これまで使用してきたランディングページやWebサイトのトーン＆マナーは、ロゴやマークなどの商品・サービスが持つ固有のイメージによって決めてきたけれど、次に制作するランディングページでは、あえてそういったイメージから離れたい——状況によっては、このようなケースもありうるでしょう。そのようなときは、訴求したいターゲットのイメージに合わせて、がらりとランディングページのトーン＆マナーを変えなければなりません。

こうした場合には、該当するターゲットの性別や年代や志向に寄り添ったデザインが必要になります。そのため、ターゲットに関する情報をより念入りに、関係者間で共有しておくことが大切です。ターゲットがどのようなライフスタイルを好み、どのようなニーズを持っているかを深くイメージすることで、より具体的なイメージが湧き上がってきます。

もちろんこの方法でも、言葉だけで認識を共有することは難しいかもしれません。その場合は先に解説したように、ベンチマークやサンプルとなるWebサイトやランディングページをピックアップしてみるとよいでしょう。ビジュアル面でのイメージを共有することにより、調整作業や認識の共有がよりスムーズに進みます。

トーン＆マナーの構成要素に着目する

トーン＆マナーとは、いってみれば、それぞれのデザイン要素の組み合わせでできあがる印象です。このことを前提とすると、どれか1つの要素でもデザインを変更すれば、求めるイメージに近付く可能性があるといえるでしょう。こうした要素の観点からトーン＆マナーを検証してみるのも有効な方法です。

より具体的にいえば、デザイン要素とは、色・フォントの種類・レイアウト・パーツのサイズ・写真のテイスト・余白の有無や幅などといった、1つ1つの要素のことです。デザインがそれらの要素から成り立っていることを関係者と共有できれば、どの部分を変更・調整すればよいのかという視点が得られ、議論の的をさらに絞ることができます 03 。

実際に、色を変更したり、フォントの種類を変えたりしただけで、デザインに対する印象が大きく変わり、その後の工程がスムーズに進むケースもたくさんあります。デザインの構成要素の1つ1つにフォーカスしてみるということも、トーン＆マナーにおける認識を共有するための1つの効果的な方法だと覚えておきましょう。

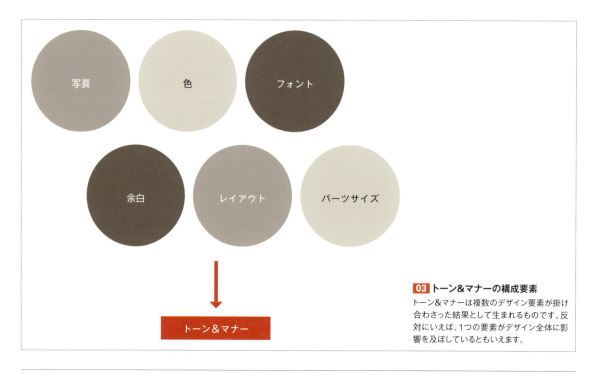

03 トーン＆マナーの構成要素
トーン＆マナーは複数のデザイン要素が掛け合わさった結果として生まれるものです。反対にいえば、1つの要素がデザイン全体に影響を及ぼしているともいえます。

デザイン確認のプロセスを工夫する

これまでに解説したとおり、トーン＆マナーにおける認識を関係者間で共有するためには、できる限り言語化して話し合ったり、ビジュアルイメージの参考になるものを共有するなどしてお互いの認識のずれを埋めるという工夫が必要です。しかし、それでも十分に共有できていないこともあるものです。そして認識がうまく共有されていない状態で、かなりの程度までデザインを進めてしまった場合は、時間的なロスも精神的なダメージも非常に大きなものになるでしょう。

このような失敗を回避するために、そうした事態があらかじめ想定できる場合は、早い段階で制作途中のデザインを共有するという工程が必要になります。ランディングページのデザインでは、最上部のファーストビューがデザインの方向性を決めるものでもあるため、ファーストビューまたはファーストビューの次のコンテンツが仕上がった段階で、関係者間でテイストの確認を行うとよいでしょう。仮に変更が必要になった場合でも、対処しやすくなります 04 。

要するに、いったんはデザインする側のデザイナーの認識のもと、少しだけデザインを進めてしまい、たたき台をつくるという方法です。言葉でどれだけやり取りしても、実物を見ないことには正確に判断できない部分もあるため、まずは少しでも制作してみるというやり方が意外に効果的なのです。議論のベースとなるたたき台があることで、生産的な意見も出しやすくなります。たとえば、もっとシャープなフォントにしてほしい、さらに淡い色にしてほしい、などといった具体的な意見を交換しやすい環境になります。

こうしたアプローチを1つの方法として頭に入れておくことで、トーン＆マナーにおける問題の解決策は広がります。デザインの全部を作り込んでからではなく、一部を作った段階で確認するため、たとえやり直しに至ったとしても、少ないダメージに抑えられます。デザインに対する認識を共有するための方法だけでなく、デザイン確認のプロセス自体に着目することも、とても大切なことなのです。

全体デザインを作り込む

ファーストビューまで作り込む

04 デザイン確認プロセス
トーン＆マナーをスムーズに決めるためには、ファーストビューまたはその次のコンテンツまでのデザインが仕上がった段階で、ひとまず関係者間で共有することが大切です。

LANDING PAGE DESIGN METHOD

05 ランディングページの色彩設計

配色は、ランディングページの見た目の印象を決める大きな要素であり、トーン&マナーともつながってきます。しかし、ランディングページはコンテンツが複数に分かれ、また縦に長く続くため、配色の選定を迷ってしまいがちです。ランディングページの配色をスムーズに進めるためには、どのような戦略が必要なのでしょうか。

ランディングページデザインの3つのカラー戦略

ランディングページでは、独特なカラー戦略が必要です。しかしこの戦略を知っておくだけで、色彩設計へのアプローチが格段にしやすくなります。

まずは、ランディングページを構成する色彩の要素を分けて考えることが大切です。ランディングページに必要なカラー区分は大きく3つに分けることができます。ブランドを伝える「メインカラー」、アクセントを付ける「サブカラー」、ユーザーのアクションを促す「コンバージョンカラー」の3つです。この3つに分解してそれぞれを掘り下げて考えていくと、よりどころが何もない状態に比べて、格段にスムーズな配色決定ができるようになります 01 。

| メインカラー
=ブランドを
伝える色 | | サブカラー
=アクセントを
付ける色 | | コンバージョンカラー
=アクションを
促す色 |

01 3つのカラー戦略
メインカラー・サブカラー・コンバージョンカラーの3つの役割を持ったカラーを切り口に、使用していきたい色を決めていくのが、効率的な配色の選定方法です。

メインカラーはブランドカラーを軸に

まず1つ目のメインカラーについて説明していきます。メインカラーとは、ランディングページ全体の基調となるカラーです。基調となる分、ランディングページ全体への影響度も高くなります。そのため、商品・サービスがすでに持っている核となるイメージカラー、つまり、ブランドカラー[*1]を基調カラーとするのが一般的です。

ブランドカラーは、わかりやすくいえばロゴマークなどに使用されている色にあたります。あるいは、商品のパッケージなどに使われているカラーもブランドカラーにあたる場合があります。具体的に指定されているカラーについては、企業ごとに保有しているVI[*2]マニュアルなどを通じて確認してみましょう 02 。

また、「ターゲットを変えたいので、ブランドカラーとはあえて違うイメージでいきたい」などというケースも一方ではありうるため、その都度ランディングページの目的やターゲットなどに応じてメインとなるカラーを選定していきましょう。

02 VIマニュアル
企業の社名もしくは商品・サービスなどのロゴを軸に、ビジュアル上のガイドラインを記したマニュアルです。

*1:ブランドカラー
企業または商品・サービスを象徴する色のことを意味する。ランディングページにおいては通常、ブランドカラーをもとにメインカラーを選定する。コーポレートカラーと呼ばれることもある。

*2:VI
Visual Identity の略。ロゴなどのマークを軸に、視覚的に訴えるコミュニケーション要素のデザイン体系を統一して、ひと目でその企業のものだとわかるようにしたもの。

サブカラーでメリハリを付ける

続いて、サブカラーについて説明していきます。サブカラーとは、前述のメインカラーを引き立て、かつ、ランディングページにアクセントやメリハリを与えるためのカラーです。

何度も触れているとおり、ランディングページは縦長の1ページのWebサイトに過ぎません。そのため、ユーザーに飽きさせないように、見た目にも変化が必要になってきます。

そこで、このサブカラーのアクセントが重要になってきます。メインカラーと異なるサブカラーを添えることにより、全体の色味にメリハリを付けてくれます。そのような位置づけとしてサブカラーを捉えて、アクセントやメリハリを軸に選定していきましょう 03 。

なお、サブカラーといっても、1色に絞らなければならない決まりもありません。必要に応じて、3色ぐらいは活用してもよいでしょう。ただし、サブカラーはあくまでメインカラーの引き立て役です。メインカラーを押しのけることがないように、主張の強さに注意しましょう。

03 サブカラー
メインカラーを商品パッケージでも使用しているグリーンとし、サブカラーにイエローを選定したケースです。

コンバージョンカラーは目に付くものを

コンバージョンカラーとは、ランディングページならではの要素といえるかもしれません。なぜなら、ランディングページ特有のコンバージョンエリアや、同エリア内にあるボタンのカラーのことだからです。

訪問したユーザーに、ランディングページの目的であるコンバージョンというアクションを起こしてもらう部分のカラーになるため、ひと目見て直感的にわかることが求められます 04 。

とはいえ、ただ単に目立たせればよいというわけではありません。そのようなコンバージョンエリアやボタン自体も、全体のデザインのイメージを形成している要素の1つだからです。

そのため、伝えていきたい全体のイメージにそぐわないものなら、採用しないことが得策です。目立つというだけで色を決めてしまうことは避けましょう。確実に「アクションを促すボタン」とわかることを大前提としながらも、同時に「イメージを壊さないカラー選定」が肝になってきます。

この点においては、実際に検証しながら決定していくほか、ベストな方法はありません。

04 コンバージョンカラーの例
最終的には、メインカラー・サブカラーとの比較検証のうえ、使用する色を決定することが必要です。

MEMO
縦に長くなる分、色数が多くなってしまいがちなランディングページデザインですが、これら3つのカラー戦略を知っておくだけで色数の絞り込みも楽になります。

113

LANDING PAGE DESIGN METHOD

06 ランディングページのフォント選定

フォントは、トーン＆マナーを決める大切な要素の1つです。フォントの選定次第で、ランディングページのデザイン全体のイメージも大きく変わります。どのような点に注意すれば、イメージどおりのフォントを選定することができるのでしょうか。ランディングページならではの特徴から、フォントの選定について見ていきましょう。

フォントをダイナミックに表現できる

ランディングページのフォント選定は、一般的なWebサイトのフォント選定とは方法が異なります。なぜならランディングページでは、一般的なWebサイトとは違って、1カラム[*1]でデザインすることができるからです。そのためランディングページでは、フォントサイズを大きくするなどした、ダイナミックな表現がしやすくなっています 01 。

特にキャッチコピーや見出しコピーのフォントサイズを大きくできるため、一般的なWebサイトでは使いづらいフォントも、自由に使用することができます。

たとえば一般的なWebサイトでは、視認性を重視してゴシック系のフォントを使用することが多くなりますが、ランディングページの場合では、サイズが大きくないと読みにくいような明朝系のフォントも遠慮なく使うことができます。こうした違いによって、ランディングページでは表現の多様性が必然的に増すのです。

01 フォントをダイナミックに使う
ランディングページは広告ページであり、デザインスペースの自由度も高いため、一般的なWebサイトよりもフォントサイズを大きく表現することができます。

使えるフォントの種類も多い

また、ランディングページは広告的なビジュアルのため、デザインのルールが要求される一般的なWebサイトに比べ、フォントの統一もそこまで重視されません。

そのため、一般的なWebサイトで使うフォントが基本的に1〜2種類であるのに対し、ランディングページでは5〜6種類ぐらいのフォントを設定できるのです。そのため、数種類のフォントを自在に使い分けることで、強調させたい要素のデザインとそうでないところにメリハリを付けることが可能になり、情報の役割に応じた自由なデザイン展開が可能になります 02 。

たとえば、メインで使用するフォントはニュートラルなイメージのフォント、キャンペーン情報で使用するフォントは視認性が強く目立つもの、よく読ませたい部分はシンプルなフォント、などといった役割ごとの使い分けができます。

もちろん、ユーザーに伝えたいトーン＆マナーからぶれないことも大切です。むやみにフォントを増やす必要がなければ、フォント数を絞ったほうが効果的な場合もあるという点には気を付けましょう。

一般的なWebサイト	ランディングページ
使用できるフォント数は 1〜2種類（目安）	使用できるフォント数は 5〜6種類（目安）

02 フォントの種類
一般的なWebサイトに比べ、ランディングページではフォントの統一に厳密なルールが必要とされないため、使えるフォントの種類数が多いのが特徴です。

*1:カラム
Webデザイン上の横幅の分割数。横に分割しない1カラムのデザインでは、1画面として使用できるため、デザイン領域を広く使えるという特徴がある。

*2:画像フォント
画像として表示されるフォント。装飾やレイアウトが自由に設定できる。ユーザーのデバイスによって表示が異なることもない。

フォントにもメインとサブがある

Chapter 4-05でお伝えしたように、ランディングページのカラー選定をする際には、メインカラー、サブカラー、コンバージョンカラーの3つに分けて考えると、スムーズに作業を進めることができます。このような区分けが有効なのは、フォントにおいても同様です。実はフォントとひと口にいっても、メインで使うフォントとサブで使うフォントがあるのです。

先ほど、ランディングページでは多くのフォントを使い分けることができると説明しましたが、フォントの種類を多く使えるランディングページだからこそ、それらの優先順位付けもかえって必要になります。

メインフォントについては、ファーストビューのデザイン次第で決定します。すでに説明しているとおり、ファーストビューがそのランディングページのデザインを決定づける大きな要素になります。そのため、ファーストビューのデザインでは、色味や写真の選定などを含めた、多くの検証が必要になります。メインフォントについても同様の検証が必要になり、ファーストビュー全体のデザインとマッチしたフォントがメインフォントとして選定されます。

サブフォントについては、選定されたメインフォントとの相性を勘案しながら選定していくとよいでしょう。

画像フォントとデバイスフォントの違い

これまでの説明は、サイズの設定や装飾を自由に行える画像フォント*2に関することです。画像フォントの長所は、華やかでグラフィカルに表現できることでしょう。しかし画像形式であるため、一度コーディングをしてしまうと、あとから編集しづらいという短所もはらんでいます。

それに対するフォントがデバイスフォントです。デバイスフォントとは、コンピュータにもともとインストールされているフォントのことです。画像形式ではなく、テキスト形式のため、のちのち容易に編集することが可能です 03 。

こうした特性を照らし合わせながら、画像フォントとデバイスフォントを使い分ける必要があります。基本的には、しっかりと見せたいキャッチコピーや見出しコピーなどの要素には画像フォントを採用し、長めの説明テキストとなるボディーコピーや注記、およびのちのち編集が必要な要素には、デバイスフォントを採用するとよいでしょう。

ただし、見た目のデザインよりも読み込み速度を重視するために、すべてをデバイスフォントにするという場合もあります。なぜなら、画像形式よりもテキスト形式のほうが明らかにデータ量が軽いためです。このことについては、コーディングを扱うChapter 5でも具体的に説明していきます。

画像フォント
装飾やレイアウトなど自由な表現が可能。画像形式。

デバイスフォント
のちのち編集することが可能。テキスト形式。

03 画像フォントとデバイスフォント

LANDING PAGE DESIGN METHOD

07 ファーストビューのデザイン

来訪したユーザーが最初に目にするファーストビューのデザインは、ランディングページ全体のデザインにも大きく影響するため、結果的にコンバージョンの成否にも影響していきます。ここでは、そうした重要な役割を持つファーストビューのデザインについて説明していきます。

ファーストビューとは？

01 ファーストビューのデザイン
ユーザーがそのランディングページに訪れた際に最初に見る画面・ビジュアルです。

まずは、あらためて「ファーストビュー」が何であるのかについて確認しておきましょう。ファーストビューとは、その言葉どおり、ユーザーがランディングページを訪れた際に最初に見る画面のことです。一般的には最初に目に入る部分のみを指し、スクロールしないと表示されない部分はファーストビューに含まれないとされています 01 。なお企業によっては、ファーストビューのことを「キービジュアル*1」という呼び方で表現するケースがあることも、あわせておさえておきましょう。

ファーストビューの役割

ランディングページにおけるファーストビューの役割は、ランディングページを訪れたばかりのユーザーの心を一瞬で掴み、さらに読み進めたいと思ってもらうことです 02 。

ランディングページは広告でもあるため、一般的なWebサイト以上にファーストビューの役割が重要です。ファーストビューは、ランディングページの顔となるビジュアルです。ほかの広告物に置き換えるならば、新聞広告・雑誌広告・電車広告などのワンビジュアルに近いものかもしれません。ただし、ランディングページの場合は、その下にさらにコンテンツが続くという点で、一般の広告物とは形態が異なります。当然ながら、ファーストビューの出来次第で、ユーザーによるランディングページのスクロール率も大きく変わってきます。いうまでもなく、ページをスクロールしないユーザーは、ページから離脱することになります。つまりファーストビューが魅力的でなければ、コンバージョンが得られないばかりか、広告費だけが浪費されることにもなりかねないのです。

02 ファーストビューの役割
ファーストビューでユーザーの心を掴み、下のコンテンツまでスクロールしてもらうきっかけを作ることが大切です。

*1:キービジュアル
商品・サービスのブランドイメージを象徴するビジュアルのこと。

*2:ユーザーインサイト
性別、年齢、志向、ニーズなどを理解し、ユーザーの視点に立って、ユーザーの本質的な欲求・ニーズにせまること。

ファーストビューのデザイン構成要素

制作するランディングページによっても異なりますが、ファーストビューの基本的な構成要素は大まかに以下の3つに分かれます。

1つ目は、サブ的なコピーも含めたキャッチコピーの要素です。2つ目は写真・イラストという要素で、3つ目はボタンやナビなどのUI要素です。この3つの要素に対して、レイアウトやカラーリング、フォントの種類、各パーツのサイズといったデザインの要素が掛け合わされて、ファーストビューデザインが構築されます 03 。

しかし、これらの要素は単純にファーストビューを分解したものに過ぎません。前提として、どのようなユーザーに対して何を訴求するのかというランディングページそのもののコンセプトが必要です。それがなければ、方向性のない要素の組み合わせにしかなりません。明確なコンセプトによって、3つの構成要素とデザインが連動して初めて、訴求力の高いファーストビューが完成します。

ファーストビューの構成要素
❶ キャッチコピー要素（サブ的なテキスト要素も含む）
❷ 写真・イラスト要素
❸ ボタンやナビなどのUI要素

03 ファーストビューのデザイン要素
これら3つの要素だけでなく、ランディングページそのもののコンセプトも重要です。

ファーストビューデザインのポイント

ファーストビューのデザインを構成するうえでは、コンセプトが重要になると説明しました。そのため、ランディングページ設計時のコンセプトや意図をよく理解しておきましょう。コンセプトは、商品・サービスの魅力と、ターゲットとするユーザーのニーズの重なる点から導き出されるものです。そのため、ファーストビューをデザインする際には、コンセプトとあわせて、商材やターゲットへの理解を深めておくことも重要です。とりわけ、ターゲットとするユーザーについてよく想定するということ――つまり、「ユーザーインサイト*2」が必要になります。

もちろん、対象となるユーザーの性別や年齢層などといった、単純な属性だけを考慮するだけでは不十分です。どのようなニーズや悩みを持ったユーザーが、どのようなキーワードで検索してランディングページにたどり着くのかといった心理面まで掘り下げなければなりません。そのうえでそれらを総合的に勘案し、そのようなユーザーが初めてファーストビューを見るときに、どのような印象を抱いてもらえば効果的なのかを想定しながらデザインすることがポイントです 04 。もっとも、ユーザーの視点に立ってデザインをまとめあげるという作業は、そのほかのコンテンツでも重要です。しかし、ユーザーの心を一瞬で掴み、さらに読み進めてもらうためのきっかけとなるファーストビューでは、特にユーザーインサイトを重視しましょう。

04 ユーザーインサイト
ターゲットとなるユーザーがどのような人物であるかを具体的に想定しながらデザインすることがポイントです。

117

ファーストビューのデザインには検証が必要

　ファーストビューは、ランディングページの決め手になるため、最適なデザインに仕上げなければなりません。しかし、構成・ワイヤーフレームの場合と同様に、初めから優れたデザインが完成するということはまずないでしょう。そのため、いったんデザインを組み上げたうえで、多くの検証と改善を行っていく必要があります。

　ファーストビューのデザインにおける検証とは、フォントの種類、色、レイアウト、パーツサイズなどの各要素を、変更したり組み合わせたりしながら、「しっくり感」のあるデザインを見つけていく作業です。このとき、一度に多くの要素を変更するのではなく、1つ1つ変更して検証していくことを心がけましょう。このように検証すれば、変更前と変更後を比較することによって改善できているかどうかを確認することができるため、ある程度の時間をかければ自ずとよいデザインへと向かっていくのです。

　ファーストビューのデザインがベストなものに仕上がれば、それ以降のコンテンツのデザインも格段に取り組みやすくなるため、ここで手を抜いてはいけません。ファーストビューでじっくり時間をかけておけば、かえって効率的に全体のデザインが進められるはずです 05 。

05 ファーストビューのデザイン検証要素
フォントの種類や色、パーツサイズなどのデザイン要素を1つ1つ変更しながら、ベストなファーストビューデザインを目指します。

ユーザータイプ別のファーストビューデザイン事例

　それでは、実際のランディングページの事例を通して、ファーストビューのデザインが具体的にどういったものであるかを見ていきましょう。当然ながら、ビジネスターゲットによってファーストビューの構成やデザインは大きく変わってきます。ここでは、「法人向け」、「一般消費者女性向け」、「一般消費者男性向け」に事例を分けて解説しているので、ターゲットごとにどのような特徴の違いがあるのかに注目してみるとよいでしょう。

■ **法人向けファーストビュー**
①訴求内容
読者モデルのキャスティングを特徴としたランディングページ制作サービス
②構成要素
サービスイメージ写真／サービス名／キャッチコピー
③デザイン
読者モデルのキャスティングを軸にしたサービスであることがインパクトを持って伝わるように、複数の読者モデルの写真を画面いっぱいに配置しています。また、新サービスとしての登場を強く印象付けるために、サービス名も大きく配置したデザインです 06 。

06 読者モデルキャスティング型ランディングページ制作サービスのファーストビュー例
読者モデルの写真とサービス名を大きく見せることで、インパクトとわかりやすさを強調しています。

■ 一般消費者女性向けファーストビュー

①訴求内容
世界No.1の容量を誇るUVスプレー

②構成要素
人物写真(読者モデルを撮影)／製品写真／キャッチコピー／サブコピー／製品付帯情報

③デザイン
10代後半から20代前半の女性に向けたUVスプレーであるため、楽しくポップな印象が伝わるデザインが意識されています。また、夏に使う製品であることも考慮し、カラーリングやフォントによる爽快感の演出にも注力しています。世界No.1であることを強調するキャッチコピーの、大きな文字サイズと位置にも注目しましょう 07。

07 UVスプレーのファーストビュー例
「世界No.1」であることをしっかりと伝えるため、中央に大きくキャッチコピーが配置されています。

■ 一般消費者男性向けファーストビュー

①訴求内容
「男性向けに開発されたアイロン」という独自性の高い製品開発コンセプトを訴求

②構成要素
製品写真／製品ロゴ／キャッチコピー／問い合わせ関連情報

③デザイン
男性向けのアイロンという独特なコンセプトを力強く伝えるために、黒を基調とした雄々しいデザインで、ゴールドカラーの製品をひときわ引き立たせています。また、「男前アイロン」という製品ロゴが記憶に残りやすいように、あえて製品写真の中央に、アイキャッチとして大きく配置しています 08。

08 家庭用アイロンのファーストビュー例
男性向けのアイロンであることを強調するため、「男前アイロン」という製品ロゴを製品上に大きく表示しています。

■ 一般消費者女性向けファーストビュー

①訴求内容
冠婚葬祭だけでなく、カジュアルシーンでも身につけられる真珠であることを訴求

②構成要素
人物写真(読者モデルを撮影)／キャッチコピー／サブコピー／ボタン

③デザイン
真珠という製品と40～50代という購買年齢層の特性上、落ち着いた上質な世界観を伝えるデザインを重視しています。黒・ゴールドのカラーでシックなアクセントを加えているほか、明朝フォントで落ち着いた印象に仕上げています。一方で、カジュアルなシーンでの使用もできることをしっかりと訴求するために、複数の読者モデルを用意して実際に撮影を行っています。トップ写真が切り替わる動的表現もポイントです 09。

09 黒蝶真珠のファーストビュー例
身に着ける商品の場合は、モデルを活用するとイメージが湧きやすくなります。

MEMO
ファーストビュー次第でイメージもコンバージョン率も大きく変わってきます。デザイン上もっとも重要な要素といえるため、時間をしっかりと費やして納得がいくまで仕上げましょう。

LANDING PAGE DESIGN METHOD

08 | コンバージョンエリアのデザイン

コンバージョンエリアとは、そのランディングページを訪れたユーザーが、問い合わせや資料請求などといったアクションを起こすうえで必要なボタンなどの要素が配置されているエリアです。ユーザーにアクションを促すための重要なエリアになりますので、デザインにも注意が必要です。

コンバージョンエリアとは?

コンバージョンエリアとは、ランディングページの目的であるコンバージョンというアクションをユーザーに促すために、必要な情報やボタンを配置したエリアのことです 01 。このエリアが存在しなければ、ファーストビューやそのほかのコンテンツがどれだけ優れた内容で、どれだけ最適なデザインであっても、ユーザーは問い合わせや申し込みなどの最終的なアクションを起こすことができません。コンバージョンエリアの出来次第では、最後の最後にユーザーにそっぽを向かれかねないため、決して手を抜いてはいけない部分だと認識しておきましょう。

テレマーケティングとLPOを独自のクロスマーケティングでご支援。
将来の顧客になりえる見込み客づくりを徹底的にサポートします。

お電話によるお問い合わせ

ENGAGE（エンゲージ）に関する質問・疑問にもお答えいたします。受付時間：平日9:00-19:00

TEL 03-

メールによるお問い合わせ

ENGAGE（エンゲージ）の詳細を知りたい方はサービス紹介資料を無料で送付いたします。

資料請求する

01 コンバージョンエリア
ランディングページを訪れたユーザーに問い合わせや申し込みなどのアクションを促す重要なエリアです。

コンバージョンエリアの構成要素

コンバージョンエリアの要素は、大きく4つに分かれます。まず1つ目は、エリア全体の枠や背景です。ほかのエリアとの境界線を明確にし、1つのまとまったエリアであることがすぐにわかることが大切です。2つ目は、ユーザーにアクションを起こしてもらうための後押しになるような、キャッチコピーやテキストの要素です。3つ目は、問い合わせ／申し込み／購入／資料請求などのためのコンバージョンボタンです。ユーザーが実際にクリックを行うためのデザイン要素であるため、非常に重要な要素です。そして4つ目が、受付時間など含めた電話番号情報です。電話での申し込みや問い合わせを好むユーザーも多いため、対象ユーザーによっては設置すべきか検討することが必要になります。ただし、コンバージョンボタンとは異なり、効果の計測が難しいものである点を念頭に置いておきましょう。

これらの4つの要素が互いに補い合うような形で、コンバージョンエリアという1つのコンテンツが構成されています 02 。もちろん、ランディングページのコンバージョンの種類によって、電話番号を表示する場合とそうでない場合、ボタンの数が複数の場合と単一の場合、テキストが枠の外に表示されている場合などといった形で、配置する要素の数や内容も変わってきます。状況に応じて柔軟に構成しましょう。

02 コンバージョンエリアの構成要素
全体の背景・枠、テキスト、コンバージョンボタン、電話番号の4つの要素から構成されます。

コンバージョンカラーの設定

構成やワイヤーフレームの段階で、コンバージョンエリアの要素はおおよそ決まっているため、デザイン上では、それらの要素をどのように見せ、どのようにまとめていくかという作業が中心になります。そしてまず第一にすべきことは、コンバージョンエリアの色を設定するということです。

　コンバージョンエリア全体の色をコンバージョンカラーと呼びます。Chapter 4-05で説明した内容を簡単におさらいしていきましょう。ランディングページ全体の色彩は、ブランドを伝えるメインカラー、アクセントを加えるサブカラー、ユーザーにアクションを促すコンバージョンカラーの3つから構成されていることがポイントでした **03** 。そのためコンバージョンエリアの色は、コンバージョンエリア単体で設定すべきではありません。まずランディングページで使用するメインカラーやそれを補完する複数のサブカラーを決めたあとに、全体のデザインのトーン＆マナーを崩さない範囲でコンバージョンカラーを設定することが大切です。

　コンバージョンカラーとして色を設定する必要があるのは、主にコンバージョンエリア全体の背景色と、コンバージョンボタンの色の2つです。ほかのコンテンツエリアとの差別化を図るため、コンバージョンエリアの背景色にはほかのエリアと異なる色を選定しましょう。最終的な出口となるコンバージョンボタンは、ひときわ目に付く色味で仕上げたほうがよいでしょう。ひと言で表現すれば、コンバージョンカラーの選定において重要なことは、メインカラーやサブカラーとはできる限り同系色を避けながら、印象的な色を選ぶことです。ランディングページではさまざまなコンテンツが長く連なり情報量が多いため、特徴のある色でなければなかなか目立たせることはできません。コンバージョンエリアにすぐ気付き、このボタンをクリックすれば問い合わせや申し込みができるのだということを、ユーザーがすばやく認識できるぐらいにすることが大切です。

　とはいえ、ひたすら目立たせればよいわけでもありません。目立つという理由から、コンバージョンボタンには緑かオレンジがよいとよくいわれますが、紫や青、黒や白のボタンであってもコンバージョン率のよいランディングページはたくさんあります。重要なことは、ランディングページ全体の色彩設計とバランスを取りつつ相対的に色合いを設定すべきということです。商品・サービスによっても最適なボタンの色も変わってくるため、一般的な概念にとらわれずに選定しましょう **04** 。

03 ランディングページのカラー戦略
メインカラー、サブカラー、コンバージョンカラーの3つに分けて色を設定します。

04 ボタンデザイン例
ボタンカラーに決まりきったルールはありません。ランディングページごとに最適な色を選ぶことが大切です。

コンバージョンエリアのデザイン装飾

背景色やコンバージョンボタンの色を設定したあとは、デザイン装飾について考えていきましょう。現在のWebデザインの主流ソフトはPhotoshop[*1]であるため、ここではPhotoshopの機能を用いた装飾方法について解説します。

まず背景のデザインにおいては、必要に応じて、見た目の印象度を増す工夫を行います。Photoshopのパターンオーバーレイ[*2]を活用してパターンを敷くなどすると、効果的に目立たせることができるでしょう。もちろん、ベター色でも十分にコンバージョンエリアの存在感を示すことができるようであれば、余計な装飾は必要ありません 05 。

次にボタンのデザイン装飾について見ていきましょう。ボタンにおいては、ボタンであることが明確になるよう、立体感などを付けて目立たせる工夫を行うことが一般的です。Photoshopの加工機能であるレイヤースタイル[*3]を活用し、ドロップシャドウや光彩などを反映させることで、加工作業を行っていきます。ただし、ここ数年流行しているフラットデザインというデザイン手法が、ランディングページでも用いられることが増えてきました。フラットデザインは、あえて立体的な装飾やグラデーションなどを排除するもので、シンプルなベター色のボタンデザインを行う傾向があります 06 。全体のデザインの方針に沿って、どちらを採用するかを決めていきましょう。

05 背景の装飾
上は目立つように背景にパターンオーバーレイをかけたものです。下はベター色の背景です。全体のデザインにあてはめたときにベター色では目立たないようであれば、装飾を行いましょう。

06 ボタンの装飾
左は光沢感や立体感を施したボタンです。右は立体感を排除したベター色のフラットデザインのボタンです。全体のデザインとの調和を考慮し、どちらを採用するかを判断します。

コンバージョンボタンデザインの注意点

コンバージョンエリアの構成要素では、ボタンのデザインがもっとも重要です。やはりすぐにコンバージョンボタンだとわかるように、目立つデザインに仕上げることが無難でしょう。ただし先にも述べたように、一般的に推奨されるような緑やオレンジを採用したり、立体感のあるいかにもボタンらしいデザインを採用したりすれば、常に効果的に機能するというわけでもありません。ランディングページ全体のデザインの方向性を尊重しつつ、さらにはほかのコンテンツとのバランスにも配慮しながら、コンバージョンエリアの背景色やボタンの色・装飾を決めていくことが大切です。そもそもランディングページが取り扱う商品・サービスのブランドイメージもありますので、そのイメージを崩さないようにすることが大前提です。

極論になりますが、そもそもの構成やワイヤーフレームの設計自体が間違っていれば、どれだけコンバージョンボタンのデザイン自体が優れていても、コンバージョン率が上がらないランディングページになってしまいます。反対に、たとえコンバージョンボタンがそれほど目立たなくても、ランディングページ全体の構成やデザインが魅力的であれば、コンバージョン率の高いランディングページになることもあるのです。極端な例を紹介しましたが、やはり重要なことは、常にデザイン全体を俯瞰しながら、コンバージョンボタンのデザインがこれでいいのかどうかを考慮するということです。そのためには、何度も検証を繰り返しながらデザインすることを忘れてはいけません。じっくりと改善を重ねれば、ベストなボタンデザインの落としどころを見つけられるでしょう。

*1:Photoshop
写真編集をメインとしたアドビシステムズ社の有料の画像加工ソフト。現在は、写真加工だけでなく、Webデザインの制作にも使用されることが多い。

*2:パターンオーバーレイ
Photoshopのレイヤースタイルに収録された機能で、あらかじめ登録した背景パターン画像をデザイン上に読み込み、反映させることができる。

*3:レイヤースタイル
Photoshopの加工機能で、見た目上のさまざまな視覚的効果をオブジェクトに適用するこができる。グラデーション、ドロップシャドウ、ベベル、パターンオーバーレイなどの機能が搭載されている。

コンバージョンエリアの事例

これまでに解説したとおり、コンバージョンエリアのデザインに万能のルールはありません。**全体のトーン＆マナーや商材に応じたデザインが必要である**ことを、事例をもとに確認してみましょう。

■ イメージ写真を取り入れた例

黒い背景でコンバージョンエリア全体を強調したうえで、黒に際立つピンクのボタンを配置しています。また、同エリア内に**モデルによる真珠の使用イメージ写真を配置することで、コンバージョンの手前まで購買意欲を高める工夫を行っています** 07 。

07 黒蝶真珠のコンバージョンエリア

■ テキスト情報を中心とした例

オレンジの背景でコンバージョンエリアの視認性が高まるようにしたうえで、ボタンはブルー寄りの緑を選び、全体的に爽やかな印象を与えるカラーリングに整えています。**複数配置されたテキストは、役割ごとに大きさやカラーリングを変えてデザインされています** 08 。

08 第二新卒紹介サービスのコンバージョンエリア

■ 電話番号情報を併記した例

電話情報領域とボタン領域を明確に分け、視認性を重視したデザインに仕上げられています。また、**電話情報領域には、直感的にわかるように写真も補完的に配置しています**。なお、ボタンにフラットデザインを採用し、いかにもボタンらしい装飾をしていないため、オレンジのカラーにより目立たせる形にしています 09 。

09 販路開拓サービスのコンバージョンエリア

123

LANDING PAGE DESIGN METHOD

09 ランディングページのUIデザイン

UIデザインとは、Chapter 4-08で触れたコンバージョンボタンをはじめとしたボタン、ナビメニューやタブなどといった、操作性のあるデザイン要素のことです。ランディングページで必要になるUIデザインには複数ありますが、ここでは、代表的なデザイン要素について説明していきたいと思います。

ランディングページにおけるUIデザイン要素

ひと口にUIデザインといっても、広義の定義から狭義の定義までさまざまな解釈があります。そこで、ここではUIデザインを「ユーザーのアクションを起こすためのデザイン」と定義したいと思います。では、ランディングページにおける「ユーザーのアクションを起こすためのデザイン」とは、いったいどのようなものなのでしょうか。

基本的には、「ページを操作するためのパーツのデザイン」が中心になります。実際にランディングページにおいて操作が必要になるUIデザインの代表的な例を6つ紹介したいと思います **01** 。

もちろんここに挙げたUIデザイン以外にも、操作が必要になるデザインパーツは多数あります。しかし、非常によく活用するものとして、これらの6つをまずは覚えておきましょう。以降にそれぞれの要素におけるポイントを解説していきますので、順番に見ていきましょう。

①コンバージョンエリアのUIデザイン
②ナビメニューのUIデザイン
③アンカーリンク*1ボタンのUIデザイン
④アコーディオンメニュー*2のUIデザイン
⑤スライダーのボタンのUIデザイン
⑥タブ切り替えのUIデザイン

01 ランディングページにおけるUI要素
代表的な例として、上記の6つのUIデザインが挙げられます。

①コンバージョンエリアのUIデザイン

コンバージョンエリアのデザインについてはChapter 4-08で詳細を説明しているため、ここではポイントだけをまとめます。コンバージョンエリアとは、申し込みや問い合わせなどを行うためのコンバージョンボタンと、電話番号や補完的なテキスト要素の組み合わせから構成されます **02** 。コンバージョンエリアやそのエリア内に配置されるボタンのデザインを考える際、重要になるのがカラーです。そしてそのカラーを決めるうえで前提になるのが、ランディングページ全体の中でどれだけ目に付きやすいかという点です。ただし、単に目立つ色を選べばよいというわけではありません。全体のデザインやブランドイメージとの調和にも気を配る必要があるからです。

ランディングページの色彩設計では、メインカラーとサブカラーとコンバージョンカラーの3つに分けてカラーを選定することがポイントでした。まずメインカラーを決めて、次に補完的なサブカラーを選び、それらの色とのバランスを考慮しながら、最後にコンバージョンカラーを決めてください。また、コンバージョンエリアで重要なデザイン要素となるボタンには、できるだけ存在感のある色を選定し、全体のデザインテイストに応じて必要な装飾を加えていきましょう。

02 コンバージョンエリアのデザイン例
ランディングページでアクションを促すデザインにおいてはもっとも重要なUIデザイン要素です。

124

*1:アンカーリンク
ページ内の、主に下のコンテンツに誘導させるページ内リンクのこと。

*2:アコーディオンメニュー
見出しとなるボタンをクリックすることでそれに関連したコンテンツを出したり、見えなくしたりできるUIデザイン・挙動のこと。

②ナビメニューのUIデザイン

次に、ナビメニューのUIデザインについて見ていきましょう。このUIデザインの役割は、同じランディングページ内の各コンテンツへ、ユーザーをすばやく誘導することです。基本的には、ナビメニューをページ最上部のヘッダー（Chapter 5-01参照）に配置する方法と、サイドナビとして左側ないし右側に配置する方法の2つがあるので、状況に応じて使い分けましょう。

ナビメニューをヘッダーに配置する場合、コーディングや実装の面も考慮します。ヘッダーを固定表示させるケースとそうでないケースがあるからです。ランディングページの縦幅が非常に長くなる場合などは、固定表示させると効果的でしょう。全体のコンテンツが長くなれば、コンバージョンボタンなども見つけづらくなるためです。

ヘッダーを固定表示させるかさせないかによって、ヘッダー内に配置するボタンの目立たせ方も変わってきます。当然ながらヘッダーを固定させる場合は、ユーザーが下方向にスクロールしても、常にページ上部にヘッダーが表示されたままになります。そのため、ヘッダー内にあるボタンを目立たせすぎると、かえって邪魔になりかねません。固定されたボタンが気になって、ほかのコンテンツ情報がユーザーの頭に入りづらくなっては本末転倒ですので、ヘッダー内に配置するボタンの数などに応じて、ヘッダー自体の縦幅のサイズや色味などを検証・調整することが必要になります **03** 。

サイドナビを配置する場合は、基本的に固定表示させましょう。右利きのユーザーのほうが一般的に多いため、右側に実装することがほとんどです。配置するサイドナビの要素は目的によって変わりますが、画面サイズの小さいパソコンで閲覧したときの縦幅を考慮し、多くとも6つか7つに収めておくのがよいでしょう **04** 。

また、あまりにサイドナビ内のボタンが大きすぎてもいけません。ヘッダーを固定表示した場合のボタンデザインと同様に、ほかのコンテンツ以上にボタンが目立ってしまわないよう、サイドナビのボタンのサイズ感や色味についても、しっかりと検証・調整することが必要になります。

03 ヘッダーナビのデザイン例
縦長のランディングページにおいては、ヘッダーの固定はよく活用されます。なおここでは、スクロール時にナビボタンのみ固定表示されるように縦幅を調整しています。

04 サイドナビのデザイン例
主要なコンテンツをピックアップした見出し的な役割です。右利きのユーザーが多いことを考慮して、右側に配置するとよいでしょう。

③アンカーリンクボタンのUIデザイン

　アンカーリンクもまた、ヘッダー内に配置するナビメニューやサイドナビと同様に、ランディングページ全体が長くなるときに活用することが多いUIデザインです。アンカーリンクの目的は、ランディングページ内の主要なコンテンツへの誘導率を高めることです。ボタンをクリックすることで対象コンテンツへ瞬時にジャンプできる点は、ヘッダーやサイドメニューと変わりません。ただし、リンクボタンを、ヘッダーやサイドの領域に配置するのではなく、コンテンツ内に配置する点が異なります。当然ながら固定表示されることがないため、アンカーリンクを、下部に表示されるコンテンツの見出しとして機能させることができます 05 。

　デザイン上の注意点は、ヘッダーやサイドナビ内のナビボタンの場合と大きな違いはありません。ただし別途気を付けておきたいのは、ボタン内に矢印アイコンを表示させる場合です。アンカーリンクでは、下方向のコンテンツへの誘導を目的としていることがわかりやすくなるように、下向きの矢印アイコンを配置するとよいでしょう。

05 アンカーリンクボタンのデザイン例
ボタンを押すと該当コンテンツまで一気にスクロールされます。コンテンツの見出しとしての機能も兼ねています。

④アコーディオンメニューのUIデザイン

　アコーディオンメニューとは、開閉可能なボタンを配置することで、コンテンツを見たい場合に開き、そうでない場合に閉じることができるようにするUIデザインです。アコーディオンメニューは、一般的なWebサイト制作の現場においては、活用するケースが減ってきているともいわれていますが、1ページ完結型の縦長のランディングページにおいては、コンテンツの縦幅を有効に活用するために非常に重宝するものです。よく活用されるコンテンツとして「よくある質問」などが挙げられるでしょう。似たようなコンテンツがずらりと並んだときに、すべてのテキストを表示するためには、縦幅を非常に長く取らなければなりません。そこで、質問が書かれたボタンをクリックすると、回答部分が開くという仕様にする場合が少なくないのです 06 。

　デザイン上の注意点としては、ボタンによってコンテンツが開閉できるということを、しっかりとユーザーに認識してもらえるようにすることが挙げられます。そのため、コンテンツに開閉ボタンがあることをユーザーがすばやく把握できるように、コンテンツ全体を含めたデザインを行う必要があります。

　ただし、開閉ボタンを目立たせるだけでは、単なるアンカーリンクボタンと誤解される可能性も否定できません。矢印などの記号のほか、「開く」や「閉じる」などの補完的なテキストを入れておけば、ユーザーに機能がより伝わりやすくなるでしょう。もちろん、補完的なテキストを入れることでデザイン的にはうるさくなります。対象ユーザーのネットリテラシーも考慮して、バランスよく判断しましょう。

06 アコーディオンメニューのデザイン例
同じようなコンテンツが縦に複数並ぶ場合は、開閉型のアコーディオンメニューを配置することで、縦幅の長さを解消できます。

⑤スライダーのボタンのUIデザイン

スライダーボタンは、横の動きを主としたコンテンツの展開を促すUIデザインです。「お客様の声」や「体験談」、「事例紹介」などといった、複数の内容を例示するコンテンツで使用すると効果的でしょう 07 。たとえば、「体験談1」、「体験談2」、「体験談3」、「体験談4」などという具合に、複数の同一コンテンツを右に遷移させて紹介していきたい場合、表示中の体験談の右側に、右向きの矢印ボタンを配置し、ユーザーにクリックを促します。このとき、表示中の体験談の左側に、コンテンツを戻すためのボタンとして、左向きの矢印ボタンを配置することも忘れないようにしましょう。

ちなみに、さまざまなランディングページを解析ツールで分析したところ、スライダーの右側の矢印ボタンの方がはるかにクリックされる確率が高いことがわかりました。そのため、基本的には右方向への遷移を意識した順序でコンテンツを並べておくとよいでしょう。なお、左右の矢印ボタンを設置するだけでは、順序どおりにしかコンテンツを閲覧させられません。コンテンツの上ないし下に、コンテンツの数に合わせたサムネイルボタンを横一列に並べておけば、さらにユーザビリティを高めることができるでしょう。

07 スライダーボタンのデザイン例
左右にスライドを切り替えられるように、左には左向きの、右には右向きの矢印ボタンを配置します。

⑥タブ切り替えのUIデザイン

タブ切り替えもまた、同一のコンテンツを複数並べる際に活用するUIデザインです。スライダーのような横の動きはない切り替えスタイルではありますが、役割としては近いものがあるでしょう。タブをデザインするうえでは、スライダーボタンに比べて気付かれにくい特性があることに注意しましょう。

コンテンツの内容が表示されている状態のタブボタンを、内容が表示されていない状態のタブボタンよりも濃い色にするなどの工夫を施すことで、よりユーザビリティの高いデザインに仕上がります 08 。

08 タブ切り替えボタンのデザイン例
主に表や事例などのコンテンツをデザインする際に活用されます。選択中のボタンの色を目立たせるなどの工夫が必要です。

LANDING PAGE DESIGN METHOD

10 フォームのデザイン

問い合わせや資料請求などのコンバージョンのためには、ユーザーに情報を入力・選択してもらうためのフォームが必要になりますが、情報さえ入力できれば何でもよいわけではありません。ランディングページにおけるフォームの役割から、細かなデザイン上の注意点まで、全体的に解説します。

フォームの役割

ランディングページの目的はコンバージョンにありますが、そのコンバージョンはコンバージョンボタンがクリックされるだけでは達成されません。資料請求などのコンバージョンボタンをクリックしたあとには、まだフォームが控えているからです01。ここでユーザーが入力した何らかの情報が企業側に送信されて初めて、申し込みや問い合わせが完了し、コンバージョンが達成されたといえるのです。

このフォームは、フロントやバックエンドの技術とも密接に関連するため、デザインだけでは完結しません。ランディングページの中でも数少ない、システム的な実装が絡むものです。フォームの項目が多すぎる、入力がしづらい、正常に動作しないなどの問題があれば、せっかくよいランディングページを仕上げても、コンバージョンが発生しないことにもなりかねません。そうした不都合が生じないように、技術面を含めた細心の注意が必要です。

01 ランディングページのフォーム
必要項目を入力する画面であり、コンバージョンに欠かせない要素です。

EFO（エントリーフォームの最適化）

フォームとは、ただ情報が入力できるようになっていればよいわけではありません。エントリーフォームの最適化を意味する「EFO（Entry Form Optimization）」という言葉が存在することからもわかるように、しっかりとコンバージョンに結び付けるためには、フォームにおいてもデザイン設計や実装面での工夫が不可欠なのです。

EFOのポイントは、大きく3つあります。まず、必須入力項目と任意入力項目を明確にすること。次に、入力漏れに対するエラー警告を表示すること。そして最後に、ユーザーが入力する際の手間を減らすこと。これら3点は欠かすことのできない重要なポイントになりますので、よく覚えておきましょう02。もう少し具体的に踏み込みます。1つ目の点に関しては、必須マークと任意マークの色を分けるとよいでしょう。必須マークを赤、任意マークを青とすることが多いです。2つ目の点では、

入力エラー時の警告文を目に付きやすく配置しましょう。3つ目の点では、名前・電話番号などの入力項目の数を、最低限取得したい項目に絞ることで、ユーザーの手間を減らすことが重要です。

①必須入力項目と任意入力項目を明確にする

②入力漏れに対するエラー警告

③入力の手間を減らす

02 EFOのポイント
ユーザーにできる限り負担をかけないように、フォーム内で入力確認状況などをナビゲートしてあげることも大切です。

一体型フォームと別ページ型フォーム

ランディングページにおけるフォームは、大きく2種類に分かれます。1つは、ランディングページ一体型のフォームです。一体型とは、1ページのランディングページの最下部に、1つのコンテンツとしてフォームを配置したものです。この一体型では別ページに遷移する必要がないため、ユーザーの離脱を防ぎやすいといったメリットがあります。また、同じページ内にフォームがあるため、コンバージョンボタン内に表示する矢印を下に向けることがデザイン上のポイントです。

2つ目の種類は、別ページ型のフォームです。こちらは一体型とは異なり、コンバージョンボタンをクリックすることで別ページに遷移する仕様です。目標とするコンバージョンポイントが複数ある場合には、一体型だと同一ページ内に1つ以上のフォームが必要になってしまうため、別ページ型が用いられることが多くなります。デザイン上の注意点としては、ボタン内に設置する矢印の向きを右方向に向けることが挙げられます 03 。また、コンバージョンポイントが複数ある場合は、混同されないように、コンバージョンボタンの色をそれぞれ変えることも重要です。

03 コンバージョンボタンの矢印アイコン
同一ページにフォームがある場合は、そのフォームに誘導するコンバージョンボタン内の矢印を下向きにし、別ページにフォームを遷移させる場合は、コンバージョンボタン内の矢印を右向きにしましょう。

入力ボックスのデザイン

入力ボックスは、名前や電話番号などの必要事項または任意事項を入力するためのボックスです。デザイン上、特に気を付けなければならないのは、入力ボックスの縦幅の指定です。一般的には、入力ボックスが大きいとフォーム自体の縦幅が長くなってしまうため、縦幅を狭めたほうがよいとよくいわれますが、必ずしもそうとはいえません。縦幅の長さの設定は、ランディングページの対象ユーザーのネットリテラシーによって変わってくるものだからです。たとえば、パソコンやスマートフォンに触れる機会が多い人がユーザーであれば、入力ボックスが狭くても、入力上の不便はないでしょう。しかし、パソコンやスマートフォンに精通していない層がユーザーなら、狭い入力ボックスを不便に感じるかもしれません。後者の場合では、より入力しやすいように、縦幅を広く取ったほうがよいでしょう 04 。

ネットリテラシーの程度は、主に年齢によって判断できるものです。60代以上のユーザーに比べれば、20代や30代の方が当然リテラシーは高いでしょう。ボックスのサイズ設定はユーザビリティに影響し、入力しづらいなどの不満をもたらすことがありえます。対象ユーザーの年齢層を考慮して、適切な入力ボックスをデザインしましょう。次の工程にあたるコーディングを行うコーダーにも誤解が生じないように、しっかりとサイズ感を設定しておくことが大切です。

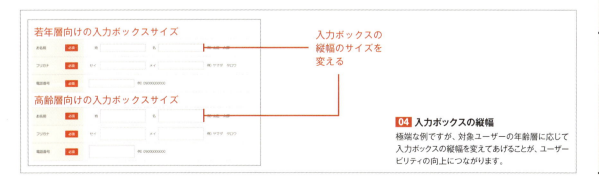

04 入力ボックスの縦幅
極端な例ですが、対象ユーザーの年齢層に応じて入力ボックスの縦幅を変えてあげることが、ユーザビリティの向上につながります。

個人情報保護方針コンテンツのデザイン

フォームと同じページ内に、個人情報保護方針コンテンツを一体として表示させることが多々あります。その場合、ボリュームのある個人情報保護方針テキストをすべてそのまま表示してしまえば、ページが非常に長くなってしまいます。そのような事態を回避するため、スクロール型ボックスを設置して、そのボックス内に個人情報保護方針テキストを収める形にデザイン・実装しましょう **05**。スマートフォン向けのランディングページであれば、スクロール型ボックス以外の方法では、ライトボックス[*1]を用いた方法も効果的です。ライトボックスでは画面上に別の画面を上乗せすることができるため、別ページに遷移しなくても、その場で個人情報保護方針テキストを読めるようにすることができます **06**。

05 スクロール型ボックス
一定のサイズのボックス内をスクロールすることでテキストを表示することができるため、縦幅を長く取る必要がありません。

06 ライトボックス
スマートフォン版の個人情報保護方針コンテンツは、ライトボックスを活用して、ポップアップ形式にしてあげると、見やすく、かつ邪魔にもなりません。

入力フォーム・確認画面・サンクスページのデザイン

ランディングページのフォームでは、大抵は3ページ分が必要になります。実際にユーザーが情報を入力することになる「入力フォーム」は当然必要ですが、そのあとに入力した項目をユーザーが確認するための「確認画面」と、送信が完了したことを通知する「サンクスページ（完了画面）」も必要です **07**。

デザインのステップとしては、まず入力フォームをデザインして、そのフォーマットを活かしながら確認画面をデザインしましょう。サンクスページの場合は、一般的にはテキストのみを配置することが多いのですが、最近では送信後の最後のひと押しとして、サンクスページに写真を入れるなどしてデザインにも凝るケースがあります。設計段階での方針なども参考にしつつ、どのようなデザインのものに仕上げればよいかをよく考え、最後まで最適なデザインを行いましょう。

07 入力フォーム・確認画面・サンクスページの3ステップ
この図解はイメージを掴みやすくするためシンプルにしたものです。内容や項目に従って、入力フォーム・確認画面・サンクスページの3つの画面をセットでデザインしましょう。

*1:ライトボックス
同一画面上に別の画面を上乗せ表示することができるスクリプト。開閉も可能。

*2:シミュレーションソフト
スマートフォン用に作成したデザインを、各種スマートフォンの画面サイズで表示するシミュレーションが行える。さまざまなソフトが市販されている。

各種ボタンデザイン

フォームにはいくつかのボタンデザインが必要になります。たとえば、「確認画面へ進む」ボタン、「送信する」ボタン、「修正する」ボタンなどが挙げられるでしょう。一般的には、「確認画面へ進む」ボタンや「送信する」ボタンなど、次のページに進むためのボタンでは、わかりやすくするために右方向の矢印アイコンを表示させます。

なお、「修正する」ボタンなど、前ページに戻るためのボタンは、万一のときのために補完的に配置しておくという意味合いが強いものです。こうしたボタンは使用頻度が低くなるため、「送信する」ボタンなどよりも目立たないようなサイズや色にしておくほうが望ましいでしょう 08 。

08 ボタンのデザイン例
次のページに進むためのボタンには右方向の矢印アイコンを、前のページに戻るためのボタンには左方向の矢印アイコンを表示させるとよいでしょう。

現在地表示ナビのデザイン

現在地表示ナビとは、現在ユーザーがフォーム上のどの位置にいるかということを示すものです。入力フォームのページにいること、確認画面ページにいること、サンクスページにいることがそれぞれわかるようなナビを上部に設定しておけば、ユーザーもステップが確認できるため安心してくれます。色を反転させるなどして、現在地がすぐにわかるようにデザインしておくことがポイントです 09 。

09 現在地表示ナビ
ユーザーが入力フォーム・確認画面・サンクスページのどのページにいるかをしっかりと示してあげることがポイントです。

スマートフォンのフォームデザイン

スマートフォン向けのランディングページの場合は、縦長の画面の特性上、パソコン向けのランディングページよりも縦長になるものです。当然ながら、フォームに割かなければならないデザインスペースも長くなります。そのため、極力フォームが縦長にならないよう、入力ボックスなどを小さくデザインしたくなるところですが、タップしやすいかどうかという観点からも、入力ボックスの大きさを設定しなければなりません。実際にスマートフォンの実機で確認したり、シミュレーションソフト*2などでサイズを確認したりしてみましょう 10 。

10 スマートフォン用のフォーム
ユーザーがタップしやすい入力ボックスのサイズになっているかどうかをしっかりとチェックしましょう。

11 写真素材の活用方法と注意点

広告でもあるランディングページにおいて、写真は非常に重要な役割を果たします。写真による鮮明なイメージによって、商品やサービスの内容をより直接的にユーザーに伝えることができるからです。ここでは、写真素材を効果的に活用するために覚えておきたい注意事項について見ていきましょう。

デザインにおける写真の役割

キャッチコピーがランディングページにおいて非常に重要な要素であることは、いうまでもありません。しかし、ランディングページは広告物であり、広告というものはよほど興味がある人でなければ積極的に見てもらえるものではありません。そのため、どれだけ素晴らしいキャッチコピーであっても、文字情報だけでユーザーの心を瞬間的に捉えることが難しい場合もあります。しかしそのようなときでも、瞬間的に目に入る写真であれば、ユーザーの心を掴みうるのです。

そのような意味で、写真などの視覚的な情報の重要性は、文字情報のそれにまさるといってよいでしょう。どれだけよいキャッチコピーが用意されていたとしても、写真のイメージが悪ければ、そのランディングページはすぐに閉じられてしまう可能性が高いのです。

裏を返せば、写真と文字情報を適切に組み合わせれば、相乗効果でより魅力的なビジュアルになりうるといえます 01 。ではランディングページにおいて、そのように写真を効果的に見せていくにはどうしたらよいのでしょうか。そのための写真活用のポイントや注意事項について説明していきたいと思います。

01 写真の役割
写真では、文字情報だけでは伝えられない鮮明なイメージを、すばやく直感的に伝えることができます。

よりインパクトのあるビジュアルにするために

ランディングページのデザインにおける写真の効果的な活用方法と注意点について、代表的なポイントをピックアップしますので、ぜひ参考にしてください。目に付きやすいという写真の特性上、些細な点に配慮するだけで、見栄えも大きく変わってきます。まずは、よりインパクトのあるランディングページのビジュアルを作り出すポイントから見ていきましょう。続いて、デザインとしての見た目の美しさや統一感を出すためのポイントを紹介します。見た目に美しくすることで、商品やサービスの質の高さをユーザーに強く感じてもらうことができるため、入念に仕上げていきましょう。

■ 写真を大きく配置する

インパクトが欠かせないランディングページにおいては、写真を画面上に大きく展開して活用することは、1つの代表的なテクニックです。特にファーストビューやコンテンツの背景に大きく写真を配置すると、圧倒的なインパクトをユーザーに与えることができるでしょう。ただしそのような際、解像度の低い小さな写真を拡大してはいけません。拡大しても鮮明に見えるよう、写真の解像度には注意しましょう 02 。

02 大きな写真によるインパクト
写真を大きく配置すれば、インパクトがあり、印象に残るコンテンツに仕上げることができます。

複数の人物を横一列に並べる

あらゆるポイントを強調したい局面では、複数の人物写真を横一列に並べることで、より印象強くアピールできます。たとえば、商品がどのような人に向いているかがわかるようなモデル写真を複数枚ずらりと並べておけば、ユーザーに利用イメージをより強く湧かせることができるでしょう 03 。

03 写真を並べる効果
見た目のインパクトが増すだけでなく、商品・サービスの使用イメージを訴求したり、ターゲットの枠を広げるなどの効果も期待できます。

美しい見た目に整えるために

人物の体が途切れないようにする

人物写真を使う際、体の下部分が途切れて浮いているような状態では望ましくありません。不自然であるだけでなく、それだけでデザインが平面的で締まりがないように見えてしまうものです。全身写真でない場合は、写真下部にコンテンツなどを違和感なくつなげる工夫が欠かせません 04 。

04 人物の配置方法
人物写真の体が切れているだけで、ユーザーに違和感や不快感を与えてしまいます。全身写真でない場合は、パーツの組み合わせやトリミングを工夫して、体が切れていないように見せることがポイントです。

人物の顔の大きさを統一する

1つのコンテンツ内に人物写真を複数並べて見せる場合は、顔の大きさを統一するようにしましょう。顔の大きさがバラバラだと、デザイン的にもバランスが悪い印象を与えてしまうため、十分な注意が必要です 05 。

05 顔の大きさの統一
近い位置に人物写真を複数並べる場合は、顔の大きさを統一することで、バランスのよいデザインになります。

写真のトーンを合わせる

ランディングページ上で複数の写真を使用すると、写真の色味やトーンが異なってしまうことは、どうしてもあるものです。すべての写真を同じような環境で撮影できればベストですが、有料または無料の素材写真を使用しなければいけない場合も数多くあります。そのような場合は、Photoshopの写真加工機能を活用し、写真のトーンを合わせましょう。ユーザーは意識的には気付かないかもしれませんが、縦にスクロールしたときに、トーンの違う写真が混ざっていると、無意識に違和感を感じるかもしれません。そうした細部にまで配慮しておくことが大切です 06 。

写真の明るさ・コントラスト・彩度・明度などのトーンを合わせる

06 写真のトーンの統一
ランディングページの色彩設計やフォントの種類などに統一性が必要なように、写真のテイストやトーンにも統一性が必要です。

LANDING PAGE DESIGN METHOD

12 余白の扱いについて

意図的に余白を扱うことで、見やすいデザインに仕上げたり、情報を整理したりすることが可能になります。ランディングページは縦に長いWebページであるため、とりわけ余白の扱いは重要になってきます。ここでは、余白を効果的に活用するためのポイントについて見ていきましょう。

余白の効果

余白とは、テキスト情報や、写真・イラストなどの画像情報を配置していない、残りのスペースのことです。「margin（マージン）」や「padding（パディング）」と呼ばれることもありますが、ここでは余白としておきましょう。その余白を意味がある余白として意図的に扱うか、単に空いてしまったスペースにするかで、全くデザインの印象は異なってきます。特にランディングページは縦に連なるページです。一般的なWebサイトに比べて縦方向がただでさえ長くなっているため、無意味な余白は避けるということを前提に考えたほうがよいでしょう。無意味な余白が多ければ縦幅が長くなり、ユーザーに対してスクロールの負担を無駄に与えてしまうからです。その結果、不快感が募ったユーザーに、ランディングページから離脱されてしまう恐れもあるのです。

とはいえ、余白が全くなければよいというわけではありません。余白には余白のメリットがあるため、適切に用いることが大切です。余白の効果は大きく3つに分けられます。まず、情報のまとまりや切り分けができることです。次に、視認性・可読性を高めるということです。そして最後に、トーンやテイストを変えることができるということです 01 。それぞれの特徴を具体的に見ていきましょう。

①情報のまとまりや切り分けができる
②視認性・可読性を高める
③トーンやテイストを変えることができる

01 余白の効果
適切に余白をコントロールすることで、より見やすくわかりやすいランディングページに仕上げることができます。

①情報のまとまりや切り分けのための余白

まず第一に、余白には情報にまとまり感を与えるという効果があります。たとえば、ランディングページにキャッチコピーが書かれているとした場合、そのキャッチコピーがどのコンテンツに対してのキャッチコピーであるのかどうかは、余白の取り方に依存しているものです 02 。

このことは、縦長にいくつもコンテンツが続くランディングページにおいては非常に重要です。キャッチコピーを読んだと同時に、そのキャッチコピーに関連するコンテンツが判断できるということが、広告であるランディングページには求められます。この点を徹底することで、コンテンツ間の情報の切り分けも明確になります。

02 情報のまとまり・切り分けに余白を使う
左のレイアウトでは、キャッチコピーがファーストビューに紐付いているように見えます。しかし右のレイアウトであれば、説明テキストを補完する見出しのキャッチコピーであると認識されます。

②視認性・可読性を高めるための余白

視認性・可読性は、主に長めの説明文などで重要になってくる要素です。縦長にしたくないからといって、余白を設けずに行間を詰めすぎてしまえば、どうしても文字が読みにくくなります。当たり前のことのように思われるかもしれませんが、この点は、いざデザインに没頭していると、意外と見落としがちになるものなので注意しましょう。

一般的なWebサイトでは、文字数が多くなる説明的な文章の場合は、文字サイズの半分から1文字分までのあいだで余白を調節するのが理想的といわれています。つまり、1.5〜2倍の幅で行間を設定すべきということです 03 。

ユーザーによって好みの違いもありますが、それぐらいの行間を守っていれば、基本的には読みやすくなります。2倍（1文字分）以上の余白となると、広すぎると思われる可能性が高まりますが、場合によっては必要です。テキストの量やレイアウトとのバランスを見ながら、適切な行間に調整しましょう。

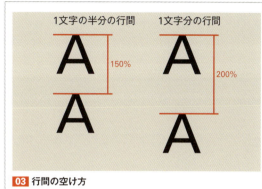

03 行間の空け方
行間が詰まりすぎて読みづらくならないように、文字サイズの半分（150％）から1文字分（200％）のあいだで行間を設定しましょう。

③トーンやテイストを変えることができる余白

ランディングページでは、いかにユーザーを惹き付け、いかにコンバージョンを獲得するかが重要になりますが、そうした部分にも、余白は直接貢献できます。それというのも余白には、デザインのトーンやテイストを大きく変える効果もあるからです。扱う商材によって、整えたいデザインのトーンやテイストは異なってくるものですが、意図的に余白の大小をコントロールすることで、ランディングページのイメージや印象自体を、最適な形に仕上げることができるのです。

たとえば余白を多く設ける場合は、余白が多いことによってデザイン面に余裕ができ、高級感のある見え方になります。反対に、余白が詰まっている場合は、庶民的でにぎやかな印象を与えることができます 04 。つまり、一概に余白を詰めたり空けたりすればよいということではなく、商材やサービスの特徴や訴求していきたいイメージに合わせて、意図的に余白をコントロールすることが重要なのです。この点に注意すれば、自由に見た目のイメージを変えることができるでしょう。

04 印象のコントロール
左のページでは余白を多めにとることで、全体的に余裕をもたせて高級感を演出しています。右のページでは情報を凝縮し、内容がたくさんあるという印象や、賑やかな世界感を醸し出しています。

COLUMN

余白のルール設定

余白はさまざまな視覚的効果をもたらします。フォーマットによって複数のページを量産するWebサイトとは違い、ランディングページはデザインの自由度は高いですが、見た目の美しさという点でも最低限の余白のルールを設定しておくことも大切です。先述した行間のルールに始まり、見出しコピーの上下の余白の統一、上下左右の余白の統一などが必要です 05 。そのようにルールを設定しておくことで、見ているユーザーに違和感を与えないデザインになります。

05 余白の設定例

LANDING PAGE DESIGN METHOD

13 | 各種デザイン検証

デザインの検証はランディングページには欠かせない工程ですが、検証の内容はさまざまです。1つのコンテンツを何度も検証しながら制作することもあれば、ひと通り完成したあとにあらためてチェックすることもあります。そこで、あらゆる状況に対応するために必要なデザイン検証のポイントを解説します。

デザイン検証の重要性

ランディングページをすばやく立ち上げて、運用しながら改善していきたい。こういったニーズは至極もっともなものです。ランディングページの立ち上げが必要なときは、新規事業で他社よりも早めに手を打ちたかったり、新商品を売り出す時期に間に合わせたかったりと、急を要する状況が多いものだからです。そのため、ランディングページのデザインにかけられる時間もどこまで確保できるかわからないものです。

それでも、できる限り時間をやり繰りして、デザインの検証作業を行うための時間を確保しなければなりません。なぜなら、ユーザーの心を動かすマーケティングデザイン[1]とは、手を抜いてこなせるほど簡単なものではないからです。何度もデザインを検証し、何度もやり直して、ようやく効果のあるベストなものに漕ぎ着けるものなのです。デザイン検証が疎かにされないよう、この認識を関係者間であらかじめ共有しておきましょう。

デザインの構成要素を分解して考える

デザインのプロではない人が仕上がったデザインを見たときには、デザインを全体の印象として捉えがちです。それゆえ、仮に仕上がったデザインが求めていたイメージと違った場合にも、その違いをうまく説明することは困難なものです。しかし、デザインを制作する側は、その違いが説明できなければなりません。そのため、ランディングページのデザインを、1つ1つの要素が積み上がってできているものだと捉えておくことが重要です。そうすることで、どの要素を変えれば目指すデザインに近付くのかを判断して実行できるようになるだけでなく、関係者間でのやりとりもスムーズに進めることができるようになるでしょう。

何度も繰り返しますが、ランディングページを構成するデザイン要素はさまざまです。色、フォントの種類、余白やレイアウト、写真、多様なオブジェクト[2]など、実に多くの要素が存在します。

そしてそれぞれの要素の掛け合わせによって、デザイン全体のトーンやイメージが構成されています。デザインの検証作業とは、それらの要素に対して1つ1つ微調整を繰り返し行い、ベストな落としどころを見つけるということにほかなりません。もちろん目安として、最初から色やフォントの種類、余白の取り方などをある程度決めることはできます。一見するとそれだけでよいデザインに仕上がったと思われることもあるかもしれません。しかし、そのあとでデザインの構成要素のそれぞれを変更してみれば、さらによいデザインが見つかるものなのです。実際にデザインの検証を繰り返さなければ、構成要素のベストな組み合わせは決まりませんので、その点に十分注意しておきましょう。

デザインの構成要素をさらに細かく分解しておきます。デザイン検証における1つの指標として頭に入れておきましょう**01**。

色	■3つのカラー戦略（①メインカラー②サブカラー③コンバージョンカラー） ■フォントカラー ■背景色 ■オブジェクトカラー
フォント	■フォントの種類 ■フォントの数 ■フォントのサイズ ■画像フォントとデバイスフォント
余白・レイアウト	■テイストに沿った余白の設定 ■上下左右のマージンの統一・ルール化 ■縦・横の配置
写真	■写真の選定 ■写真のサイズ ■写真の色味 ■写真の切り抜き・加工
その他	■オブジェクトの形状 ■オブジェクトのサイズ ■レイヤースタイルなどによるデザイン装飾 ■アイコンやイラストデザイン ■ボタン／UIデザイン

01 ランディングページのデザイン検証要素
ランディングページは1ページに過ぎませんが、実に多くの要素から構成されています。それらを具体的に把握しておくことで、検証作業もプロジェクト関係者間での情報共有もよりスムーズになります。

136

*1:マーケティングデザイン
ユーザーの行動を喚起することを目的にしたデザイン。広義にはデザイン行為そのものだけでなく、情報自体を作り出す設計工程も含める。

*2:オブジェクト
物、目標物、対象を意味する。ランディングページ上では、グラフィック、図形、線などのデザインパーツを指す。

ユーザー視点になること

当然ながら、ランディングページは誰かが見ることを想定して制作されています。そのため、デザイン検証において欠かせないのは、そのランディングページでターゲットになるであろうユーザーの視点に、意識的に立ってみるということです。その視点からデザインをあらためて見てみると、いろいろな問題点に気付くでしょう。たとえば、目立つようなボタンの色にしたものの、ほかの色と同系色のため、ボタンにユーザーが気付きにくいと判明するかもしれません。自分では大きめにデザインしたつもりのキャッチコピーが、いざ冷静に見ると小さくて読みづらいことに気付いたり、テキストのフォントが写真のイメージとあまり合っていないことに気付いたりといった具合に、デザインしているときには意識しなかった問題点が見つかるものです。できあがったデザインをユーザー目線でチェックするという発想が、そのランディングページをよりコンバージョンが出るランディングページへと昇華させてくれます 02 。

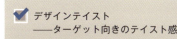

- ✓ デザインテイスト
  ──ターゲット向きのテイスト感
- ✓ 可読性
  ──文字・テキスト情報などの読みやすさ
- ✓ 操作性
  ──ボタンなどの操作パーツのユーザビリティ
- ✓ 直感性
  ──各コンテンツの瞬発的なわかりやすさ
- ✓ スクロール負担度合
  ──全体もしくは各コンテンツの縦幅
- ✓ 変化
  ──飽きさせないレイアウト・ジャンプ率の高さ

02 ユーザー視点のデザインチェック
実際にユーザーになりきり、そのランディングページを初めて見るものと想定してチェックしてみることがポイントです。

デザイン検証が理由のあるデザインを生み出す

何度も検証されたデザインというものは、さまざまな要素の組み合わせを検討した結果として生まれたもののため、当然説得力のあるデザインになっているでしょう。そこまで検証していれば実際に、なぜそのようにデザインしたかという理由を明確に語れるものです。この組み合わせのほうがコピーが引き立つ、この色のほうがターゲットに当てはまる、などといった具合に、さまざまなコンテンツやデザイン要素について自分なりに説明ができるはずなのです。裏を返せば、検証作業とはベストなデザインである理由を探す作業ともいえるでしょう。

そもそもランディングページは、設計の段階からロジカルなステップを経て作り上げられるものでもあるため、すべてにおいて理由がなければなりません。そして、練り上げられたデザインがベストであるという理由を明確に挙げられれば、さまざまな点において有益です。たとえば、理由があるため関係者間での納得感を醸成できるようになるでしょうし、論理面が強化されるのでコンバージョンの獲得もしやすくなるでしょう。また、運用時にデザインの改修を行いやすいなどのメリットもあります 03 。

当然ながら、ビジネス用途であるランディングページはアーティストの作品ではありません。マーケティングツールですから、理由があって生まれたデザインでなければなりません。そして、デザインにより確かな説得力を加えるものこそ、この検証作業だと考えてください。

理由が明確な
ランディングページ
デザインの特徴

＝デザイン検証のメリット

①関係者間での納得感を醸成できる

②コンバージョンの獲得がしやすい

③運用時にデザインの改修がしやすい

03 デザイン検証のメリット
検証を繰り返してそのデザインに至った理由がはっきりすると、さまざまなメリットが生まれます。

137

LANDING PAGE DESIGN METHOD

14 | 参考：これからの ランディングページデザイン

ランディングページはさまざまな分野や用途に広がりを見せており、需要がますます増えることが予測されます。そうした事実に伴って、ランディングページのデザインにもまた新たなノウハウや手法が必要になってくるでしょう。変化しつつあるランディングページのデザイン事情をお伝えします。

ランディングページの需要の拡大

現在、インターネット広告市場はますます伸びています。株式会社電通が発表した2014年の日本の広告費の統計によると、2014年（1〜12月）の日本の総広告費は6兆1,522億円で、前年比102.9％の増加率ですが、インターネット広告費（媒体費＋広告制作費）は1兆519億円で、前年比112.1％という目覚ましい増加率を示しています（Chapter 1-04参照）。その躍進するインターネット広告には当然ながらリスティング広告が含まれるわけですが、リスティング広告の拡大につれて、その受け皿となる広告ページ、つまり、ランディングページ自体のクオリティを求める傾向が高まっています。リスティング広告などの検索連動型広告とランディングページは非常に相関がよいものではありますが、広告費をいくら注ぎ込んでも、受け皿となるランディングページが魅力的でなければ、ユーザーがランディングページから離脱してしまい、結果的にコンバージョンにつながらないからです。

質の高いランディングページの需要が増している理由はそれだけではありません。インターネット広告市場を牽引している、スマートフォン市場の成長による影響も大きいからです。今や老若男女問わず手にしているスマートフォンですから、今後もスマートフォンに絡むさまざまなビジネスの成長が期待されていることはいうまでもないでしょう。事実、ランディングページにおいてもスマートフォン版の制作ニーズが非常に高まっています。コンシューマー[1]向け（B to C）のビジネスにおいては、スマートフォン向けランディングページのほうが重要になってきている分野も増えています。今後もこの傾向は強まっていくものと思われるため、スマートフォン向けランディングページの対策は急務といってよいでしょう。

需要が増すスマートフォンランディングページのデザイン

スマートフォン向けランディングページのデザインといっても、基本的なデザインのステップはパソコン向けランディングページと変わりません。デザインの要素もパソコン向けランディングページと変わりませんし、検証などの重要性も同様です。ただし、スマートフォン向けランディングページのデザインにおいて、注意しなければならない点もあります。1つ目は、スマートフォンの画面サイズを想定したデザインが必要だということです。そして2つ目は、タップを前提としたUIデザインが必要になってくるという点です **01**。

スマートフォンの画面サイズを想定したデザインを制作するうえで特に重要になるのが、フォントサイズやテキスト量です。スマートフォンではパソコンに比べて画面サイズが小さくなるため、パソコン向けランディングページに比べて読みやすさの点で注意が必要です。フォントサイズなど、最低のサイズをルールとして決めておいたほうがよいでしょう。企業によっては、

スマートフォン版のWebサイトやランディングページを制作する場合のフォントサイズをガイドラインとして定めているところもあるほどです。まだまだ発展途上といえるスマートフォン向けのデザインではありますが、一般的には最小のフォントサイズは、横幅640ピクセルでデザインを行う場合、26〜28ポイントに設定することが多くなっています。

**スマートフォン向けランディングページの
デザイン上の注意点**

①スマートフォンの画面サイズを想定したデザイン

②タップを前提としたUIデザイン

---

01 **スマートフォンのデザイン**
デザインの要素や、デザイン手順はパソコン向けランディングページの場合と変わりませんが、画面サイズとタップ操作を意識したデザインが必要です。

＊1:コンシューマー
一般消費者(consumer)を意味する。「コンシューマー製品」や「コンシューマー市場」などとして使用し、法人・企業向けの製品・市場などと区別する。

　それ以下のサイズのフォントだと、スマートフォンの機種によってはかなり小さく見えてしまいます。そのことを念頭に置いてフォントサイズを設定しましょう。なお、注釈などに使用するフォントサイズにおいては、26～28ポイント以下のサイズで設定すべきこともありますので、柔軟に対応しましょう。また、フォントサイズ以外にもテキスト量にも注意が必要です。パソコン向けランディングページでは多く見えないものであっても、スマートフォン向けにレイアウトしてみると、かなりテキスト量が多く見えるものだからです。そのため、必要に応じてテキスト量の調整や改行などを行い、読みやすくする工夫をしましょう 02 。

　続いて、タップを前提としたUIデザインについて説明します。パソコン向けのデザインの場合は、ボタンをマウスでクリックする形になりますが、スマートフォンの場合は、親指などで実際に画面をタップする(触る)形になります。当然ながら、幅のある指でタップする場合のほうが、細かい操作は難しくなります。そのため、ボタンの大きさなどを中心に、タップしづらくないかなどのチェックをしなければなりません 03 。デザインしたランディングページの操作性は、必ず実機や市販のシミュレーションソフトなどでチェックしておきましょう。

　パソコン向けのランディングページであれば、パソコンでデザインするものですから、感覚的にも操作性が把握しやすいものです。しかしスマートフォン向けランディングページは、パソコンでデザインしたものをスマートフォン上で表示させるものであるため、デザインしたものをスマートフォンの実機やシミュレーションソフトで確認しなければ操作性がわかりません。ここで特に気を付けておきたいのは、旧型スマートフォンへの対応です。最近販売されているスマートフォンであれば、画面サイズ自体がかなり大きくなってきていますが、古いものでは画面サイズが小さいものが数多くあるため、そうした機種にも対応させるためのフォントサイズの検証が必要なのです。より多くのユーザーを獲得するためにも、画面サイズの大きいスマートフォンよりも小さい画面のスマートフォンに焦点を絞ってデザインするほうがよいでしょう。

02 業務用シーラーのランディングページ
テキスト要素を絞り込み、読みやすいサイズ感に設定してあります。

03 リゾートバイト募集のランディングページ
アクションを促すコンバージョンボタンをタップしやすいデザインとサイズ感に設定します。

業態の広がりに対応するデザイン　B to Bランディングページ

スマートフォンというデバイスの側面から、ランディングページの需要の拡大について説明しましたが、需要が拡大しているのはデバイス面だけではありません。これまでランディングページを制作してこなかった業態においても、そうした需要が高まっているからです。具体的に説明すると、コンシューマー向けのビジネス（B to C）を行う企業においては、すでにランディングページは一般的なツールとして浸透しつつありますが、法人向けのビジネス（B to B）を行う企業でも、これからランディングページを新たに活用していきたいという動きが見られるのです。今までは法人向けのビジネスのマーケティングツールとしては、ダイレクトレスポンスマーケティングやテレマーケティングなどといった、リアルなマーケティング手法を採用する場面が多く見受けられましたが、それらの手法だけでは、顧客の獲得が難しくなっているという側面が考えられます。そのため、これまでは採用していなかったランディングページという手法を企業が選択する傾向が、ここにきて顕著になってきているのです。

B to B向けのランディングページは、まだまだB to C向けのものに比べて圧倒的に数が少なく、知見を持った作り手も少ないのが現状です。しかし、これまでにないマーケティング手法として、今後もB to B向けのランディングページの制作需要は高まっていくでしょう。

法人向けのランディングページをデザインする場合に注意しなければならないことは、コンシューマー向けのランディングページ以上に、「企業としての信用力」をユーザーから見られるという点です。法人向けのビジネスはより大きなお金が動くため、必然的に企業としての格を見られることになります。そのため、デザイン上では、企業の信用度をしっかりと見せるためのコンテンツのデザインやテイスト感が求められてきます。たとえば、信用力を伝えるために、実績や導入事例といったこれまでの経験値や成果を問われることが多くなるため、そうしたコンテンツのデザインが自ずと増えます。導入実績などをグラフや表などで数値化する場合も多いため、インフォグラフィックで視覚的に分かりやすい図解表現を多用することも特徴です 04 。扱う商材もより専門的になるため、できるだけ説明的にならないデザインを心がける必要があるでしょう 05 。

04 マーケティング支援サービスのランディングページ
法人向けであることを意識し、落ち着いたトーンの配色を選定しています。また、インフォグラフィックを用いてサービスの特徴が直感的にわかるようにしています。

05 ランディングページ制作サービスのランディングページ
サービスのポイントをコピーとグラフィックの組み合わせで視覚的に表現しています。コンテンツをランダムに配置することで目線の誘導を促すデザインです。

用途の広がりに対応するデザイン　求人用ランディングページ

続いて、ランディングページの用途の広がりについて紹介します。人材確保におけるランディングページの活用が増えていることを例に説明しましょう。

少子高齢化の影響が現実的なものとなりつつあり、今後企業の人材不足は長く続くといわれています。これからは、大手の求人媒体や既存の採用システムだけでは、求める人材を確保できない時代へと突入していくことになるでしょう。そうした社会背景を受けて、多くの企業が自前で採用活動を行う動きを見せています。採用活動にランディングページが活用されつつあることも、その動きの1つと捉えられます。もちろん、ランディングページでの採用活動が効果的であるからにほかなりません。それというのも、求人媒体などはある程度フォーマットが決まっているため、表現に制限があるからです。また、求人媒体には非常に多くの企業が求人情報を掲載しているため、その中から自社を見つけてもらい、かつ興味を持ってもらうことは容易ではありません。一方のランディングページでは、フォーマットの制限がなく、伝えたいことを自由に伝えることができます。つまりランディングページを活用すれば、より訴求力のある採用ページを用意することができ、直接自社でマーケティングを行うことが可能になるということです。

採用向けのランディングページのデザイン上の最大の特徴は、その企業の風土を色濃く反映したものであるという点です。その企業らしさ自体を、デザインとして表現するということです。こうしたテイスト感は、企業の数だけ存在するといってもよいでしょう。当然ながら、デザインを設計する前に、その企業らしさや風土というものをよく掴むことが大切になってきます 06 。

増加しているのは、企業の直接採用のためのランディングページだけではありません。人材紹介や転職支援サービスを行う企業においても、求職者に自社のサービスに登録してもらうためのランディングページを用意するケースが非常に増えています。このような場合にも、そのサービスの特徴や雰囲気をよく把握して、デザインとしてユーザーに伝える努力を怠ってはなりません 07 。

06 デザイナー募集のランディングページ
Webデザイナー向けにシンプルで訴求力のあるデザインを目指して制作されています。実際の作成例なども目に入りやすいように、レイアウトが工夫されています。

07 第二新卒転職支援サービスのランディングページ
転職支援サービスを行う企業の第二新卒の登録を目的としたランディングページです。サービスの雰囲気を考慮し、働くことへの期待感を感じさせるような爽やかなデザインテイストにしています。

COLUMN
ランディングページはブランディングツールでもある

ランディングページは単なるマーケティングツールではない

ランディングページは、問い合わせ、資料請求、予約申し込み、応募、登録、購入など目的に沿ったコンバージョンをもたらしてくれる、企業にとって非常に便利なマーケティングツールです 図1 。しかしながら、ランディングページは単なるマーケティングツールに留まりません。なぜならランディングページは、膨大なインターネットの情報世界の中で、初めてユーザーと企業が結び付く初期接点となるページでもあるからです。

初対面の印象が大切

人間関係において、初対面の印象はとても大事です。教室や面接、あるいは商談など、人と人とが出会う最初のシーンにおいて相手に与える印象は、その後の関係性にも大きな影響を及ぼします。ランディングページでもそれと同じことがいえるでしょう。初めて出会うランディングページの印象がよくなければ、その後、その企業や商品・サービスのことをもっと知りたいという状態にはなりません。

ブランドイメージを発信するブランディングツールとして

そこで重要になることは、ランディングページが企業や商品・サービスのブランドイメージを発信するブランディングツールであるという認識を持って開発に取り組むことです。そのためには、固有のブランドイメージを特定・理解するとともに、コーポレートサイトやサービスサイトなどのトーン＆マナーやテイストを、ランディングページにも取り込むという姿勢が大切です。

色やフォントの種類、言葉の言い回し、写真などといった多くの要素が積み重なって、そのランディングページのイメージ、つまり、ブランドイメージができあがることになります。そうした1つ1つのデザイン要素に配慮しながら、緻密にデザインを行っていきましょう。

また、一般的にブランディングとは、Webに限ったものではありません。名刺やパンフレットなどの紙媒体も含めた企業が発信するさまざまなツールにおいて、全体的に発信するイメージを統一することを指します。つまり、ユーザーとのどの接点においても、ブレのないイメージを作り出す必要があるのです 図2 。ランディングページもそうした企業のツールの1つであるということを理解しておくだけで、デザインへのアプローチの仕方も大きく変わるものです。

ランディングページにおけるコンバージョン例
- 問い合わせ
- 資料請求
- 予約申し込み
- 応募
- 登録
- 購入　など

図1　企業の目的を果たすマーケティングツール
ランディングページは、訪れたユーザーが実際にアクションを起こし、獲得したいコンバージョンをもたらしてくれる便利なツールです。

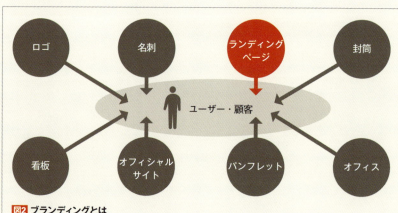

図2　ブランディングとは
ユーザー・顧客と、どのような接点を持っても、ブレのないイメージを与えることがブランディングです。ランディングページはその中の1つの接点に過ぎないことを認識しておきましょう。

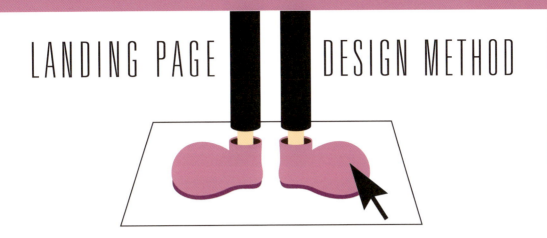

LANDING PAGE DESIGN METHOD

Chapter 5

ランディングページの
コーディング

LANDING PAGE DESIGN METHOD

01 | Webサイトのコーディングと ランディングページのコーディング

デザインをWebサイトとして機能させるための最後の工程がコーディングです。ランディングページにおけるコーディングは通常のコーポレートサイトなどとは異なり、意識すべきポイントが多数あります。まずは通常のWebサイトとランディングページでのコーディングの違いを見ていきましょう。

コーディングの重要性

ランディングページにおける構成とデザインの重要性は誰でも理解できるでしょう。しかし、コーディングはどうでしょうか。そもそもコーディング自体を知らないという人も少なくありません。効率化や低予算化を理由に手を抜かれがちなコーディングですが、ここで失敗すると大切なデザインが台無しになり、ランディングページから得られる利益を大幅に損ないかねません。しかし、こうしたコーディングの重要性について認識し、手間と時間をかけて丁寧に行おうとする人は数少ないのが現実です。なぜなら、ページに派手な動きなどを実装しない限りは、構成やデザインに比べて見た目にはっきりとわかるものではないからです。そこで、まず最初にコーディングの基本概念から理解して、この章をスムーズに読み進められるようにしていきましょう。

Webサイトは何によって構成されているのかご存じでしょうか。基本的には、HTML、CSS、JavaScript[*1]といったコードのテキストファイルと、画像や音声などです。HTMLはWebサイトの本文や画像配置などの文章構造をつかさどるコードで、Webサイトにとって欠かすことはできません。それに加えて、Webサイトの見た目を整えるにはCSSを、Webサイトに動きを加えるにはJavaScriptを使用します。サーバーにアップロードされたこれらのファイルを、ユーザーが自分のパソコンにダウンロードすることによって、Webサイトが閲覧できるようになるのです 01 。もちろん、HTML、CSS、JavaScriptはいずれも世界共通の言語です。そのため、Microsoft Edge、Google Chrome、Safari、Firefoxなど、あらゆるWebブラウザで、これらのファイルを読み込むことができるのです。

結局のところ、Webサイトの構成やデザインを実際に形にするものこそ、これらのコードにほかなりません。すなわちコーディングとは、デザインをコードによってWebサイトへと翻訳する作業であり、もう1つのデザイン作業ともいうことができるでしょう。

経験が少なかったり手間をかけたくないフロントエンドエンジニアは、効率を重視するあまり、デザインを忠実に再現せずに最終的なWebページに仕上げることがあります。細部まで忠実に再現できなければ、デザインの魅力は半減するものです。デザイナーが制作したデザインカンプ[*2]のとおりに忠実に再現するには、フォント、文字のサイズ、余白を含めたレイアウト、色味、行間など、注意を要する点が複数に及びます。当たり前のように見えるWebサイトの見栄えの裏側には、デザインを忠実に再現しようとするフロントエンドエンジニアの、細やかな努力が隠れているのです 02 。

01 Webサイトの構成
サーバーにアップロードされたテキストファイル、画像データが閲覧者のパソコンにダウンロードされることで、Webサイトが閲覧できます。

- ☑ フォントが再現されているか
- ☑ フォントサイズが再現されているか
- ☑ 余白が正確に再現されているか
- ☑ 色味が正確に再現されているか
- ☑ 行間が正確に再現されているか

02 コーディングに必要な技術
これらの細かな項目を再現できて初めて、デザイナーの意図を表現したといえます。

144

*1:JavaScript
Webサイトにさまざまな表現を施すことができる言語。HTMLやCSSでは実現できない動的な表現などを可能にする。HTMLファイルに直接記述することもできる。

*2:デザインカンプ
デザイナーがワイヤーフレームをもとに作り上げたデザイン画。完成見本となるデザインであり、これをもとにコーディングを行う。

正しいコーディングとSEO

　コーディングの重要性が理解できたとしても、デザインと違いユーザーには見えない部分だから手をかけたくないと考える人もいることでしょう。しかし、ランディングページを資産としてしっかりと育てたいのであれば、そのような考えは捨てるべきなのです。なぜなら、構成、デザイン、コーディングの全てにおいてしっかりと作り込まれたランディングページであれば、リスティング広告から流入したユーザーをより多くコンバージョンに結び付けるだけでなく、通常検索からより多くのユーザーを流入させることも十分に可能になるからです。

　先ほど、HTMLはWebサイトの文章構造をつかさどるものだと説明しました。実際に、見出し、段落、リストなどといった要素が正しい文章構造で記述されているものこそ、よいHTMLだといえるでしょう。よいHTMLを記述することは、よいWebサイトに仕上げるためだけに必要なのではありません。正しく記述されたWebサイトであれば、検索サイトの検索結果でより上位に表示させることも可能です。何がどのような順番でどのように書かれているのか——Googleをはじめとする検索エンジンは、こうしたHTMLの情報から、しっかりとしたコンテンツがあるかどうかを見極めて、検索結果に表示されるWebサイトの順位を判断しています。HTMLさえ検証すれば、どれぐらいのボリュームのコンテンツがあるのかも、ユーザーにとって読みやすい構造であるかどうかも、すぐにわかってしまいます。それに加えてユーザーの滞在時間も計測し、優れたWebサイトかどうかを厳密に調査したうえで、検索エンジンはWebサイトの検索順位を決めているのです。

　正しいHTMLの構造を守り、ユーザーにとって適切なコンテンツを用意し、検索の順位を上げていくことをSEO（Search Engine Optimization：検索エンジン最適化）といいますが、コーディングに注力してこのSEOを充実させることはランディングページの運営上欠かせません。通常検索からのアクセス流入が多ければ、集客コストを大幅に抑えられるからです。1件のコンバージョンを獲得するために1万円の広告コストがかかってしまうこともあることを考えれば、アクセスの流入源をリスティング広告だけに頼るのがいかに非経済的かがわかるでしょう。

　もちろんSEO対策のためには、魅力的な構成とデザインは欠かせません。しかし、最終工程のコーディングがしっかりしていることも最低条件なのです。低予算化のためにデザインカンプを縦からざっくりと切り出して、画像を並べただけのランディングページでは、SEO効果は望めません **03**。

```
HTML
<body>
<div id="contents1"></div>…❶
<div id="contents2"></div>…❷
<div id="contents3"></div>…❸
<div id="contents4"></div>…❹
<div id="contents5"></div>…❺
</body>

CSS
#contents1 { background-image:～…❶
#contents2 { background-image:～…❷
#contents3 { background-image:～…❸
#contents4 { background-image:～…❹
#contents5 { background-image:～…❺
```

03 実質コンテンツのないコーディング例
ざっくりと切り出しただけの画像をCSSで上から順番に並べただけの状態です。空の指示が並んでいるだけでHTMLには実質何もコンテンツがありません。これでは検索エンジンによいサイトだと判断させることはできないのです。

ランディングページに求められるコーディング

ここで今一度、一般的なWebサイトとランディングページの違いについておさらいしましょう。企業の一般的なWebサイトは、主にブランディングなどを目的としているものです。一方のランディングページは、リスティング広告経由で流入したユーザーからコンバージョンを獲得するための「広告ページ」です。しかし異なっているのはそれぞれの目的だけではありません。この両者の目的の違いから、コーディングにも大きな違いが生まれるのです。

一般的なWebサイトを制作する際、意識しなければならないのがブランディングです。場合にもよりますが、一般的なWebサイトはそこで商品を買ってもらうことよりも、ユーザーに感動や安心感を抱いてもらい、信頼に足る企業であると思ってもらうことを優先しています。そのため、トップページに手の込んだ動画を使用したり、ユニークなアニメーションを加えたりして、ユーザーにインパクトを与えられるようにコーディングを行う必要があるのです。特に動的な技術が発展した現在では、HTMLとCSSのみの静的なページだけで構成された地味なWebサイトを仕上げても、よほどデザインが優れていない限り、おざなりな印象を与えてしまいがちです。

対するランディングページはユーザーに行動させることを目的としているため、ユーザーに感動や安心感を与えられるかどうかよりも、広告としてしっかりと機能しているかどうか、ユーザーを行動させるために必要な情報をスピーディーに届けられているかを最優先して、コーディングを行います 04 。一般的なWebサイトと違い、ランディングページでは常に改善・編集を繰り返す必要があるため、コードの見やすさなども意識しなければなりません。派手な動きを実装することでかえって情報が的確に伝えられないのであれば、あえて作りをシンプルにすべきでしょう。複雑な実装をすることで、サイト全体の表示がぎこちなく、動作が遅くなる場合も同様です。シンプルさがかえってコンバージョン数を上げてくれることも珍しくありません。

そしてランディングページのコーディングでもっとも大切なのが、表示速度のコントロールです。一般的なWebサイトでは表示速度はそこまで気にする必要はありません。ユーザーはその企業やサービスのことを検索して来訪している場合が多いので、多少表示速度が遅くとも待ってくれる場合が多いのです。しかし、ランディングページのアクセスのほとんどは、もともとページを訪れる予定のなかったユーザーによるものです。そのようなユーザーが、何十秒もパソコンの前で待ってくれるでしょうか。ランディングページでは極力すばやくページが表示されるようにすべき理由がここにあります 05 。

構成やデザインを作る段階でも意識しなければならないことですが、基本的にランディングページはユーザーに「読まれにくいもの」なのです。たとえ、無料で100万円をプレゼントするという魅力的なオファーがあったとしても、その情報をすばやく的確にユーザーへ届けられなければ、ランディングページとして機能しないでしょう。少しでも読まれにくくなる要素を排除するよう心がけましょう。特に、表示速度の調節は極めて重要ですから、表示速度が遅くなる根本的な部分から、表示速度を速くするために必要な技術まで、本章で具体的に説明していきます。

04 一般的なWebサイトとの違い
一般的なWebサイトとランディングページでは、ユーザーに求めているものが違うため、コーディングも変わります。

一般的なWebサイト
・ブランディングを重視する
・凄い！と思わせる必要がある
・来訪者は自社について知っており
　ページから離脱しにくい

ランディングページ
・広告ページであることを意識する
・表示速度を優先する
・来訪者は自社について知識がなく
　ページから離脱しやすい

05 一般的なWebサイトとランディングページの特徴

*1:ヘッダー／フッター
ヘッダーとは本文より上部の領域のこと。サイトのロゴやタイトルなどが表示される。フッターとは本文より下部の領域を指し、会社概要や利用規約などが表示される。

*2:レガシーブラウザ
古いバージョンのブラウザのこと。HTML、CSSの技術は常に進化しているため、レガシーブラウザでは最新の技術に対応できない部分がある。場合によってはWebサイトの表示が崩れてしまう。

自由だからこそ難しいコーディング

ランディングページは一見シンプルに見えて、その実コーダー泣かせのWebページです。ランディングページに要求される独特のデザインのため、コーディングするうえで、一般的なWebサイトよりもはるかに大変な側面があるのです。Chapter 4で触れたように、1ページで完結しているランディングページのデザインは、複数のページにわたる一般的なWebサイトに比べて、ルールが少ないぶん自由度が高く、変則的かつダイナミックなものが求められます。このことが原因となり、コーディングの負担が増加するのです。

一般的なWebサイトの場合、ヘッダー、フッター*1、サイドバー、コンテンツなど、あらゆるものが共通のルールに基づいて作られることが多いため、1つのテンプレートを使い回すことができます。それに対してランディングページは、ユーザーを飽きさせないために、セクションごとにレイアウトやデザインを変化させなければなりません。縦横無尽にそれぞれの要素が構成されるため、まずデザイン面をつかさどるCSSの記述に苦労します 06 。CSSばかりかHTMLのコード量も必然的に多くなっていくため、いかに無駄な記述を排し、運用改善しやすいコードを記述するかも求められるのです。

さらに、ランディングページは広告費を払ってアクセスを促すため、どのようなブラウザ環境でも適切にページが表示できるかについても、慎重にチェックしなければなりません。一般的なWebサイトの場合、無駄にリソースを消費しないためにレガシーブラウザ*2への対応を放棄するのも有力な選択肢です。しかし、ランディングページの場合は少しでも多くのコンバージョ

ンを獲得するべく、できるだけ多種多様なブラウザやデバイスで正常に動作する必要があるのです。

コーダーには、これらの難題に責任をもって対処する高い能力が求められるのです 07 。

06 縦横無尽に配置される要素
ランディングページではセクションごとにレイアウトを複雑に構成することが多いため、コーディングに工夫が必要です。

編集しやすいコードを書くスキル

モダンブラウザ、レガシーブラウザにも対応できるスキル

表示速度を操るスキル

商材を理解するマーケティングスキル

07 ランディングページのコーディングに必要なスキル

マーケティングのスキルも必要

加えて、ランディングページをコーディングするために重要なのが、マーケティングを理解する力です。このページがどのような商材を売ろうとしているのか、どのようなことを訴求しようとしているのかを理解したうえで作業を進めなければなりません。こうしたマーケティングの理解なしに、どの要素にどのようなアニメーションを加えるかなどは、適切に判断できないでしょう。

ランディングページは一般的なWebサイトと違い、コンバー

ジョンというきわめて客観的な結果が見えるものです。場合によっては、文字や画像の大きさなど、修正すべき部分を商材に合わせて提案することも大切です。ライターやデザイナーから渡された構成とデザインについて今一度客観的に吟味して、それらを魅力的なランディングページとしてどう再現するかを考える。これこそがランディングページをコーディングするために不可欠なスキルなのです。

LANDING PAGE DESIGN METHOD

02 表示速度とコンバージョンの密接な関係

表示速度のコントロールはコーディングのもっとも重要なポイントの1つであり、コンバージョンを左右する要素でもあります。Web上の広告としてきちんと動作するかは表示速度に依存しているためです。ここではその具体的なしくみと、表示速度を改善する方法について解説します。

表示速度が決め手になる

どれほど優れたコピーや美しいデザインができても、そのランディングページが表示されるまでに20～30秒もかかってしまえば、ユーザーはほぼ間違いなくそのページを閉じてしまいます。そもそもランディングページは広告です。クリックしたときにすぐにページが表示されなければ、広告費が無駄になってしまいます 01 。ユーザーが「遅いな」と感じる前に、しっかりとページを表示させることが重要です。

ランディングページを制作した結果、ユーザーの誰もが求める100点満点の構成、敏腕のデザイナーによる訴求力の高い100点満点のデザインに仕上がったとします。誰もがこの時点で「このランディングページは成功する」と考えることでしょう。しかし、ランディングページのクオリティは掛け算です。素晴らしいデザインを最大限に表現するために、0点といってよいほどサイト全体を重くしてしまったら、ランディングページのクオリティは100点×100点×0点=0点になります。当然ながら、コンバージョンも0でしょう 02 。

誰もが高速の回線を利用しているとは限りません。B to Cビジネスではスマートフォンからのアクセスが全体の6～7割を占めるケースも増えています。そのため、スマートフォンの回線速度を見込んだ調整を行う必要があるのです。

もちろん、読み込み速度を速くすることは、どれほど凄腕のライター／デザイナーでもできません。コーディングの担当者しか操作できないのです 03 。しかし、デザインを効果的に活かすためには非常に多くの画像が求められますし、訴求力を高めるためにはダイナミックな動きが欠かせません。それが結果的にページの表示速度を遅くすることにもなるため、ランディングページの制作は表示速度と表現のあいだでジレンマを抱えているといえるでしょう。美しい見た目を保ちつつ、ユーザーにすばやく情報を届けるという、相反する要素をうまく両立させなければなりません。

それでも妥協することなく、見た目の美しさを保ちながら、意識的に軽量化を行っていくことが、効果の高いランディングページを生み出すことになります。ランディングページの最終工程であるコーディングに力を入れるか入れないかで、獲得できるコンバージョン数は大きく変わってくるのです。

01 表示速度による広告費の無駄
ページが表示される前にユーザーが離脱してしまうため、この無駄はページの構成やデザインには全く関係がありません。

02 ランディングページのクオリティ
ランディングページのクオリティは、それぞれの要素を足したものではなく、掛けたもののため、どれか1つでも欠かしてはなりません。

03 コーダーはデザイナーでもある
デザインをWebページとして魅力的に表現するだけでなく、ユーザビリティにも気を使って作業しなければならないコーダーの責任は、非常に大きなものです。

表示速度の改善のために

では、具体的にどのようにすればランディングページの表示速度を速くできるのでしょうか。技術的な部分や込み入った内容に関してはChapter 5-03から解説していきますが、まずは使用する画像に着目してみましょう。画像は高画質になるほど、見栄えがよくなりますが、ファイルの容量が大きくなります。その大きなファイルがいくつも積み重なれば、ランディングページ全体の容量が大きくなり、結果的に読み込み速度が遅くなってしまいます。とはいえ、画像を多く活用せざるをえないことは多々ありますし、見栄えのよい画像でなければダイナミックに表現できない要素もたくさんあるでしょう。そこで、画像の軽量化や書き出し方を工夫することによって、「高画質だが容量の小さい画像」にする作業を、しっかりと実践しておくことが大切です。

見た目を損なわずに容量だけを落とす

画像ファイルに含まれている無駄な容量を落とし、人間の目で見て確認できる違いがない程度まで圧縮を行います 04 。音楽ファイルのWAVファイルをMP3ファイルに圧縮し、数十MBもの容量を落とす作業と同じイメージで考えてください。

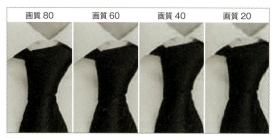

04 画像ファイルの圧縮率による劣化の違い

画像の遅延表示による高速化

画像ファイルそのものの軽量化ではなく、画像の表示のさせ方自体を工夫することで、読み込み速度をコントロールする方法もあります。たとえば、Webページをスクロールするごとに画像を順番に読み込ませる遅延表示（Lazy Load）という方法です。通常はWebページを開いた時点で全ての画像を一度に読み込みますが、順番に表示させるだけでも大幅に表示速度の改善が見込めます。技術的な部分も含めて後述するJavaScriptによって実装します。

ソースの軽量化による高速化

画像を軽くするだけでも表示速度の改善には非常に効果的ですが、テキストファイルであるソースコードの容量を軽くすれば、さらなる高速化が期待できます。無駄なコードを極限まで削るほか、起動のタイミングを指定するなどのひと工夫も必要です。

COLUMN

スマートフォンからの膨大なアクセス

スマートフォンの多様化や、格安SIMの登場などによって、多くの人が当たり前のようにスマートフォンを所有する時代になっています。パソコンと違って起動に時間がかからず、外出中でも手ばやく情報を調べることができるため、スマートフォンの需要はますます高まっていくでしょう。この影響によって、数年前から明らかにランディングページを見るユーザー側の環境が変化しています。

前述の通り、B to Cビジネスのランディングページの場合、スマートフォンからのアクセスが全体のアクセスの6〜7割を占めるのは珍しいことではありません。B to Bビジネスだという理由でスマートフォン対策を行わず、主にパソコンを使っているユーザーをターゲットとしたランディングページを用意したとしても、いざ蓋を開けてみると、スマートフォンからのアクセスのほうがパソコンからのアクセスよりも多いということもあるのです。そればかりか昨今では、リスティング広告のサイズをスマートフォンの画面の横幅に合わせて表示させることができるようになったため、スマートフォンユーザーの広告クリック率も大幅に高まっているのです。

そのため、ランディングページをスマートフォンでも見られるようにすることはもとより、スマートフォンにより特化した専用ページを制作することがますます重要になってきています。スマートフォン専用ページから先にデザインを始めるというデザイナーも、今日では珍しくはありません。

LANDING PAGE DESIGN METHOD

03 | デバイスフォントと画像フォントの使い分け

HTMLを適切に構造化し、Webサイトの軽量化を行ううえで避けて通れないのが、デバイスフォントと画像フォントの使い分けです。デザイン性に欠けるものの軽量で使い勝手のよいデバイスフォントと、豊かな表現が実現できる画像フォントのそれぞれの特性と使い方を、まずはおさえておきましょう。

フォントとはランディングページの命そのもの

基本的に、Webページは「文字」そのものといえます。想像してみてください。もし、Webサイトに文字が存在しなかったら、何を伝えたいのかが全くわからないでしょう。YouTubeなどの動画サイトはさておき、商品を取り扱うWebページで動画や画像だけで成約に至るのは至難の業です。ランディングページにおいてはそれがなおさら顕著です。文字で訴え、デザインで想像させて初めて、ユーザーは行動に移ってくれるのです。どれほど優れたデザインも、ページのコンテンツである文字を引き立てるために使われているに過ぎないということを強く意識しておきましょう 01 。文字についてどれほどこだわることができるかが、優れたコーダーとそうでないコーダーとの差です。いくらデザイナーが優れたデザインをしたとしても、コーダーがそれをしっかりと表現できなければ台無しになってしまうのです。

DTP[*1]の世界では、タイポグラフィー[*2]をしっかりと勉強することが常識ですが、Web制作においても文字の基本や、タイポグラフィーを学んだうえで、文字をレイアウトしていく必要があります。コーダーはWebサイトの命ともいうべきフォントをいかに美しく表現するかという責任を負っているわけです。文字が見やすい大きさや色になっているか、背景色との調和が取れているかなどには、当然細心の注意を払わなければなりません。しかしここで一番の課題になってくるのが、デバイスフォントと画像フォントの使い分けです。それでは、この2つのフォントの違いについて具体的に見ていきましょう。

01 文字で構成されるランディングページ

デバイスフォントと画像フォントの基礎知識

デバイスフォントとは、パソコンやスマートフォンに標準でインストールされているフォントのことです。インターネットを閲覧する際に表示されるテキストも、基本的にはデバイスフォントといってよいでしょう 02 。Webページを制作する際にHTMLに打ち込んだテキストが、デバイスフォントによってWebブラウザに表示されるという仕組みです。

デバイスフォントによる表示は容量が非常に小さく、どれほど拡大しても荒れることがありません。その反面デザイン性に欠け、1文字単位でデザインを施すことが非常に困難です。さ

らに、パソコンやスマートフォンの機種、あるいはブラウザによって、微妙に表示が異なることも特筆すべき特徴です。

02 デバイスフォントの例
Webサイトのテキストのほとんどはデバイスフォントで構成されています。

150

*1:DTP
DeskTop Publishing の略。出版物において、編集、デザイン、レイアウトなどの作業を、コンピュータ上で行うこと。机上出版とも。

*2:タイポグラフィー
活字書体の配色、レイアウト、フォント選定など、文字に関するデザイン全般を指す。

　一方、画像フォントとはその名のとおり画像ファイルとして表現されたフォントのことです。厳密にはテキストとは異なるものの、Photoshop や Illustrator などの画像編集ツールを使用して、文字を装飾することによって作成されます。そのため、デザインに凝れるのが特徴です 03 。1文字1文字の大きさや色などを変えられるだけでなく、あくまで画像ファイルとして表示されるため、どのようなデバイスやブラウザにおいても同じデザインで表示できるのです 04 。
　その反面、画像フォントはデバイスフォントに比べて、Web サイト全体の容量を増やしてしまう難点があります。容量が大きくなれば、ページの表示速度を低下させる原因になりかねません。さらに、Mac の Retina ディスプレイに代表されるような高解像度ディスプレイでは、画像フォントはどうしても粗く見えてしまいがちです。見た目の美しさを損なわないようにするには、容量のかさむ高画質で書き出さなければなりません。

03 画像フォントの使用例1
画像編集ツールで作成するため、豊富に用意されたフォントや装飾によって、幅広いデザインが行えます。

04 画像フォントの使用例2
あくまでも画像ファイルであるため、文字ごとに細かく作り込んだり、文字を傾けたりすることもできます。

デバイスフォントと画像フォントの選定

　デバイスフォントと画像フォントはそれぞれ一長一短です。それではここで、デバイスフォントと画像フォントのメリットとデメリットをまとめておきましょう 05 。
　デザイン性や表示の統一を重視するのであれば、全ての文字を画像フォントで表現するのがよいでしょう。しかし前述の通り、画像フォントは画像ファイルに過ぎません。そのため画像フォントを多用すればテキストデータが減ってしまい、理想的な HTML の記述を行うことが困難になるため、SEO に弱くなるというデメリットも生じます。画像が増える分、ページの表示速度も遅くなるでしょう。
　とはいえ、HTML 内のコンテンツの充実と表示速度を追求するあまり、全ての文字をデバイスフォントで表現しようとすると、今度はデザイン性が極端に失われてしまいます。つまり、どちらかに偏ったフォント選定をするのではなく、部分部分でそれぞれに適したフォントを選定することが、よいランディングページを制作するために必要なのです。見た目を美しくし、広告ページとしてしっかりと動作させ、コンバージョンを多く獲得するという欲張りな条件を満たすためには、これら2つのフォントの特性をよく理解し、適切に使い分ける必要があります。

	デバイスフォント	画像フォント
容量の小ささ	○	×
SEO	○	△
デザインの幅	×	◎
表示の統一性	×	◎

05 デバイスフォントと画像フォントの比較
それぞれのメリット、デメリットを考慮して、適切に使い分けることが重要です。

画像フォントに適した書き出し

これまでにも、Webページの表現をより豊かにするCSSについてたびたび触れてきましたが、その最新版であるCSS3の登場によって、デバイスフォントの表現の幅が格段に広がりました。とはいえ、まだまだPhotoshopのレイヤースタイルなどで実現できるデザインには及びません。仮にCSS3によって再現できるデザインだったとしても、そのためにソースコードが無駄に長くなってしまうのであれば、労力や時間を浪費してしまうだけでなく、コードファイルの容量の増加から表示速度の低下さえ招きかねません。そのような状態であれば、いっそのこと画像フォントで書き出してしまったほうが効率的です。

さらにCSS3は、Internet Explorer 8などのレガシーブラウザが対応していないケースもあります。Chapter 5-07で詳しく解説しますが、ランディングページは可能な限り多くのユーザー環境でページを正しく表示させなければなりません。そうしたランディングページの特性からも、CSS3をむやみに使用するのは適していないといえるでしょう。

仮にこれらの問題がないとしても、先述のようにブラウザで再現できるフォントの種類には限界があるため、特に正確にデザインを再現したい部分には、そのまま表現される画像フォントを選択したほうがよいでしょう。もっとも、サーバー上の特定のフォントを直接読み込んで表示させる「Webフォント」を使えば、意図したとおりのフォントで再現させることもできますが、日本語のWebフォントを使用する場合、どうしてもサイト全体が重くなってしまいます。こうした理由から、ランディングページでは積極的に画像フォントを選択したいところです。

前述のとおり、画像フォントは1文字1文字に凝ったデザインを施すことができるので、ファーストビューのテキストや、各種見出しなど、インパクトを要する部分に使用するのが適しています 06 。

06 画像フォントを使用した見出しとファーストビュー
ファーストビューではWebフォントを使用しなければ再現できない特殊なフォントが使われるケースが多く、デバイスフォントでのデザインが難しいため、画像フォントを使用するとよいでしょう。

なお、こうした見出しを画像フォントで表現する場合でも、見出しを指定する<h>タグ（Chapter 5-08参照）でその画像をしっかり囲み、画像の情報を明確にするために、alt属性[*3]にその見出しのテキストを打ち込むことを忘れないでください 07 。本文を画像フォントで表現する場合でも、段落を指定する<p>タグ（Chapter 5-08参照）で画像を囲み、alt属性に本文テキストを記述しておきましょう。この作業によって、HTMLの構造や内容をしっかりとブラウザに認識してもらうことができます。基本的なことですが、こういった面倒な作業1つ1つでランディングページ全体のクオリティが変わってきます。

```
HTML
<h2><img src="img/img01.png"alt="たとえば、こんなお仕事があるよ！"/></h2>
<p><img src="img/img02.png"alt="説明文説明文説明文説明文説明文"/></p>
```
07 画像フォントのタグ指定

また、画像フォントで書き出す場合は、GIFやPNG形式にてフォント以外の部分を透明にすることを忘れないでください（Chapter 5-05参照） 08 。ただし、効率を重視して、背景とあわせて書き出すこともあります。

08 画像フォントの透過
フォント以外の部分を透明にしておくことで、背景画像と合成しやすくなります。

*3：alt属性
画像などの情報をテキストとして代替するもの。画像などが表示されない場合にテキストで補完できるほか、検索サイトに正確な情報を伝えることができる。

デバイスフォントに適した書き出し

凝った装飾を必要とする見出しやファーストビューのテキストなどでは画像フォントを使用すべきですが、反対に、装飾する必要のないテキストに関しては、可能な限りデバイスフォントを選択しましょう 09 。余計なデータ容量を削減できます。あとで頻繁に編集する可能性のあるテキストの場合も、編集しやすいデバイスフォントを選択しましょう 10 。画像フォントにしてしまうと、作り直す手間がかかるためです。

09 脚注での使用例
デバイスフォントは、脚注などの装飾を必要としないテキストに適しています。またデバイスフォントは視認性が高いため、画像フォントの見出しの下にデバイスフォントの本文を配置することで、より見やすいページを作ることができます。

10 編集しやすいデバイスフォント
画像フォントは編集に手間がかかりますが、デバイスフォントはすぐに編集できます。書き換える頻度の高い部分にはデバイスフォントを使用しましょう。

なお、比較的細かい文字に関しても、なるべくデバイスフォントを選択したほうがよいでしょう 11 。どのような解像度のディスプレイで見ても表示が荒れないという、デバイスフォントの長所を活かせるからです。このように、用途と状況に応じて、画像フォントとデバイスフォントを適切に使い分けることが大切です。

11 細かい文字での使用例
B to C向けのランディングページはスマートフォンで閲覧されることがほとんどなので、細かい文字では確実にデバイスフォントを使用したいものです。

153

LANDING PAGE DESIGN METHOD

04 | 運用改善のしやすいコードと軽量化

コードを短く美しく書く技術は、ランディングページにとって欠かせないものです。無駄なコードが減れば減るほどサイトの軽量化につながり、表示速度が速くなるばかりか、運用改善も圧倒的にスムーズになります。ここでは、どうすれば無駄のない美しいコードが書けるようになるのかについて解説します。

運用改善のしやすさを考えてコーディングを行う

```css
@charset "utf-8";

/*
    Styles for containerName
                                                    */
#header { position: fixed; z-index: 9999; background-color: #fff; width: 100%; max-width: 640px; -webkit-box-sh
#header .left-contents { text-align: left; font-size: 0.7rem; color: #3F3F3F; line-height: normal; }
#header .left-contents h1 { float: left; width: 39%; }
#header .left-contents p { padding-top: 0.98rem; line-height: 1.3; }
#header .btn { width: 33.125%; position: absolute; top: 0rem; right: 0rem; z-index: 5; }
#kv .red-btn { margin-top: 1rem; margin-bottom: 2rem; width: 87.5%; margin-left: auto; margin-right: auto; }
#kv { position: relative; }
#kv .main-girl { position: absolute; left: 0rem; top: 10rem; }
#container .cta { background-image: url(../img/cta-bg.png); position: relative; }
#container .cta .cta-btns { padding-left: 1.73rem; padding-right: 1.73rem; position: absolute; bottom: 0rem; }
#container .cta .cta-time { text-align: right; font-size: 1.2rem; color: #27a0a7; }
#container .cta .bule-btn { margin-bottom: 0.5rem; width: 49.8%; display: block; margin-left: auto; }
#container .cta .bule-btn2 { text-align: right; margin-bottom: 0.6rem; }
#container .cta .red-btn2 { padding-bottom: 1rem; }

/*
    Styles for contents1
                                                    */
#contents1 { position: relative; }
#contents1 .pieace-girl { margin-top: -2.4rem; }
```

ランディングページは、一度制作すれば、ただちに完成するというものではありません。コンバージョン数やコンバージョン率を上昇させるために、ランディングページ上の画像を入れ替えたり、コードを改変したりすることで、つねに改善を続けていくべきものです。そのため、ランディングページをコーディングする際は、のちのち誰かが編集できるわかりやすいコードになっているかどうかが非常に大切です。実際に、初期に構築したコードを社内外の誰かが編集するということはよくあることなので、そのための対策は欠かせません。

　巧みな野球選手はバッティングフォームが美しく、明晰な棋士は駒の指し方が美しく、洗練された数式は見た目が美しいものです。これらと同様に、機能が充実している効果的なランディングページは、コードの見た目が整然としていてとても美しいものです。整然とした美しいコードなら、どこに何が書いてあり、どのような設定になっているのかが、コードを入力した本人でなくてもすぐに理解できます。たとえばCSSで、命

令の対象を意味するセレクタ[1]がエリアごとに区切られて管理されていれば、いちいちコードを探す手間が省けるでしょう。あるいはHTMLで、コンテンツのセクションごとに内容を示すコメントが添えられているだけで、見やすさが格段に変わってきます。改行のタイミングやインデントの使用、HTMLとして正しい記述がされているかどうかによっても、見やすさが大幅に変わります。こうした部分に注意しながらコードの整理整頓を徹底することが、ランディングページの運用改善をスムーズに進めるための要となるのです。

　すばやく編集し、すばやく改善につなげるためのコードの見た目の要素は、ランディングページの運用改善を左右するだけでなく、SEO（Chapter 5-01参照）をも左右する重要な要素です。また、コードの見た目を美しく書くという意識は、無駄なコードを書かないという意識にもつながるため、結果的にコードの軽量化にも結び付き、ページの表示速度にも大きく関係してきます。コーディングの整理は常に意識するようにしましょう。

154

*1:セレクタ
CSSで、命令の適用対象となる部分を指定するもの。たとえば「p」をセレクタとした場合、命令の適用対象は<p>と</p>で挟まれた部分となる。

コードを見やすく整理する

記述したあとでも編集しやすいコードを書く方法は、大きく分けて2つあります。まず1つ目は、コメントを利用してカテゴリごとに整理しながらコードを記述する方法です。HTMLファイルやCSSファイルでは、コードの文章中に、Webサイトの動作とは無関係のコメントを挿入することができますが、このコメントでコードを見やすく区分けします。2つ目は、改行やインデントによってコード自体を見やすく整形する方法です 01 。ここでは1つ目の方法について見ていきましょう。

02 のコードはCSSの記述ですが、「/*」と「*/」によって囲まれた部分がコメントになります。ここではコメント部分に「Styles for header」という見出しが付けられています。こ

のコメントがあるだけで、ここにヘッダー部分のCSSがまとめて記述されていることがひと目で理解できます。こういったひと手間を加えておくことで、作業中ものちほど編集が必要になったときも、作業効率が格段に向上します。なお、コメントは途中で改行して複数行にまたがっても、問題なく使用できます。

①コメントを利用してコードをカテゴリごとに整理する
②コードを見やすく整形する
01 コードを編集しやすくする方法
あとからコードを編集しやすくするために、コメントなどで整理・整形を行いましょう。

```css
/*------------------------------------------------
   Styles for header
------------------------------------------------*/
#header { background-color: #fff; position: fixed; max-width: 720px; z-index: 9999; }
#header .logo { text-align: left; padding-left: 1.2rem; padding-top: 0.6rem; width: 26%; }
#header .btn { width: 55%; position: absolute; right: 0px; top: 0px; }
#kv .inner { margin-top: 1.9rem; margin-bottom: 1.9rem; width: 68%; }
```
02 CSSでのコメント例

HTMLにおいてもコメントの利用はとても重宝します 03 。HTMLにおいては、「<!--」と「-->」によって囲まれた部分がコメントになります。テキストエディタによってはコメント部分が違う色で区別されるため、どこにコメントが書いてあるのかは一目瞭然です。もちろんHTMLのコメントも、複数行にまたがっても問題ありません。なお、「<!--」と「-->」によって囲まれた部分はブラウザによって無視されるため、コメントを挿入するために使用できるだけでなく、一時的にHTMLの一部を無効にするために使用することもできます。

JavaScriptのコメントは 04 のようになります。CSSと記述方法が似ていますが、全く同じではない点に注意しましょう。コメントが1行の場合は「//」から右側がコメントになり、2行以上の場合は「/*」と「*/」で囲みます。

```html
<!--header-->
<header>…</header>
<!--navigation-->
<nav id="fixedBox" class="fixed" style="disp
<!--ourservice-->
<div id="contents1" class="scrollFade" style
<!-- works -->
<div id="contents2">…</div>
<!--works contents-->
<div id="contents3" class="scrollFade" style
<!--seirvice site-->
```
03 HTMLでのコメント例
コメントの部分が緑色で記述されており、どのセクションなのかがひと目で分かるようになっています。

```javascript
var scrollNavi = $("#sidenav");   //変数scrollNaviにID:sidenavを代入しています。
scrollNavi.hide();   /* #sidenavを
                一時的に消しています。 */
```
04 JavaScriptでのコメント例

155

Chapter 1 ランディングページとは？

Chapter 2 ランディングページの事前準備

Chapter 3 コンテンツ

Chapter 4 ランディングページのデザイン制作

Chapter 5 ランディングページのコーディング

Chapter 6 ランディングページの運用改善による最適化

コードの圧縮と軽量化

　一般に、コードを見やすくするために改行やインデントを入れることがよくあります。しかし、テキストファイルは改行やインデントが多くなるほど、ファイル容量が増えます。作業中には必要なものですが、公開時には不要ですから、これらを極力削減してファイル容量を軽くするとよいでしょう。これを「コードの圧縮」といいます。まずは 05 の一般的なCSSのコードを例に見ていきましょう。

　このコードは、あとで編集しやすいようにコメントと改行、インデントを入れています。非常に見やすくなっている反面、ファイル容量には無駄が生じているのです。そこで、このコードを 06 のように圧縮してみましょう。記述してある内容は全く同じであるため、どちらも動作面では全く違いがありません。しかし、ファイルの容量には大きな違いが生まれます。

　05 のテキストファイルが174バイトである一方、圧縮を行った 06 のテキストファイルは116バイトに過ぎません。すなわち、全体の約30％ものデータを軽量化できたことになります。今回の例文はわずかな文章量のためその差も小さなものですが、テキストが長くなるほど圧縮量は増えていきます。JavaScriptライブラリ[*2]として有名なjQuery（バージョン2.1.4）のファイルを例にしてみましょう。圧縮されていない「jquery-2.1.4.js」は248KBですが、圧縮されている「jquery-2.1.4.min.js」は84KBです。実に164KBもの差が生じています 07 。164KBといえば、大きな画像まるまる1枚分に匹敵する容量です。それだけの軽量化に結び付くことを考えると、この圧縮効果は無視できません。いうまでもなく、圧縮されるファイルが積み重なれば、その差もいっそう大きくなっていくのです。

　求人用のランディングページなど、情報の多さから縦に非常に長くなってしまうページでは、なおさら圧縮による重要性は増します。もちろん、圧縮を行うことによって見やすさは損なわれ、あとから編集することが難しくなってしまいます。そのため、状況に応じて圧縮方法を選択する必要があります。たとえば、すでに他人の手によって完成されているプラグイン[*3]、フレームワーク[*4]などは、あとから編集することが少ないため、積極的に圧縮を行っていきましょう。自分で記述した

CSSの場合、普段編集するファイルには圧縮を行わず、Webサイトとしてサーバーにアップロードする際に複製して圧縮をかけたものを公開するのが基本です。作業用ファイルと公開用ファイルを分けるのが工程上難しい場合は、なるべくコードを見やすく保てる範囲で圧縮を行うことをお勧めします。

```
/* Styles for footer */
footer {
    width: 100%;
    background-color: red;
    position: relative;
}

footer .copyright {
    font-size: 18px;
    color: #fff;
    padding: 20px 0;
}
```

05 一般的なCSSの記述

```
footer{width:100%;background-color:red;position:
relative;}footer .copyright{font-size:18px;color:#fff;
padding:20px 0;}
```

06 コメント、改行、インデントを削除したCSS

07 圧縮で劇的に変わるjQeuryファイルの容量

```
footer { width: 100%; background-color: red; position: relative; }
footer .copyright { font-size: 18px; color: #fff; padding: 20px 0; }
```

08 プロパティごとの改行を削除したCSS

　08 のCSSで削除されているのは、各プロパティ（書式）に行われる改行、インデント、コメントです。これならばCSSをコンパクトにまとめつつ、見やすさ、編集のしやすさもある程度保てます。

*2:JavaScriptライブラリ
汎用性のあるJavaScriptプログラムを複数まとめたもの。既成のプログラムを利用できるため、1から記述する必要がなく効率的。

*3:プラグイン
追加することができる拡張機能のこと。必要なものだけを追加することができるため、容量の無駄が少ない。

*4:フレームワーク
Webサイトのベースとなる枠組み。フレームワークを利用することで効率的にWebサイトを制作できるようになる。

コードの圧縮方法

次に、コードの圧縮の仕方について解説していきます。コードの圧縮方法は主に、ブラウザ上で利用できるWebサービスで圧縮する方法と、各種コーディング用のテキストエディタを使って圧縮する方法の2つがあります。テキストエディタはご利用のものによって圧縮方法は異なりますので、ここでは誰でも無料で使用できるWeb上のサービスをご紹介します。

■ Online JavaScript/CSS Compressor

Web上で利用できるサービスです 09 。HTML、CSS、JavaScriptの3言語に対応し、非常にシンプルで使いやすくなっています。Input欄に圧縮したいコードを入力し、対応した言語のボタンをクリックするだけで、簡単にコードを圧縮できます。圧縮後にもとのファイルサイズとの比較が行えるのも、このサービスの強みです 10 。

■ CSS Compressor

前述のOnline JavaScript/CSS Compressorが3つの言語に対応しているのに対して、こちらはCSSの圧縮にのみ特化したタイプです 11 。

コードの圧縮のレベルを、完全にインデントと改行をなくす「Highest」、各プロパティごとの改行をなくす「High」、プロパティ前のインデントを削除する「Standard」、改行を増やして見やすくする「Low」の4段階から選択して行うことができます（いずれの場合もコメントは削除されます） 12 。なお、前ページで紹介した 08 の圧縮例は、このサービスでHighを選択したときのものです。見やすさを考慮したうえで目的に応じて圧縮ができるため、非常に優れた圧縮サービスといえるでしょう。こちらのサービスでも、圧縮前と圧縮後のファイルサイズを比較できます 13 。

また、コメントも残したい場合は、Code Beautifer（http://www.codebeautifier.com/）など、より詳細に圧縮条件を指定できるサービスも存在するので試してみるとよいでしょう。文章の構造をつかさどっているHTMLは、のちのち編集に手間がかからないように圧縮を行わないのも手です。その場合は、これまでに紹介したサービスを活用し、CSSとJavaScriptをたくみに軽量化しておきたいものです。

09 Online JavaScript/CSS Compressor
http://refresh-sf.com/

10 圧縮後のファイルサイズの比較

11 CSS Compressor
http://csscompressor.com/

12 4段階の調節

13 圧縮後のサイズ比較

LANDING PAGE DESIGN METHOD

05 画像1つで劇的に変わる見栄えと表示速度

ランディングページを構築するには、Photoshopなどのデザインデータから画像を1枚1枚書き出していく必要があります。この画像を書き出す工程は、ページの見栄えや表示速度を大きく左右する重要な部分です。ここでは、その見栄えや表示速度を向上させるためのテクニックを紹介します。

形式の違いで容量に3倍の差が生じる

見た目にも綺麗で軽量なランディングページを作り上げるためには、画像フォーマットの基礎を知っておく必要があります。画像ファイルには、PNG[*1]、JPEG[*2]、GIF[*3]など、さまざまな形式が存在し、それぞれに長所と短所があります。それらを熟知し、画像1枚1枚に対して適切な形式を選択してランディングページを構築していきましょう。デザインで魅せることを意識したランディングページは、画像が主体になることがほとんどです。画像形式の選び方は軽視されやすいことでもありますが、Webデザインにとって非常に基礎的なことであり、1つ間違えると劇的にサイトの容量を重くしてしまうので注意が必要です。

右の2つの画像を例に解説しましょう **01**。**PNG形式で書き出した上の画像が1.1MB、JPEG形式で書き出した下の画像が290KB**です。画質にはほとんど差が認められないにもかかわらず、容量に3倍以上の差が生まれています。Web用に使用する画像ファイルでの1MBは大容量です。このまま使用すると読み込みにかなりの時間がかかってしまいます。書き出し方1つを間違えるだけで劇的にファイル容量が変わり、表示速度に大きな影響を及ぼすのです。

PNGで書き出した背景画像

JPEGで書き出した背景画像

01 PNGとJPEGの画質比較
2つの画像をただ見比べるだけでは、画質の違いを感じることはできません。

*1:PNG
画像フォーマットの1つ。Portable Network Graphics の略で「ピング」と発音する。透過部分を指定することができる。フルカラーになるとJPEGよりも容量が大きくなるのが特徴。

*2:JPEG
画像フォーマットの1つ。Joint Photographic Experts Group の略で「ジェイペグ」と発音する。画質をコントロールしやすいのが特徴。jpgとjpegの2種類の拡張子が存在する。

*3:GIF
画像フォーマットの1つ。Graphics Interchange Format の略で「ジフ」と発音する。1枚の画像でアニメーションを設定できるのが大きな特徴。

各画像フォーマットの上手な使い方

ダイナミックなレイアウトのランディングページをコーディングしていると、PNG形式で書き出すことが多くなります。透過部分を指定できるPNGファイルは、背景などを透明に書き出すことができるため、ランディングページでは見出しなどの画像フォントを書き出す際にとても便利です 02 。その反面、色数が多くなるほどファイル容量が劇的に増えていくため、色数が多い写真を書き出す場合には適していません。ただし、色数が少ない場合はJPEGファイルよりも軽量で書き出すことができるため、状況に応じた使い分けが重要です。

JPEGファイルは、Photoshopで画像を出力する際に、画質を自由に変更することができます。そのため、ファーストビューの背景画像のように色数が多くなる場合は、JPEG形式を選択することが基本です。またGIFファイルは1枚の画像でアニメーションを作ることができるので、その点を意識してPNGやJPEGと使い分けましょう。

画像1枚ごとに適切な形式を選ぶことはとても面倒です。しかし、このような工夫を重ねることで、ファイル容量に数MBの差を付けることも可能です。Photoshopを使って画像を書き出す際、ただなんとなく行うのではなく、画像1枚1枚にどの形式が適しているかを考慮しながら行っていきましょう。こうした作業の積み重ねによって、綺麗かつ情報を届けるのに適したランディングページを仕上げることができるのです。

02 見出しをPNG形式の画像フォントで書き出す
「<h2><img src="img/midashi.png" alt="商品・サービスの魅力を戦略的に伝えることができる"/> </h2>」というようにコーディングすれば、HTMLの正しい記述で表示させることができます。

Photoshopにおける画質のコントロール

画質のコントロールは主にPhotoshopの操作によって行います。Photoshopには通常の画像保存機能に加えて、Web用の書き出しに便利な機能があります。いうなれば、Web用の画像として大容量にならないようにバランスよく書き出すことができる機能です。JPEGの画質を100段階で調節することができるため、用途に応じて使い分けましょう。

この機能を使用するには、Photoshopのツールバーで、[ファイル]→[書き出し]→[Web用に保存]の順にクリックしましょう 03 。コーディングにおいて非常によく使う機能ですので、ショートカットキー 04 を覚えておくと大変便利です。

| Windows | 「Shift + Alt + Ctrl + s」 |
| Mac | 「shift + option+ command + s」 |

04 PhotoshopでWeb用に書き出すためのショートカットキー

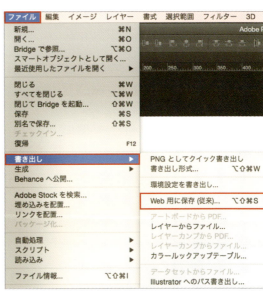

03 PhotoshopでWeb用に書き出す手順

159

Web用に書き出すための使い方

　ランディングページをコーディングする際は、常に画像を書き出すという作業を繰り返し、画像と向き合わなければなりません。ここではPhotoshopでWeb用に書き出す場合の機能の使い方について、具体的に紹介しましょう。

　主に注目するべきポイントは3点です。まず1つ目は、画像の形式と画質の設定です。2つ目は、現在のファイルサイズです。そして3つ目は、画像の縦幅・横幅です 05 。

　それでは、画像の形式と画質から見ていきましょう 06 。画面右上の領域では、JPEGやPNGなどのフォーマットをプルダウンメニューで選択できます。このとき、「PNG-8」が256色であり、「PNG-24」がフルカラーである点に注意しましょう。画質も同様にプルダウンメニューで選択できますが、JPEGでは100段階で設定できることが重要です。最高画質が100、高画質が80、やや高画質が60、中画質が30、低画質が10となっています。もっとも、中画質以下になるとあからさまに画質の劣化が目立ってくるため、ランディングページで使用することは多くありません。特にメインとなる画像を書き出す場合には、画質を落としすぎないように気を付けましょう。

　次に、現在のファイルサイズについて見て行きましょう 07 。画面左下の領域に、現在の設定で画像を書き出す場合、どれぐらいの容量になるのかが表示されます。 07 の例では、307.2KBのJPEGであることが確認できます。この部分を確認しながら形式と画質の数値を動かして調整し、ベストな状態に近付けていきましょう。

　ここで試しに画質を「高画質」に下げてみたところ、ファイルサイズを155.2KBまで落とすことができました。さらに画質を「やや高画質」にまで下げてみたところ、ファイルサイズを95.6KBまで落とすことができました 08 。しかしこの「やや高画質」では、目で見てはっきりとわかるほどの画質の劣化が確認できたため、そこまで画質を圧縮すべきではありません。そのため、ここでは「高画質」に留めておくことがベターな選択だといえるでしょう。

　このように実際に画質とフォーマットを何度も調整しながら、綺麗で軽量な画像を1つ1つ手間をかけて作り上げていくのです。

　では最後に、画像の縦幅と横幅について見てみましょう。画面右下の領域に縦幅（H）と横幅（W）がそれぞれピクセル（px）で表示されていますが、ここの数値を変更することにより、それぞれの幅を調節できます 09 。なお、パーセントで拡大／縮小を調節すると便利です。ランディングページのレイアウトと照らし合わせて、サイズを整えましょう。

05 PhotoshopのWeb用書き出し画面
❶に画像の形式と画質が、❷に現在のファイルサイズが、❸に画像の縦幅・横幅が表示されます。

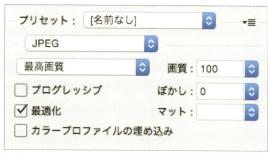

06 書き出し形式と画質のコントロール

07 現在のファイルサイズの確認

08 画質変更によるファイルサイズの変化
左が「高画質」、右が「やや高画質」の状態です。

09 画像サイズの調節

*4:WordPress
ブログを作成するための無料ソフト。プラグインを使用することにより、さまざまな機能を拡張できる。

*5:.htaccess
サーバーの挙動を設定するテキストファイル。ファイル名を「.htaccess」とし、Webサイトのデータとともにサーバーにアップロードして使用する。

画質を落とさず容量だけを落とす

背景などに使用する画像では、どうしても大きく切り出さなければならないケースが多くなります。大きな画像ほどユーザーからの注目度は増加しますが、画質は可能な限り落としたくはありません。このようなとき、真っ先に考えたいのが、画質を落とさずに容量だけを落とす手法です。目に見えるほどの画質の劣化を避けつつも、画像のサイズを下げるというこの手法は、最後のひと手間として非常に効果的です。現在、この手法を実現するためのさまざまなアプリケーションやWebサービスが存在しているため、これらを使用しない手はありません。ここではその代表的なアプリケーションやWebサービスを紹介していきます。

JPEGmini

見た目の画質を損なわずに大幅にサイズを圧縮できるサービスです 10 。非常に圧縮性能が高いものの、有料（$19.99）であり、フォーマットがJPEGのみにしか対応していないことが弱点です。オンラインサービスは無料で利用できますが、1枚ずつしか圧縮できないため、多量の圧縮を行う場合はアプリケーションを購入しましょう。なお、WindowsとMacの両方に対応しています。

10 JPEGmini
http://www.jpegmini.com/

TinyPNG

JPEGminiと並んで非常に有名な画像圧縮サービスです 11 。こちらはオンラインサービスと、WordPress[*4]プラグインにて公開されています。「PNG」という名称ですが、JPEGにも対応しています。無料であり、かつ複数の画像を同時に圧縮することができるので、まずはこちらから試してみるとよいでしょう。

11 TinyPNG
https://tinypng.com/

COLUMN

圧縮を有効にする

これまで人間の手によってデータを圧縮する方法を見てきました。これとは別に、サーバー側にデータを圧縮してもらうことで、読み込みスピードを劇的に向上させる方法もあります。詳しい仕組みや原理は割愛しますが、サーバー側に、ファイルをブラウザに適した形式で圧縮・転送してもらうというものです。この作業を「圧縮を有効にする」といいますが、圧縮を有効にする方法は非常に簡単です。サーバーの挙動を設定するテキストファイル「.htaccess[*5]」に、サーバー環境に合わせて下記のようなコードを追加するだけです。この記述では、HTMLとCSSとJavaScriptが、ブラウザに適した形式である「Deflate」に圧縮されるようになります。圧縮を有効にすると目を見張るほどの劇的な違いを体感することができるので、一度試してみることをお勧めします。

```
AddOutputFilterByType DEFLATE text/html
AddOutputFilterByType DEFLATE text/css
AddOutputFilterByType DEFLATE application/javascript
```

LANDING PAGE DESIGN METHOD

06 レスポンシブWebデザインの検討と実用性

昨今、1つのWebサイトデータでさまざまなデバイスに対応する「レスポンシブWebデザイン」が当たり前のように浸透しています。しかし、すべての場合においてレスポンシブWebデザインが適しているとは限りません。レスポンシブ化の基本から、ランディングページにおける実用性を見ていきましょう。

レスポンシブWebデザインの基本

Chapter 3-04でも説明したとおり、パソコンのスクリーンが横長で大きなものであるのに対し、スマートフォンのスクリーンは縦長で小さなものであるため、どちらにも見やすいWebサイトを、同じレイアウトや情報量で制作することは困難です。そうしたデバイスによる違いを乗り越えて、どのデバイスでもWebサイトが最適に表示されるように登場したものこそ、レスポンシブWebデザインです。レスポンシブWebデザインが今のように知られていない時代では、スマートフォン向けのデザインに特化したWebサイトを、パソコン向けのWebサイトとは別に制作することが当たり前でした。そのような場合はWebサイトのURL自体が異なるため、パソコン向けのURLにスマートフォンからアクセスがあったときは、JavaScriptやPHP[*1]などのプログラムで、スマートフォン向けのWebサイトに遷移させる方法がよく取られていたものです 01 。

01 パソコン向けWebサイトからスマートフォン向けWebサイトへの誘導
JavaScriptやPHPを利用すれば、ユーザーのデバイス環境に合わせて表示させるサイトを切り替えることができます。

一見すると、パソコンならパソコンに、スマートフォンならスマートフォンに最適なWebサイトを別々に用意できる手法で不足がないように思われるかもしれません。しかしこのように2つのWebサイトを併用するということには、管理と修正に倍の手間がかかるというデメリットが付いてまわるということを忘れてはなりません 02 。また、同じ情報が入ったWebサイトが無駄に同じドメイン上に存在することにもなるため、SEO的にも理想的な形とはいえないのです。

こうしたデメリットを解消すべく、1つのWebサイトを複数のデバイスに対応させる方法が模索された結果、レスポンシブWebデザインが誕生したのです。1つのWebサイトでこと足りるため、管理や運用、そして修正に手間がかからなくなりました 03 。そして、そのレスポンシブWebデザインの技術を支えているものは、CSS3で使用できるようになった「メディアクエリ」です。このメディアクエリを使用することで、各デバイスのウィンドウサイズや解像度に合わせて、デザインをコントロールすることができるようになったのです。

02 修正に必要な手間
パソコン向けとスマートフォン向けの2つのWebサイトを併用すると、双方での修正が必要になってきます。

03 レスポンシブWebデザインのメリット
1つのHTML、CSS、JavaScriptファイルだけで、さまざまなデバイスに合わせてデザインの要素を変えられます。

*1:PHP
動きのあるWebサイトを実現させることができるプログラミング言語。HTMLに記述されたものがWebサイトに出力される。PHP:Hypertext Preprocessorの略。

メディアクエリの使用方法

メディアクエリを簡潔に表現すると、ユーザーのデバイス環境に合わせて、特定のCSSを適用させるものといえるでしょう。実際のCSSの記述を例に見ていきます 04 。まずこの例文では、冒頭の「.sample { background-color: #fff }」で、「.sample」の背景色(background-color)を白(#fff)に指定しています。しかし、次の「@media screen and (max-width: 600px)」で、ユーザーのスクリーンの横幅が600ピクセル以下の場合について指定できます。以降にその場合の内容が続いており、「.sample」の背景色(background-color)を黒(#000)とし、文字色(color)を白(#fff)にするという指定が読み取れます。つまり、**通常は背景が白であるものの、スクリーンの横幅が600ピクセル以下の場合のみ、背景が黒になり文字色が白になるように指定されている**のです。

スクリーンの横幅が640ピクセル以上の場合について指定したければ「@media screen and(min-width: 640px)」と記述し、300ピクセル以上720ピクセル以下の場合について指定したければ「@media screen and (min-width: 300px) and (max-width: 720px)」と記述します。このように、メディアクエリではあらゆるスクリーンサイズを指定することができます。このしくみによって、スマートフォン、タブレット、パソコンのそれぞれのスクリーンサイズに合わせて、こと細かにCSSを適用できるようになりました。背景色やフォントサイズはもちろん、レイアウトも変えることができます。

レイアウトの指定についてわかりやすくするために、もう1つ例を挙げて説明してみましょう。CSSには、要素を左右に並べる「float」という命令があります。このfloatを利用して、パソコンで見た場合にはメインコンテンツ部分とサイドバー部分を横に並べてレイアウトしているとします 05 。そして横幅の狭いスマートフォンで見た場合は、これらを縦に1カラムで並べたいとします 06 。このような場合は、**スクリーンサイズが640ピクセル以下ではfloatが解除(none)されるように、メディアクエリで指定すればよいのです** 07 。

このようにスクリーンサイズに合わせてCSSをデザインし直すことで、レスポンシブWebデザインは実現しています。レスポンシブWebデザインにはこのほかにも、スクリーンサイズに合わせて要素の長さが変化する「リキッドレイアウト」、画像が伸び縮みする「フルードイメージ」などの技術があります。これらの技術の普及によって、あらゆるデバイスに対応できるWebサイトが続々と誕生しているのです。

```
CSS
.sample { background-color: #fff }
@media screen and (max-width:600px) {
    .sample {
        background-color: #000;
        color: #fff;
    }
}
```

04 色を変更するメディアクエリの例文
スクリーンサイズが600ピクセル以下になると、背景が黒くなり、文字色が白になります。

05 パソコン向けレイアウト

06 スマートフォン向けレイアウト

```
CSS
@media screen and (max-width:640px) {
    .sample { float: none; }
}
```

07 floatを解除するメディアクエリの例文
スクリーンサイズが640ピクセル以下の場合は、floatが解除されます。

レスポンシブWebデザインによる表示速度の問題

　これまでの解説で、レスポンシブWebデザインのしくみについてある程度具体的なイメージが湧いてきたことでしょう。それではここから、ランディングページにおけるレスポンシブWebデザインの実用性について見ていきたいと思います。

　ここまでの解説を読む限りでは、どのようなWebサイトであれレスポンシブWebデザインにしておけば問題ないように思われるかもしれません。しかし、ランディングページを開発するうえでは、必ずしも問題がないわけではありません。むしろ問題があることのほうが多いのです。その理由の1つとして、ま

ずデータの容量が挙げられます。すなわち、データ容量による表示速度の低下が存在するのです。

　スマートフォンはピクセルの密度が非常に高く、中にはピクセル率が通常の2倍というものもあるほどです。つまり、パソコンでは綺麗に見える画質であっても、スマートフォンで見てみると、かなり画像がぼやけてしまうのです 08 。そのため、スマートフォンのスクリーンで鮮明な画像を表示するには、パソコン向けのものより高解像度の、データ容量の大きな画像を用意しなければなりません。

08 解像度による画像のぼけ
左の画像は高解像度、右の画像は低解像度です。パソコンでは違いが見分けにくくても、スマートフォンでは違いがはっきりわかります。

　しかし、Chapter 5-02でも解説したように、ランディングページには表示速度が求められます。広告ページである以上、ユーザーはそれほど長くはページの表示を待ってくれません。すばやくページが表示されなければ、ユーザーはコンバージョンを検討する前に、躊躇なくページから離脱してしまいます。コンバージョンの獲得を目的とするランディングページにとって、読み込み速度が遅くなるほどデータ容量が大きくなるのはタブーなのです。

　使用する画像の画質を可能な限り下げ、データ容量の軽量化を行わなければなりません。スマートフォンを意識した高画質の画像で制作されたランディングページを、パソコンでも読

み込ませることは得策とはいえないでしょう。そのようなランディングページをわざわざレスポンシブWebデザインで用意するぐらいならば、パソコン向けランディングページとは別に、スマートフォン向けランディングページを用意したほうが、無駄がなく合理的なのです。

　レスポンシブWebデザインによるデータ容量の問題は、CSSなどのコードファイルにも及びます。パソコンとスマートフォン双方のデザインを指定することになるため、必然的にコードファイルの容量が増加してしまうからです。少しでもページの表示速度を速くするためには、デバイスごとに適した画像やCSSを用意したほうがよいのです。

レスポンシブWebデザインでは柔軟性が低下する

　ここまでで、ランディングページにおけるレスポンシブWebデザインのデメリットとして、データ容量の増加による表示速度の低下があることを確認しました。しかし、レス

ポンシブWebデザインが抱えているデメリットはそれだけに留まりません。デザインそのものにも大きな問題が生じてくるのです。まずは 09 の2つのファーストビューを見てみましょう。

09 デバイス別のファーストビュー
左はパソコン向けのファーストビュー、右はスマートフォン向けファーストビューです。

*2:position:absolute
要素を絶対的な位置に指定するCSSの命令。位置を指定するpositionプロパティの1つ。

*3:モバイルファースト
近年スマートフォンからのアクセスが急増していることを受け、スマートフォンからの閲覧がメインのWebサイトでは最初にモバイル用のWebサイトを

設計し、そこからほかの端末に対応させていく手法。パソコン向けWebサイトをスマートフォンに対応させる場合とは順序が逆になる。

左がパソコン向けのファーストビュー、右がスマートフォン向けのファーストビューです。これらはレスポンシブWebデザインを用いずに、それぞれのデバイスでランディングページとして最適な表示がなされるように、別々にデザインされたものです。パソコン向けのデザインとスマートフォン向けのデザインでは、文字の大きさや画像をはじめ、全体的にレイアウトが異なることがよくわかるでしょう。

もちろんこうした違いには理由があります。たとえば、パソコン向けにデザインされた画像をそのまま縮小するだけでは、場合によっては文字などの要素が小さすぎて見えなくなってしまうということが挙げられるでしょう。デバイスフォントを使用する場合は、メディアクエリなどによって大きさと改行ポイントを自由に変えられますが、ランディングページでは見出しに画像フォントを多用します。そうした画像フォントをただ縮小するだけでは、やはり最適なデザインとはいえません。

もっとも、このファーストビューの例をレスポンシブWebデザインで実現することも、全く不可能なわけではありません。タイトル部分、デバイスの部分、赤ちゃんの部分などの各要素を個別に「position:absolute」[*2]で配置したうえでメディアクエリで構成しなおしたり、JavaScriptでトップ画像をスマートフォン用の画像ファイルに差し替えるといった手法です。しかしレイアウトが複雑なランディングページでは、レイアウトの再配置やデバイス間の調整に多くの手間と時間がかかります。これは、モバイルファースト[*3]でスマートフォンからパソコンに展開する場合も同様で、マルチデバイス対応のために調整に大きな手間をかけるよりも、個別に作成したほうが合理的な場合が多いのです。レスポンシブWebデザインは本来手間を削減するためのものですから、調整の手間がそれ以上に増えるようでは本末転倒といえるでしょう。

デバイスごとにページを制作するメリット

ランディングページではレスポンシブWebデザインが向かないということについて、これまで具体的に見てきました。結論としては、ランディングページを運用する際には、パソコン向けのページとスマートフォン向けのページを両方用意することが無難だといえるでしょう。おさらいも兼ねて、デバイス別にランディングページを制作するメリットをまとめておきます。レスポンシブWebデザインの特性と比較して、最終的に判断するようにしましょう [10]。

	レスポンシブWebデザイン	デバイス別ページ
管理・運営	◎	△
実装の容易さ	×	○
容量の小ささ	×	◎
デザインの柔軟性	×	◎

[10] レスポンシブWebデザインとデバイス別ページの比較

■ 双方に影響を及ぼさずに改善ができる

解析ツールなどによって、特定のデバイス向けのページに改善点が見つかったとき、レスポンシブWebデザインを導入していると双方に同時に影響を与えてしまいます。しかし、別々にページがあれば、それぞれに合わせた改善を行うことができます。

■ 表示速度の改善

パソコンにはパソコンに適した画像を用意し、スマートフォンにはスマートフォンに適した画像を用意することによって、サイト全体のデータ容量が不必要に増大することを防げます。また同時に、メディアクエリによるコードファイルの容量の増加も防ぐことができます。

■ デザインの自由度が増す

パソコン向けランディングページの画像を単純に縮小しても、スマートフォンに最適なデザインとはいえません。スマートフォン専用ページがあれば、スマートフォンに適した画像フォントのサイズやレイアウトを考慮して、自由にデザインすることができるようになります。

LANDING PAGE DESIGN METHOD

07 ブラウザ対応を意識したコーディング

コンバージョンを1つでも多く獲得するためには、どのような閲覧環境でもランディングページを正しく表示させる技術が必要になってきます。Chapter 5-06ではデバイス別の対応について触れましたが、ここでは、コーダーとして常に意識しておきたいブラウザ別の対応について解説したいと思います。

ブラウザ対応の重要性

同じWebサイトを同じパソコンから閲覧するとしても、常に同じように表示されるとは限りません。それというのも、使用ブラウザによって、表示が異なる場合があるからです。また、たとえ同じブラウザであったとしても、バージョンが異なっているだけで、表示も変わってしまうこともあります。さらに、同じバージョンのブラウザで閲覧したとしても、OSによっても見え方が違ってくる場合もあるものです。ランディングページ制作では、こうしたユーザーの多様なブラウザ環境を考慮して、十分な対策をしておかなければなりません。それらを考慮せずにコーディングすると、たとえば 01 のような現象に、ユーザーは直面してしまいます。

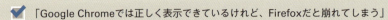

- ✔ 「Google Chromeでは正しく表示できているけれど、Firefoxだと崩れてしまう」
- ✔ 「Windowsで見ると正しく表示されるけれど、Macだと崩れてしまう」
- ✔ 「Internet Explorerのバージョン8だと、動画やスライダーが全く動かない」
- ✔ 「iPhoneだと綺麗に表示されるけれど、Androidだと見栄えが悪い」

01 ブラウザの差異によってユーザーが直面する問題点

ほとんどのユーザーは、Internet Explorerを使っているものだと勝手に思い込んではいけません。アクセス解析ツールを使用すると、多種多様なブラウザによって、ランディングページが見られていることがわかります。Internet Explorerだけでなく、Microsoft Edge[*1]、Google Chrome、Firefox、Safariなど、ブラウザは世に数多く存在します。さらにそれぞれのブラウザが、それぞれのバージョンごとに独自の表示基準を持っています。また、OSやデバイスそのものも千差万別であるため、ユーザーの閲覧環境は数え切れないほどあるでしょう。これからランディングページに訪れるユーザーが、どういった環境で閲覧しているのかは、発信者側にはわかりません。そのため反対に、どのような閲覧環境のユーザーが来訪しても問題がないように、的確に正しいページを表示させる技術が必要になってくるのです 02 。

02 ユーザーの閲覧環境のイメージ

*1:Microsoft Edge
Windows 10で新しく導入されたブラウザ。動きのある表現などを可能にする「Silverlight」などの一部の技術をサポートしていない点に注意。

　ユーザーの立場で想像してみてください。初めて開いたランディングページのレイアウトが大きく崩れていた場合、そのランディングページで商品・サービスを試してみたいと思うでしょうか 03 。このような状態では、たとえどれだけ商品・サービスが優れており、たとえどれだけ優れたコンテンツが用意されていたとしても、コンバージョンはゼロになってしまうでしょう。表示速度の対応と同様に、ブラウザ対応でも、最後の詰めに時間と労力を割けるかどうかで最終的な結果が変わってきてしまうのです。広告費を無駄にしないためにも、ブラウザ対応を徹底しておきましょう。

　もちろん、世の中のすべてのユーザー環境に対応させることはできません。あまりにも古いバージョンのブラウザにまで対応させようとすると多くのコードを用意する必要があり、無駄にリソースを消費してしまうので、ある程度の線引きは必要でしょう。ブラウザのシェアは時代とともに変わっていくものです。固定化したルールを持つことが難しい面もありますが、自社においてはどこまでを是とし、否とするのか、ある程度のガイドラインを持つことが重要です。

03 表示崩れの例
ブラウザへの対応が不十分である場合、図のように、画像と文章がちぐはぐに配置されてしまいます。レイアウトが少し崩れているだけでサイトの信用性が下がり、コンバージョンがなくなるため、十分に対策を施しておきましょう。

WindowsとMacの両方でチェックする

　それでは、多様な閲覧環境に対応させるために、最低限チェックしなければならないポイントについて解説していきます。まずは、OSへの対応を固めておきましょう。ともすると、多くのシェアを占めているWindows上のチェックだけで満足してしまいがちですが、近年シェアを伸ばしているMac OSでのチェックも徹底しなければなりません。反対に、WebクリエイターはMac OSを基準として作業をするケースが多いことから、Windowsでのチェックが疎かになることもあるものです。多くのユーザーがWindowsを使っているという事実を忘れてはいけません 04 。

　WindowsとMac OSの大きな違いは、デバイスフォントの見え方にあります。双方のOSでデバイスフォントがしっかりとした可読性を保っているかどうかを入念にチェックする必要があります。

　なお、最新のWindowsはWindows 10ですが、依然としてWindows 8やWindows 7などを使用しているユーザーが多いため、各バージョンごとのチェックもしたいものです。Windows 7で正常に表示されたからといって、Windows 10でも問題なく表示されるとは限りません。可能な限り、あらゆる環境でチェックしましょう。

04 OS対策
Windowsだけでなく、近年シェアを伸ばしているMacでの表示チェックも徹底しましょう。

小さいディスプレイと大きいディスプレイでチェックする

また同じOSであっても、ディスプレイによっても見え方は千差万別です。ランディングページでは、ブラウザのサイズいっぱいに画像を配置したり、自由に枠を飛び越えて要素が配置されることが多いため、ひときわ注意しなければなりません。大きなサイズのディスプレイでも小さなサイズのディスプレイでも、意図したとおりにページが表示されているかどうかを、しっかりとチェックしておくことが必要です。

特に、CSSプロパティ「background-size[*2]」などを使用して、画像をウィンドウサイズに合わせて変化するように配置している場合は、十分に気を付けなければなりません 05 。ディスプレイサイズによってランディングページの見え方が全く違ってくるからです。たとえば1600～1800ピクセルでデザインされた画像を配置している場合、大きいディスプレイで見た際に、どうしても画像が途切れてしまうことがあります。仮に画像が途切れていても、デザインとしてしっかりと成立しているかどうかをチェックしなければなりません 06 。このように、ディスプレイの大きさによってデザインが崩壊してしまうことは珍しくありません。コンバージョン率を下げかねない要素になるため、さまざまなディスプレイで厳重にチェックしましょう。

05 可変画像の注意点
background-sizeプロパティを使用すると、ウィンドウサイズに合わせて画像が引き伸ばされるようになるため、意図したデザインがしっかりと保たれているかチェックしましょう。

06 大きなディスプレイでの問題点
ディスプレイの大きさから、仮に画像が途切れてしまう場合であっても、しっかりとデザインが成立しているかどうかを確認しましょう。

Internet Explorerは過去のバージョンまでチェックする

Windows 10が搭載されている最新のパソコンには、Microsoft EdgeやInternet Explorer 11などといった最新のブラウザがインストールされています。しかし、依然としてWindows 8以前のOSを搭載したパソコンも多く使用されています。そのため、Internet Explorer 8などといったレガシーブラウザも、まだ比較的多くのユーザーに使われている状況です。

Internet Explorerは少し前のバージョンであっても、HTML5やCSS3などの最新コードに対応していません。たとえば、テキストなどを配置するボックスの角をまとめて丸くしたい場合に使用する「border-radius」などといったCSSプロパティは、Internet Explorer 8では動作しないため、表示が異なってしまいます。これでは、せっかく仕上げたデザインが台無しになってしまいます 07 。

ただし、あらかじめ対策を施しておけば、Internet Explorer 8にHTML5やCSS3を適用することも可能です。詳しい方法については、次のページにて解説します。

あらゆるユーザー環境に対応するために

Windows各バージョン	Mac OS	iOS各バージョン	Android
Google Chrome	Firefox	Safari	Internet Explorer
過去のバージョンもチェック		ディスプレイサイズを変えてチェック	

07 チェック項目リスト
ユーザー環境を想定してチェックすべき項目は膨大なものになりますが、1人でも多くのコンバージョンユーザーを獲得するために、可能な限り時間をかけてチェックしておきましょう。

*2 :background-size
背景画像のサイズ指定に使用するCSSプロパティ。画像サイズをウィンドウサイズに合わせて変化させることができる。

*3 ::first-child
特定の要素内で最初に現れる子要素にスタイルを適用するCSSセレクタ。

Internet Explorer 8をHTML5やCSS3セレクタに対応させる

HTML5でのコーディングは現在の主流になっていますし、「:first-child[*3]」をはじめとするCSS3のセレクタは、ランディングページを制作するうえでとても便利です。これらを使わずしてコーディングを行うことは難しくなってきました。しかし先述のとおり、Internet Explorer 8においてはHTML5にすら対応していないため、何も対策を行わないままにしておくと、場合によっては全くWebページとして成立しません。

このジレンマを解決してくれるのが、「html5shiv.js」 08 、「selectivizr.js」 09 などといったJavaScriptライブラリ（Chapter 5-04参照）です。これらのJavaScriptライブラリは、HTMLの<head>タグ内に読み込ませるだけで、自動的に動作してくれます 10 。「<!--[if lt IE 9]> <![endif]-->」というコードは条件付きコメントと呼ばれ、Internet Explorer 9より下のバージョンのときのみ動作するもので、モダンブラウザではただのコメントとして処理されます。つまり、無駄にソースコードを増やすことなく、Internet Explorer 8にHTML5を適用できるのです。

仮にコードを読み込むことになったとしても、ファイルサイズはhtml5shiv.jsが3KB（圧縮版）、selectivizr.js（圧縮版）が5KBであり、表示が遅くなるほどのものではありません。これらはもはやランディングページには必須といえます。ただし、selectivizr.jsはjQueryやprototypeなどのJavaScriptライブラリを同時に読み込ませないと動作しないことに注意しましょう。

08 html5shiv.jsのWebサイト
https://github.com/afarkas/html5shiv

09 selectivizr.jsのWebサイト
http://selectivizr.com/

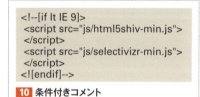

```
<!--[if lt IE 9]>
 <script src="js/html5shiv-min.js">
 </script>
 <script src="js/selectivizr-min.js">
 </script>
<![endif]-->
```

10 条件付きコメント

jQueryのバージョンに注意する

最後にもう1つ気を配っておきたいのが、これまでにも紹介したJavaScriptライブラリのjQuery 11 のバージョンです。それというのも、jQueryにはバージョン1系とバージョン2系があり、バージョン2系になるとInternet Explorer 8などのレガシーブラウザでは動作しなくなるのです。バージョン2系はレガシーブラウザでの動作をサポートしない代わりに、軽量化・高速化を図ったものだからです。つまり、Internet Explorer 8でバージョン1系を読み込み、それ以外のブラウザではバージョン2系を読み込むようにするのが理想です。これらも先述の条件付きコメントを活用することで対応できます 12 。

11 jQueryのWebサイト
https://jquery.com/

```
<!--[if lt IE 9]>
 <script src="js/jquery-1.11.3.min.js"></script>
<![endif]-->
<!--[if gt IE 8]>
 <script src="js/jquery-2.1.4.min.js"></script>
<![endif]-->
```

12 条件付きコメントによるjQueryの使い分け
Internet Explorer 8ではバージョン1系を読み込むように指定しています。

169

LANDING PAGE DESIGN METHOD

08 ランディングページにおける HTMLの効率的コーディング

Chapter 5-04では、ソースコードの重要性や、CSSを中心とした整理方法・圧縮方法について解説しました。ここでは、ランディングページにおいてHTMLを効率的に記述して整理する方法について見ていきましょう。具体的なポイントを掴めるよう、実例を挙げて解説したいと思います。

セクションごとに区切って名前を付ける

構成・レイアウトの工程で、ランディングページのコンテンツはセクションによって区切られ、それぞれが独立して作られていることを理解していただいたと思います。この方法を踏襲して、HTMLのコーディングでもセクションごとに分割し、それぞれを独立させるように記述するほうが効率的です。つまり、デザイナーから渡されたデザインカンプをもとに、まず最初にセクションの名前を決めてしまいましょう。そうしておけば、余計な混乱に見舞われることなく明確に作業を進められるようになり、あとからソースコードを見たとしても、ひと目で対応するセクションが思い浮かぶようになります。

最新のHTML5には<section>タグという便利なタグがあります。これを使うことでHTML内にセクションを作り、階層構造であることを定義することができます **01**。なお、それぞれのセクションのデザインをCSSで指定するためには、それぞれの<section>タグに「id」または「class」[*1]を付加しておく必要があります。セクション固有の指定をするときはidを使用し、複数のセクションに共通する指定をするときはclassを使用します。そのため、共通のCSSを使用するコンバージョンエリアでは、idではなくclassを指定するようにしましょう。

❶ ヘッダーは<header>タグ
❷ <section id="keyvisual">
❸ <section id="about">
❹ <section id="graph">
❺ <section class="conversion">
❻ <section id="feature">
❼ <section id="flow">
❽ <section id="solution">
❾ <section id="president">
❿ <section id="faq">

01 <section>タグの使用例
セクションごとに<section>タグを割り当てることで、構造を明確にすることができます。

*1:id／class
HTMLタグに付加して属性を指定する。固有のタグをCSSでデザインする場合はidを、複数のタグを一括してデザインする場合はclassを使用する。

*2:<p>タグ
段落を指定するHTMLタグ。改行後に空白行が挿入されることが特徴。

*3:<div>タグ
ブロックを指定するHTMLタグ。改行後に空白行が挿入されないことが特徴。なお、<p>タグを内包できる。

また、idやclassを使用する場合、CSSと連動させるために、<section id="keyvisual">あるいは<section class="conversion">などという形でid名やclass名を割り当てますが、id名やclass名は数ヶ月後に見てもすぐに理解できるような名前にするのが基本です。もちろん短いページの場合であれば、<section id="contents01">や、<section id="block01">という具合に単純な名前を付けても問題ありません。しかしランディングページはソースコードが非常に縦に長くなる性質があるため、あまり好ましい名前の付け方とはいえません。そのため、たとえばお客様の声が並ぶセクションであれば<section id="voice">、サービスを受ける流れをまとめたセクションであれば<section id="flow">という具合に、誰にでもわかりやすい名前にしておくとよいでしょう。のちのち編集がしやすくなります。

また、<section>タグでそれぞれのセクションを指定したら、それぞれのセクションに忘れずに見出しを指定しましょう。見出しを指定する際には、<h1>から<h6>までのタグを使用します。<h1>がもっとも大きな見出し、<h6>がもっとも小さな見出しとなります。ランディングページは基本的に、セクションの冒頭に画像フォントで作られたインパクトのある見出しが入りますが、ここでは<h2>タグを使うとよいでしょう。<h2>タグの下にさらに小さな見出しが必要になる場合は、<h3>タグ、<h4>タグを使用して、見出しを指定していきましょう。

セクションごとに構造をイメージする

次は、セクションごとにそれぞれの構造をより具体的に見ていきましょう。コーディングの実作業に入る前にイメージしておけば、作業をスムーズに進めることができるでしょう。以下に具体例を紹介しますので、まずは雰囲気を掴んでください 02 03 。こうしてHTMLタグなどの指示を割り当てていくことをマークアップと呼びますが、このマークアップに慣れてくると、デザインカンプを渡された時点で、瞬時にこれらをイメージすることができるようになります。

サービスの魅力を伝えるセクション
① 見出しに<h2>タグを使う
② width=100%の青い帯を設定する
③ 小見出しに<h3>タグを使用する
④ 本文は<p>タグ*2で囲い、上下に余白を取る
⑤ 画像はそのまま書き出し、中央に配置する

02 サービス紹介セクションの例
大きな見出しには<h2>を、その下層の見出しには<h3>を指定しています。

「お客様の声」を伝えるセクション
① 小見出しに<h3>タグを使う
② 本文を<p>タグで囲う
③ 小見出しと本文を<div>タグ*3で囲い、float:leftにて左に配置する
④ 画像はそのままclassを指定し、float:rightにて右に配置する

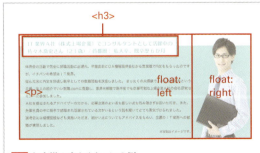

03 お客様の声セクションの例
floatを使用して、解説部分と写真部分を左右に分けています。

効率的にコーディングするための手順

効果的なランディングページに仕上げるためには、じっくりと労力をかけて質の高い作業をしなければなりません。しかし広告でもあるランディングページは、市場にいかに早く投入するかが重要です。すばやくコーディングできるに越したことはありません。

スムーズにコーディングを進めるため、ここでランディングページをコーディングする手順を頭に入れておきましょう 04 。まずはコーディングを始める前に、どのようなHTML構造にするのかを十分に頭の中でイメージしておきます。そのうえで前述のようにセクションごとにマークアップし、より具体的な構造のイメージを深めていきます。少しでも時間の無駄を省くため、Photoshopで画像をスライスしているあいだにも、どのようなマークアップにすべきなのかを思案しながら行うようにしてください。

さて、セクションごとにマークアップして構造を深めることができたら、いよいよコーディングを開始します。すなわち、実際のHTMLのコードを1行1行記述していくことになります。マークアップやコーディングの作業は、数を重ねれば重ねるほど、早く正確になっていきます。効率化を常に意識しておけば、無駄なHTMLタグやCSSのコードを打たないように工夫できるようにもなっていくので、結果として、すばやくクオリティの高いページを仕上げることにつながります。

コーディングが完了しても、ただちに作業が終わるわけではありません。Chapter 5-07で解説した、ブラウザチェックとコードの修正も必要だからです。ランディングページのコーディングでは、より多くのユーザーを満足させられるよう、ブラウザチェックや修正に多くの時間をかけましょう。ここまで済めば、フロントエンドエンジニアの仕事は完了です。サーバーのプログラミングなどのバックエンドの構築は、バックエンドエンジニアの作業領域です。

クライアントとの修正のやりとりに多くの時間を浪費した結果、リリースが遅れてしまうこともあります。そのため、作業のフローを常に意識し、効率的にコーディングを行いましょう。

04 コーディングのワークフロー
あらかじめコーディングの流れを頭に入れておけば、スムーズに作業を進めることができるでしょう。

テンプレートを用意しておく

ランディングページのコーディング作業をよりスムーズに進めるためには、あらかじめ使い回しのできるコードのテンプレートを用意しておくとよいでしょう。なぜならランディングページでは基本的に、ヘッダー、キービジュアル、コンバージョンエリア、フッターなど、使用する要素がどれも共通しているからです。たとえばヘッダー1つを取ってみても、ロゴ画像とコンバージョンボタンがあったり、大見出しの<h1>タグがあったりして、どれも構造が似ています 05 。そのため、<header>タグや<footer>タグなど、基本的な部分を用意しておくと便利です 06 。各ブラウザ固有のCSSをリセットする「リセットCSS」や、jQuery、外部JavaScriptファイルの挿入タグなども、あらかじめ組み込んでおきましょう。

05 ヘッダーの共通点
どのランディングページでも、ヘッダーなどの基本的な型は共通しているため、テンプレートを活用してコーディングすると便利です。

＊4:metaタグ
文字コードやキーワードなどの付加情報を指定するために使うHTMLタグ。

＊5:wrapper
ヘッダーやフッターなどの各要素をまとめる親要素。

```html
<!doctype html>
<html lang="ja">
<head>
<meta charset="utf-8">
<title></title>
<meta name="description" content="">
<meta name="keywords" content="">
<link rel="shortcut icon" href="img/">
<link rel="stylesheet" type="text/css" href="css/import.css"/>
<!--[if lte IE 8]>
<script  type="text/javascript" src="js/html5shiv.min.js"></script>
<script type="text/javascript" src="js/selectivizr-min.js"></script>
<![endif]-->
</head>
<body>
<div id="wrapper">
    <header id="header">
        <div class="btn"></div>
    </header>
    <!-- #header -->
     <article id="container">

        <section id="">
          <div class="inner">
             <h2></h2>
          </div>
        </section>
        <!--#-->

     </article>
     <!-- #container -->

     <footer id="footer">
     </footer>
     <!-- #footer -->

</div>
<!-- #wrapper -->
<!--[if lt IE 9]>
<script src="https://code.jquery.com/jquery-1.11.3.min.js"></script>
<![endif]-->
<!--[if gte IE 9]><!-->
<script src="https://code.jquery.com/jquery-2.1.4.min.js"></script>
<![endif]-->
<script type="text/javascript" src="js/function.js"></script>
</body>
</html>
```

metaタグ＊4やファビコン画像のタグも挿入しておく

wrapper＊5なども打ち込んでおく

sectionなども名前を入れればよいだけの状態にしておく

06 コードのテンプレート例

とても基本的なことですが、毎回打つコードをいかにして省略し、いかにして無駄を排除するかを考えることも、コーダーの立派な仕事です。特にランディングページにおいてはそれがいっそう重要になってきます。なぜなら、画質調整や動的デザインなどのクリエイティブな部分に時間を優先的に使ったほうが、コンバージョンを獲得することにつながるからです。

173

LANDING PAGE DESIGN METHOD

09 | デザインの魅力を
JavaScriptで動的に表現する

Webの世界が発展するにつれ、「動く」デザインが身近になってきています。この動くデザインはJavaScriptというプログラム言語によって作られています。JavaScriptがランディングページの魅力をどのように引き上げ、動くデザインがどのようにコンバージョンに影響を及ぼすのかを見ていきましょう。

デザインの魅力を動的に表現する

近年、Webサイトを見たときのインパクトは日に日に上がってきています。縦横無尽に文字や画像が動き回るコーポレートサイトや 01 、マウスを乗せると写真が動き出すブログなど、動きのあるWebサイトが増えているからです。こうした「動的デザイン」は、主にJavaScriptというプログラム言語によって実現されています。最近ではCSS3によって表現することも可能になりました。ただ単にテキストと画像が並んでいるだけのWebサイトでは、インパクトや面白みに欠けてしまうでしょう。こうした動きを付け加えることで、強調したい部分をさらに目立たせたりすることができるようになります。

01 動きのあるコーポレートサイト例
写真が自動的に移動したり、マウスカーソルを乗せた写真にコンテンツの内容を示すテキストが表示されたりします。こうした動きをデザインに取り入れることで、インパクトや魅力をいっそう強調することができます。

動的デザインがもたらすメリット

こうした動的デザインは、ランディングページにさまざまなメリットをもらたします。先述のとおり、まず動きがあることで、確実にユーザーの目を引き付け、コンテンツを読ませることができます。事実、ヒートマップなどの解析ツールでユーザーの行動を解析すると、動きがあるコンテンツに注目が集まっていることがわかります 02 。

動的デザインはインパクトのためだけに存在するわけではありません。フォームに正しい情報が入力されなかったときにエラーメッセージを表示させたり 03 、ユーザーがクリックするまでコンテンツを非表示にしたりといった具合に 04 、幅広い用途があるからです。ユーザビリティを向上させるためにも、今や動的デザインはなくてはならないものになっています。

そのほかにも、グラフを動かすことで視覚から一瞬にして情報を脳に届けるということもできます。静的にコーディングされたデザインの魅力をさらに引き伸ばし、ユーザーにより直接的に情報を届けられるようにするのが、JavaScriptによる動的デザインです。

03 フォームのエラーチェック
リアルタイムでフォームのエラーチェック（バリデーション）を行うこともできます。

02 ヒートマップでの解析結果
赤い部分がユーザーの行動が活発な部分です。動きがある部分に確実に注目が集まっていることがわかります。

04 コンテンツの開閉
長くなりやすいコンテンツに関しては、クリックすることで開閉できるようにします。

動的デザインの例

動的デザインはさまざまに活用することができます。それでは、JavaScriptを使った動的デザインには具体的にどのようなものがあるのでしょうか。タイプ別に分けて見ていきましょう。

■ スクロールしたタイミングで出現

見出しなどのコンテンツを非表示にしておき、ユーザーがスクロールしたタイミングで出現させるという表現です。ただ静的にコンテンツを並べるより、確実にユーザーにインパクトを与えることができます 05 。

05 スクロールによる動的表現例

■ コンテンツスライダー

サービスの実績やお客様の声などのコンテンツを、縦ではなく横に並べ、自動的に左右に移り変わるようにするのがコンテンツスライダーです。JavaScriptによって、コンテンツの表示と非表示を繰り返すことで実現しています 06 。

06 コンテンツスライダーの例

■ アコーディオン

折りたたみ式のコンテンツです。ユーザーがクリックすることでコンテンツを出現させることができます 07 。JavaScriptによって、クリックしたら表示／非表示の処理を行うように実装します。コンテンツを短くできるため、非常に重宝するデザインです。

07 アコーディオンの例

■ グラフの動的デザイン

視覚的なグラフといっても、ただ眺めただけでは理解しにくく、素通りされやすいものです 08 。しかしグラフに動きを加えただけで、一瞬にしてユーザーの脳に情報を届けられるようになります。

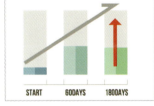

08 動的グラフの例

次のページから、ランディングページ制作においてよく使用されるこれらの動的デザインを1つ1つ取り上げて、実装方法までを含めて詳細に解説していこうと思います。

COLUMN

jQueryを活用する

動的表現を多用するランディングページの開発工程では、JavaScriptライブラリであるjQueryを用いることが多くなります。少ない記述で多くの処理ができるjQueryは、「綺麗な情報をすばやく届ける」というランディングページのコンセプトにマッチしているといえるでしょう。そして、クオリティの高いプラグインが世に出回っているため、作業スピードを早めることにもつながります。jQuery自体がとても軽量であることもあり、ランディングページ開発では欠かせないものとなっています。

LANDING PAGE DESIGN METHOD

10 ｜ コンテンツスライダー

サービスの実績紹介や「お客様の声」などのコンテンツは、コンバージョンを上昇させる大切な要素です。これらのコンテンツをよりコンパクトに、よりダイナミックに見せるために、コンテンツスライダーを使用しましょう。ここでは、そのメリットから導入方法までを、具体的に解説していきます。

コンテンツスライダーを導入するメリット

01 コンテンツスライダーの例
コンバージョンに大きく作用するコンテンツでもある、サービスの実績一覧や「お客様の声」などをまとめるために、コンテンツスライダーは非常に適しています。自動でコンテンツが切り替わるだけでなく、コンテンツの左右の矢印ボタンをクリックすることで、手動で切り替えることもできます。

コンテンツスライダーは、自動的にコンテンツが左右に移り変わるしくみです。コンテンツの左右に矢印などのボタンを設置し、これらをクリックすることでコンテンツが切り替わるようにもできます。こうした特徴から、実績一覧や、「お客様の声」などといった、複数からなる類似した事例をコンパクトにまとめるためにコンテンツスライダーを使用すると、非常に効果的といえるでしょう。実績一覧や「お客様の声」などのコンテンツは、コンバージョンを大きく左右するとても重要な要素でもあるため、ぜひコンテンツスライダーでスタイリッシュに紹介したいところです **01**。

コンテンツというものは、多く並べれば並べるほど説得力が強化されるものですが、その反面、それだけ多くのスペースを使ってしまうというデメリットも存在します。それらの要素を縦に長く配置せずに、動きを加えて横の流れで見せることができるコンテンツスライダーは、もともと縦長のランディングページ

には欠かせないものといえるでしょう **02**。実際にコンテンツスライダーは、ほぼ全てのランディングページで使用しているといっても過言ではないほど、非常によく使われるデザイン技術です。

通常はコンテンツを縦に並べる　　コンテンツスライダーの場合は横に流れる

実績1
実績2

実績1

02 スペースの圧縮
コンテンツスライダーでは、1つのコンテンツ以外はすべて非表示になります。縦に長いランディングページのスペースを圧縮するためには、非常に重宝する技術です。

*1:JQueryプラグイン
jQueryの拡張機能。すでに完成されたJavaScriptファイルのため、1から開発することなくさまざまな機能をすぐに使用することができる。

*2:MITライセンス
ソースコード内に著作権表記をすれば、改変なども含めて自由に使用することができるライセンス。

jQueryプラグイン「bxSlider」を使ったスライダーの実装

JavaScriptのライブラリでは数多くのスライダーが存在しています。その中でもスマートフォンにも対応し、各ブラウザ間の動作が安定しているjQueryプラグイン[*1]の「bxSlider」を使ったスライダーの導入方法を紹介しましょう。

このプラグインは設置がとても簡単であり、矢印画像やキャプション画像などのカスタマイズも容易です。自動再生のオン／オフが切り替えられるだけでなく、スライドのスピードなどもオプションで変更することが可能です。なお、このプラグインはMITライセンス[*2]のもとで提供されているため、無料で自由に使用できます。ただし、MITライセンスでは著者権表記が条件付けられているため、ソースコード内の著作権表記を削除しないようにしましょう。

bxSliderをダウンロードするために、まず公式Webサイトにアクセスします 03 。次に、Webサイト右上の「Download」ボタンをクリックすると、bxSliderのZIPファイルのダウンロードが開始されます 04 。

03 bxSliderのWebサイト
http://bxslider.com/

04 bxSliderのダウンロード方法
Webサイト右上の「Download」ボタンをクリックすると、ダウンロードが開始されます。

使用するファイルを確認する

ダウンロードしたbxSliderのZIPファイルを解凍すると、さまざまなフォルダやファイルが展開されます 05 。しかし、コンテンツスライダーで実際に使用するのは以下の3つです（2015年10月現在）。

・「jquery.bxslider.css」
・「jquery.bxslider.min.js」
・「images」フォルダ

05 bxSliderで使用するファイルとフォルダ

COLUMN

圧縮版bxSlider

フォルダの中にはjquery.bxslider.jsとjquery.bxslider.min.jsの2つが入っています。この2つのうちどちらを使ったとしても、スライダーは正常に作動します。この2つの違いは、ファイルの容量が圧縮されているかどうかという点です（ファイルの圧縮についてはChapter 5-04を参照）。jQueryプラグインをダウンロードすると多くの場合、このbxSliderと同様に圧縮されたmin.jsファイルが付属しています。圧縮されていると編集が非常に困難ですが、すでに完成されているため編集する必要がない場合が多いので、基本的には圧縮されたものを選ぶようにしましょう。bxSliderの場合、圧縮されたjquery.bxslider.min.jsのファイル容量は19KBに過ぎませんが、圧縮されていないquery.bxslider.jsは51KBにものぼります（bxSliderバージョン4.1.2の場合）。実に32KBもの差が生じているため、表示速度の向上のためにも、ぜひ圧縮版を使用しましょう。

177

ダウンロードしたbxSliderを導入する

それでは続いて、bxSliderのファイルを使用して、コンテンツスライダーを導入する手順を解説します。ほかのプラグインファイルをランディングページに導入する場合も、同様の手順で進めましょう。

■ ダウンロードしたファイルを設置する

まずは、ランディングページのサーバーにbxSliderのファイルを設置するところから始めます。HTMLファイルやCSSなど、ランディングページのデータが入っているサーバーのディレクトリに、ダウンロードした「jquery.bxslider.css」、「jquery.bxslider.min.js」、「images」フォルダを同封した「bxslider」フォルダをアップロードします 06 。

「jquery.bxslider.css」は、スライダーの見た目を定義する重要なCSSファイルですので欠かせません。「image」フォルダにはスライダーを操作するボタン画像が入っていますが、オリジナルのボタン画像を使用する場合は、このフォルダは必要ありません。なおこの際、新規の「js」フォルダを作り、jQueryファイルを入れておいてください。

06 bxSliderの設置
「bxslider」フォルダをサーバーにアップロードします。

■ HTMLファイルにbxSliderを読み込む

次に、HTMLファイルにbxSliderを読み込みます。<head>タグ内に、 07 のコードを挿入しましょう。bxSliderを実行するという指示は、「$('.slider').bxSlider()」の部分に当たります。「.slider」(class="slider")がスライダーとして動かしたい部分の指定です。

```
HTML
<script type="text/javascript" src="js/jquery.min.js"></script>
<script type="text/javascript" src="bxslider/jjquery.bxslider.min.js"></script>
<link rel="stylesheet" type="text/css" href="bxslider/jquery.bxslider.css"/>
<script>
$(function(){
  $('.slider').bxSlider();
});
</script>
```

07 読み込みとスライド部分を指定するコード例

■ スライド内容を指定する

最後に、スライド内容を指定するため、HTMLファイルの<body>タグ内に、 08 のコードを挿入しましょう。<ul>タグ[*3]で囲まれた<li>タグ[*4]の中身がスライドされるしくみです。ここでは「slide-img01.png」などの画像をスライドさせていますが、スライドさせるものがテキストであっても、画像とテキストの組み合わせであっても問題ありません。<li>タグの中に新たな<div>タグを挿入し、レイアウトが複雑になったとしても、正常にスライダーとして動作します。

```
HTML
<ul class="slider">
    <li><img src="img/slide-img01.png" alt="slide-img01"/></li>
    <li><img src="img/slide-img02.png" alt="slide-img02"/></li>
    <li><img src="img/slide-img03.png" alt="slide-img03"/></li>
</ul>
```

08 スライド内容を指定するコード例

*3:<ul>タグ
順序のないリストを表示する際に使用するタグ。順序のあるリストを表示する場合は<ol>タグを使用する。

*4:<li>タグ
<ul>タグや<ol>タグなどのリストの項目を指定するタグ。

*5:<a>タグ
リンクを指定するタグ。

静止時間、ページャー、ボタンをカスタマイズする

では、豊富に用意されているbxSliderのカスタマイズ方法について見ていきましょう。先ほど解説した、bxSliderを読み込む部分のコードに少し記述を加えるだけで、静止時間などを自由にコントロールすることができます。

bxSliderのWebサイトにて使用するオプションが詳細に記されていますが、ここでは特に使用されるオプションを日本語にて解説していきます 09 。

```
HTML
<script>
$(function(){
  $('.slider').bxSlider({
    auto: true,         //自動再生の有無。オンならtrue、オフならfalse
    pause: 3000,        //スライダーの静止時間（ミリ秒：1/1000秒）
    speed: 1000,        //スライドのスピード（ミリ秒：1/1000秒）
    mode: 'fade',       //スライドのアニメーション
    startSlide: 0,      //何番目のスライドからスタートするかの指定
    slideMargin: 10,    //スライダーの余白を指定
    pager:true,         //ページャーの有無。オンならtrue、オフならfalse
    pagerCustom: '.bx-pager' //ページャーをサムネイル画像にする場合のクラス指定
    prevText: '<',      //「前へ戻る」ボタンをテキストにする場合に使用
    nextText: '>'       //「次に進む」ボタンをテキストにする場合に使用
  });
});
</script>
```

09 bxSliderのカスタマイズ項目

なお、ページャーとは、スライドのどの部分が表示されているかを示すパーツです **10** 。「pagerCustom」を指定することで、オリジナルのサムネイル付きのスライダーも表示できます **11** 。その際、サムネイル画像として使用するセレクタを指定します。今回の例では「.bx-pager」に当たります。使用したいサムネイル画像を<a>タグ*5で囲い、HTML5のオリジナル属性「data-slide-index=""」にスライドと同じ番号を割り当てましょう **12** 。なお、スライドの番号は0から始まります。

10 ページャー
今、何番目のスライドが表示されているのかがわかるだけでなく、クリックすることで好きなスライドを表示させることができます。

11 サムネイル付きページャー
「pagerCustom」を指定すれば、ページャーをサムネイル画像にすることができます。

```
HTML
<ul class="bx-pager">
    <a data-slide-index="0" href=""><img src="img/thumbnail01.png"/></a>
    <a data-slide-index="1" href=""><img src="img/thumbnail02.png"/></a>
    <a data-slide-index="2" href=""><img src="img/thumbnail03.png"/></a>
</ul>
```

12 ページャーのサムネイルを指定するコード例

179

LANDING PAGE DESIGN METHOD

11 タブメニュー

スライダーと並んで実装できるようにしておきたい動的デザインはタブメニューです。タブメニューはWebサイトにおいてもとてもよく使われるデザインです。コンテンツをカテゴリーごとに分け、ユーザーのクリックに応じて切り替えられるこのデザインは、ランディングページにおいてもとても重宝します。

ランディングページにおけるタブメニュー

01 タブメニューの例
ここでは、「製品仕様一覧」と「付属品一覧表」をタブメニューで分けることで、コンテンツのスペースを圧縮しています。この例のように、膨大な情報を含むコンテンツの場合、スペースを圧縮できるタブメニューはより効果的に機能します。

突然ですが、「電話での問い合わせ」と「来店」という2つのコンバージョンを設定したランディングページを想像してみましょう。ページ上には、電話で問い合わせるときの方法と、来店したときの流れなどを記載しておく必要があります。こういった情報公開による細かい配慮が、顧客の不安を払拭するために有効だからです。

しかし、それら両方の情報を知りたいというユーザーよりも、片方の情報だけで十分だというユーザーのほうが多いでしょう。つまりユーザーにとっては、どちらか一方は必要なコンテンツであり、もう一方は不要なコンテンツだということです。しかし人によって、どちらのコンテンツが必要であるかは異なります。

そのため、やはり両方のコンテンツを掲載せざるをえません。

ただし、両方のコンテンツを掲載してしまうと、ただでさえ長いランディングページがさらに長くなってしまいます。無駄にコンテンツスペースを占有することは避けたいものの、スライダーのように自動で切り替わる形は、必ずしもユーザーにとって親切とはいえません。そういうときこそタブメニューを活用してください 01 。

タブメニューとは、コンテンツ上部に設置したタブをクリックすることで、コンテンツの内容を切り替えられるしくみです。商品・サービスの細かい性能やサービスの詳細な違いなどもタブメニューで実装すると、一段とスペースがまとまります 02 。

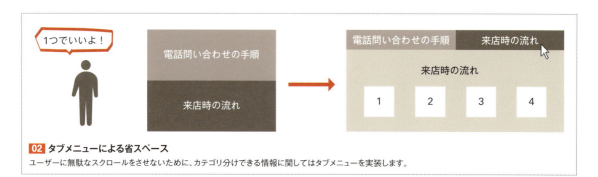

02 タブメニューによる省スペース
ユーザーに無駄なスクロールをさせないために、カテゴリ分けできる情報に関してはタブメニューを実装します。

タブメニューのデザインポイント

タブメニューは、該当するタブのオンとオフによってコンテンツの内容を切り替えます。しかし、オンのタブ画像とオフのタブ画像が同じデザインでは、どれがオンになっているのかがわかりにくくなってしまいます。どのタブがオンになっているかがひと目で判断できるように、オンのタブ画像の色やサイズを工夫しましょう。さらに、マウスカーソルをタブに乗せた際にオンのタブ画像が切り替わるようにしておけば、クリックすることでタブが切り替え可能であることをユーザーに知らせることができます 03 。

03 タブのデザイン例
オンのタブとオフのタブが明確に区別できるようにしておきましょう。

タブメニューの簡単な実装方法

タブメニューは、アコーディオン（Chapter 5-15参照）と同様、シンプルなJavaScriptコードで実装が可能なため、特にプラグインなどは必要ありません。しかし、Chapter 5-10で紹介したbxSliderを使用することで、さらに簡単に実装することが可能になります。

前述の通り、bxSliderにはスライダーの多彩なオプションが用意されています。それらを駆使することで、簡単にクオリティの高いタブメニューの実装が可能です。基本的にはスライダーとしての機能をあえて消し、サムネイル画像の部分をタブとしてしまうだけで完成します。具体的には、自動でスライドされる機能をオフにし、左右に表示されている矢印ボタンを削除します 04 。また、切り替え時に横に流れるアニメーションでは不自然なため、フェードインするように、「mode:」では「fade」を設定しましょう。これでタブメニューの完成です。導入する際は、以下のJavaScriptのコードを参考にしてください 05 。

04 スライダーからタブメニューへ
スライダーの矢印ボタンや自動スライドを削除すれば、すぐにタブメニューが完成します。

```
JavaScript
<script>
$(function(){
    $('.slider').bxSlider({
        auto: false, //自動再生オフ。
        mode: fade, //スライドのアニメーションはフェードに設定。
        captions:false, //左右の矢印を消す。
        pagerCustom: .bx-pager,   //ページャーをタブとして利用するため必須。
    });
});
</script>
```

05 bxSliderを使用したタブメニューのコード例

LANDING PAGE DESIGN METHOD

12 | 動的デザインを使った効果的な誘目性の高め方

動的デザインの魅力はユーザーの目を引き付けることができることです。そのメリットを最大限に活用し、伝えたい情報に意図的に動きを加え、ユーザビリティやコンバージョンの向上に貢献させたいものです。そこで、ランディングページにおける要素の効果的な動かし方について検討していきましょう。

動的デザインを加えるポイント

01 動かすべき要素の例

ランディングページを訪れたユーザーは、リスティング広告などのWeb広告を経由しています。そのため、流し読みをされてしまうことを前提としてデザインやコーディングを行わなければなりません。

流し読みをされても確実に目に飛び込んでくるのは、キービジュアルや各セクションの見出しです。そのため、これらが魅力的であり、誘目性が高ければ高いほど、その下の本文を読ませることが可能になります。もちろん、構成段階でユーザーの心に刺さる魅力的なコピーを用意するのは大前提です。しかしそこにJavaScriptで動きを付け加えれば、ユーザーの目をさらに強く引き止めることができるようになるのです。

JavaScriptによる動的デザインは人を魅了します。縦横無尽に要素が動くWebサイトは、それだけでブランディングを達成できるかのような感覚さえ作り手に与えます。ランディングページにおいても同様です。動きを付け加えたページは、それだけでコンバージョンが獲得できるかのような感覚を作り手に与えるものです。しかし、必ずしもそうではありません。

作り手の目線では「とにかく動いていればかっこいい」という感覚で実装をしてしまいがちですが、「重要な要素の誘目性を高める」という目的からずれてしまえば、反対にユーザーに不快感を与えてしまうこともあるのです。ランディングページ制作で気を付けるべきことは、「読ませて伝える」という点です。この点を考慮して、動かすべき要素を検討していきましょう **01**。

以下に、動かすべき要素を洗い出し、効果的な動的デザインに仕上げるためのポイントをまとめます **02**。

- ☑ ランディングページがどのような商材を売り、どのような点をアピールポイントとして目立たせたいのかを俯瞰して考える。

- ☑ どの見出し、どのビジュアルを動かせば、ユーザーの心を掴むことができるのかを検討する。

- ☑ ページのデザインイメージ、コンテンツの内容と一致するような動的デザインを検討し、実装する。

- ☑ 実装が終わったあとで、ユーザーに不快感を与えない程度の動的デザインであるかどうかを解析ツールのヒートマップで見直す。

02 効果的な動的デザインに仕上げるためのポイント

コンテンツの内容やイメージと動きを一致させる

どの要素を動かすかを検討したあとは、そのコンテンツの内容やイメージと、動きを一致させることを考えます。しかし、目立たせたいからといって見出しが円を描くように大げさに出現したり、激しく拡大と縮小を繰り返したりしていたら、ユーザーはただ動きに圧倒されるばかりで、その下のコンテンツを読む気にはなりません。「凄いな」という印象を与えることと、「読み進めたいな」という心境にさせることが異なるということを意識しておきましょう。そして、コンテンツの内容やイメージと照らし合わせながら、数ある動かし方の中からベストなものを選定しましょう。

たとえばコンテンツがアグレッシブな営業内容なら、そのイメージを演出したいところです。そのため、見出しがフェードインで優しげに出現するよりも、タイピングのように速いスピードで1文字ずつ表示されたほうが、コンテンツのイメージとマッチするでしょう 03 。

03 アグレッシブな動きのあるコンテンツの例
営業のアグレッシブなイメージに合わせるため、見出しやインフォグラフィックをスピーディーに表示すると効果的です。

反対に、大人をターゲットとした落ち着いたデザインの場合は、フェードイン・フェードアウトを使用することで、全体のイメージを崩さずに実装することができます。この場合、アニメーションの速度も、イメージに合わせて遅めにするとよいでしょう。また、商品の使用手順などを表現する際も、1つ1つの手順を順番にフェードインで表示させていけば、コンテンツの内容と動きが一致することになるため、ユーザーに情報を届けやすくなるといえます 04 。

04 フェードイン表現の例

写真の表現でも動的デザインは効果を発揮します。ランディングページにおいては、写真画像をふんだんに利用することで、ユーザーに未来の自分の利用イメージを想像させることができます。多様な利用イメージを湧かせるためには写真をずらりと横に並べることが効果的ですが、その際ただ写真を並べるだけでなく、無限にループして写真が変わり続ける動的デザインを加えると、コンテンツの目的と一致することになり、さらに効果的です 05 。

05 写真のループ例

ランディングページに実装した動的デザインが客観的に適しているかどうかは、解析ツールのヒートマップによってわかります。しっかりとユーザーの注目を集めることができていれば、その部分が赤く表示されるはずです。実装後もこのように客観的な結果をチェックし、効果が薄いと思われる場合は、動的デザインをなくすことも含めて検討しましょう。

LANDING PAGE DESIGN METHOD

13 パララックスの実用性

ランディングページによく見られるデザインとして、動きの速度の差を利用した「パララックス」が挙げられます。大きなインパクト与えることができるこの動的デザインは広く浸透し、今ではブランディングサイトなどにもよく実装されています。ここでは、このパララックスの実用性について掘り下げていきましょう。

パララックスの基本

01 フォトウェディングサービスのランディングページにおけるパララックスの実例
もっとも伝えたい情報であるイメージ写真に注目が集まるようにパララックスを利用し、動的に魅力を伝えています。

そもそもパララックスとは「視差」という意味です。視点の移動による、ものの見え方の差のことです。ここで、車窓からの眺めを思い出してください。近くのものは速く流れ、遠くの山々はゆっくり流れることが思い出されることでしょう。Webサイトにおけるパララックスとは、こうした速度の差による遠近感を利用したものです。具体的にいえば、複数の画像などの要素を、異なるスピードでスクロールさせることで、立体感を演出するという手法です **01**。

言葉だけではなかなかイメージが湧きづらいもののため、右図をご覧ください **02**。主にパララックスでは、背景画像を遅くスクロールさせ、それ以外の画像などの要素を速めにスクロールさせるように調節します。こうすることで、背景は遠くに沈み、画像は手前に浮き出て見えるというわけです。

パララックスは、通常のWebサイトのスクロールでは味わえない感覚をユーザーに与えることができます。しかし、パララックスを使いこなすためには、このデザインによるメリットとデメリットを正確に理解しておく必要があります。レスポンシブWebデザイン同様、「なんとなく有名だし、かっこいいから、とりあえず導入しておけばいいだろう」という発想で実装をしてしまうと非常に危険です。ブランディングサイトならまだしも、ランディングページにおいてはコンバージョンという結果に関わる問題だからです。

02 パララックスのイメージ図
基本的には、背景画像のスクロール速度を遅くし、強調したい画像のスクロール速度を速くして、遠近感を演出します。

パララックスのメリット／デメリット

パララックスを上手に利用することで、ユーザーに適切な情報を伝えることができますが、しっかりと検討してから導入しなければマイナスに働くこともあります。以下にそのメリットとデメリットをまとめておきますので、実装を検討するうえでの材料にしてください。

■ メリット：背景画像によりサービスの魅力を表現
パララックスでは1つの表示領域に大きく要素を配置することになるため、画像によってサービスの魅力を表現するのに向いています。前ページのフォトウェディングの例のように、主にサービスの要である写真を大きく配置してパララックスで強調することで、サービスの要点により強く注目させることができます。

■ デメリット：違和感や不快感を与えやすい
パララックスを用いたページでは通常のスクロールとは操作感が異なります。背景のスクロール速度が遅れることから動作も鈍く見えてしまうため、魅力的なコンテンツを配置することができなければ、ただ使いづらいだけのページとなりかねません。

■ デメリット：ブラウザ・ウィンドウサイズへの対応が難しい
特殊な視覚エフェクトであるため、場合によっては、ブラウザやウィンドウサイズによってデザインが成立していないこともあります。そのため、あらゆるブラウザ・あらゆるウィンドウサイズで、しっかりと動作しているか徹底的にチェックしなければなりません。

ランディングページにおける実用性

それでは、どのようなときにパララックスをランディングページに実装したらよいのでしょうか。ひと言でいうならば、「パララックスの強調対象が商品・サービスの一番のアピールポイントとなる場合」です。

パララックスは確かに「かっこいい」表現ではあるものの、ページ全体に実装してしまうと、表示が遅くなったり操作が鈍くなってしまうというデメリットがあります。また、ランディングページは広告として最大公約数のユーザーに響くデザインであることも大切であるため、なるべく違和感や不快感を与えないように意識してコーディングを行わなければなりません。そのため、通常のスクロールに違和感がない程度に調節することが必要です。ユーザーが気持ちよくスクロールできるかを最優先に考えてください。ユーザーが、見づらい、使いづらいと判断した時点で、すぐにページから離脱されてしまうのが、広告であるランディングページの厳しいところです 03 。

結論としては、ランディングページにパララックスを実装する場合、もっとも目立たせたい写真のある2〜3セクションだけに絞るとよいでしょう。また、CSS プロパティ「background-attachment」の値を「fixed」とすることで背景を固定すれば、パララックスと似た効果を演出することもできますが、この手法で対応できるのであれば、あえてパララックスを導入しなくともよいでしょう。

レスポンシブWebデザイン同様、ランディングページにおけるパララックスは、場合によってはコンバージョンを下げてしまうような要素が多いため、取り扱いには十分に注意してください。もし実装する際には、ブラウザチェックを徹底すべきことも忘れてはいけません。

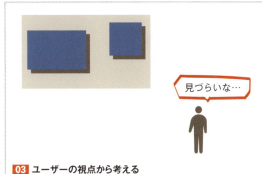

03 ユーザーの視点から考える
パララックスのかっこよさに魅了され、ユーザーの気持ちを無視してはいけません。作り手の一方的な自己満足を表現する方向に行きかねないため、客観的なジャッジが必要不可欠です。

LANDING PAGE DESIGN METHOD

14 フォームのエラーチェックによる
コンバージョンの向上

フォームが見やすく使いやすいかどうかはコンバージョンにとても大きく響いてきます。反対に、フォームが使いづらいがゆえに、ランディングページから離脱されてしまうということも、十分にありうるのです。そのためここでは、ないがしろにされがちなフォームの実装について解説します。

バリデーションについての基礎知識

フォームに適切な情報が入力されているかどうかをチェックすることを、バリデーション（validation）といいます。ユーザーがテンポよくフォームに情報を打ち込めるかどうかは、このバリデーションに大きく依存しています 01 。

たとえば、必要事項をしっかりと入力したはずであるにもかかわらず、入力エラーが頻出し、何度も書き直しを要求されたとしたら、入力を諦めてしまうユーザーも出てくるでしょう。反対に、リアルタイムで記入漏れなどの間違いがあるかどうかを知らせてくれるフォームであれば、何度も書き直しをすることなく、スムーズに送信ボタンをクリックすることができるようになるでしょう。

01 フォームの使いやすさによるコンバージョンの変化
フォームでの入力でユーザーの時間を奪わないように意識することは大切です。入力に時間がかかればかかるほど、ユーザーがページから離脱する確率も高くなります。

仮にフォームが壊れてしまっていたら、コンバージョンは下がるどころかゼロになってしまいます。せっかく広告費を投入してキャンペーンを行ったとしても、フォーム1つで台無しになってしまうこともありうるのです。

このように、フォーム1つの出来によって、コンバージョンに大きな差が出てきます。フォームの実装はデザインなどと比べて軽視されがちですが、この最後の詰めがしっかりとしているかどうかもランディングページにおいてはとても重要なのです。フォームはキービジュアルと同様ランディングページの命でもあり、実装面においても十分に気を配らなければなりません。フォームを最適化することも、ランディングページを最適化するためには基本的なことです。

フォームをしっかりと機能させるため、バリデーションを念入りに行いましょう。バリデーションを徹底することによって、詳細かつ良質な顧客リストを獲得することにもつながります。そのためここからは、バリデーションのポイントを書いていきたいと思います。

■ エラー時にリアルタイムで表示する

必須項目への入力がない場合や、入力形式が間違っている場合などに、リアルタイムでエラーを表示できるようにすると、ユーザビリティが向上します。こうしたリアルタイムでのエラーチェックは、jQueryのblurイベント[*1]を使うことで可能になります 02 。

02 吹き出しによるエラー表示

*1:blurイベント
フォーカスが外れた際に起動するスクリプトを指定する。ここでは、入力欄からフォーカスが外れた際に、エラーチェックを起動させるために使われる。

*2:background-image
背景画像を指定するCSSプロパティ。

*3:background-color
背景色を指定するCSSプロパティ。

*4:<dl>タグ
用語と解説文のリストを作成するタグ。用語は<dt>タグで指定し、解説文は<dd>タグで指定する。

■ 必須の文字を目立たせる

エラーチェックとは違いますが、何が必須項目なのかをひと目でユーザーに理解してもらうことも大切です。そのため、フォームの項目には彩度の高い色で「必須」などの文字を目立たせておくとよいでしょう 03 。実装方法としてはデバイスフォントで作ったものを絶対配置で表示する方法と、画像フォントで作成したものを「background-image」*2 で表示する方法があります。

03 必須項目の強調

■ テキスト入力の背景色を変更する

場合によっては、エラーがあった部分のテキスト入力部分の背景色を赤色にしてあげることも、一瞬でユーザーに情報を伝えるために必要です。JavaScriptでエラーが発生したinput要素に、「background-color」*3 を指定したclassを付け加えることで実装することができます 04 。

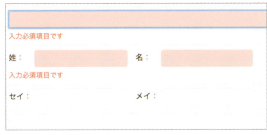

04 背景色によるエラー表示

■ エラーの表示位置を工夫する

フォームのデザインによってはスペース的に表示が難しい場合もあります。その場合、1つ1つのエラーメッセージに対して別々のclassを指定して、表示位置を絶対配置にて調節してあげると効果的です 05 。別々のclassを指定することで、エラーメッセージのフォントサイズを変更することも可能になります。

05 エラー表示の位置の工夫

■ エラー箇所までオートスクロールする

「確認画面へ」ボタンをクリックしたあとに、入力エラーがあった場所まで自動でスクロールしてあげると親切です 06 。ユーザーはしっかりと情報を入力したつもりのはずですので、間違っていた箇所をすぐに見つけられるとは限りません。ユーザビリティの向上のためには、このような細かい配慮が大切です。

06 オートスクロールによる配慮

ランディングページにおけるフォームもある程度テンプレート化することができます。フォームの実装には手間がかかるため、<table>タグや<dl>タグ*4 を使用してHTMLを作成し、あとでコピー&ペーストしておきましょう。JavaScriptのコードも、あとでエラー表示のメッセージやフォントサイズだけを変えるようにしておくと、スピーディーに実装が進みます。

LANDING PAGE DESIGN METHOD

15 | アコーディオン

スライダーやタブメニューと同様、コンテンツのスペースをまとめるために、アコーディオンは欠かせない存在となっています。プラグインを使わずにシンプルかつ簡単なコードで実装できるということもあり、ランディングページのコーディングには必須の動的デザインといえるでしょう。

アコーディオンの必要性

いざランディングページの情報に興味を持ってくれたユーザーは、少しでも多くの情報を得ようとページをくまなく読み進めるものです。だからこそ、可能な限り多くの情報を詰め込むことが基本です。商品・サービスの概要はもとより、「お客様の声」や「よくある質問」などもできる限り詳細に書くべきです。しかし、コンテンツが長くなりすぎれば、今度は「読みづらさ」を助長させることにもつながります。特にスマートフォンにおいてはこの傾向が顕著です。コンテンツのスペースが非常に狭く、デバイスフォントや画像フォントが占めるスペースの割合が大きいため、縦にどんどんと長くなってしまいます。縦の長さが30,000ピクセルを超えるということも、決して珍しくはありません。

こうした事態を解消するためには、JavaScriptを使った折りたたみ式の動的デザインであるアコーディオンを実装するのが一般的です。特にスマートフォンのように読み飛ばしづらいデバイス向けのランディングページでは、アコーディオンは必ずといってよいほど使われます **01** 。

スペースを圧縮するため、よくある質問などは最初はコンテンツを閉じておき、ユーザーがクリックすることで開くようにします。募集要項のような情報量の多いコンテンツも、アコーディオンで格納するのに向いています。なお、

開閉できることをユーザーにわかりやすくするため、「開く」ボタンや「閉じる」ボタンを配置しておくのは必須事項です。これらのボタンは、CSSのafter擬似要素[1]とJavaScriptによって変化させることができます。

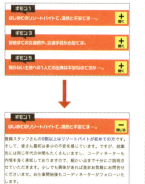

01 アコーディオンの活用例

「開く」ボタンをクリックすることで、閉じていたコンテンツを展開することができます。ランディングページのスペースを圧縮するために、欠かせない動的デザインといえるでしょう。

実装方法

アコーディオンは、ランディングページの実装においてもっともよく使用され、とても重要度が高い技術のため、実装の手順をこと細かに紹介していきます。B to Cビジネスにおいては、パソコンよりも遥かにスマートフォン向けのランディングページのほうが大切になってきますので、必ず覚えておきましょう。

スライダーと違い、特にプラグインなどは必要ありません。HTML、CSSともにシンプルなコードのため、テンプレート化

して使い回すことを推奨します。JavaScriptも関数化しておきましょう。では、まずHTMLのコードから見ていきましょう **02** 。アコーディオンは<li>タグ（Chapter 5-10参照）や<div>タグ（Chapter 5-08参照）でも実装することができますが、今回はボタン部分とコンテンツ部分とがわかりやすいように、用語と解説文を定義する<dl>タグ（Chapter 5-14参照）を使用しています。

188

*1 :after擬似要素
要素の直後に画像などの内容を挿入する際に使用
する。

```html
HTML                          ※<head>タグ内の要素は省略します
<body>
  <div id="wrapper">
    <div class="inner">
      <dl class="accordion">
        <dt class="btn">クリックすることで開閉します。</dt>
        <dd>テキストが入ります。テキストが入ります。テキストが入ります。</dd>
      </dl>
    </div>
  </div>
</body>
```

02 アコーディオンのHTMLコード例

このコード例では、<dl></dl>内を1つのアコーディオンとしています。ページ上では、<dt></dt>の部分をクリックすることで、<dd></dd>内のコンテンツが折りたたまれるようになっています。もちろん、<dt></dt>で囲まれる要素は、デバイスフォントではなく画像であっても問題ありません。むしろランディ

ングページの場合は、画像で開閉ボタンとしてデザインされることのほうが多いです。今回のチュートリアルでは、あえてわかりやすいようにデバイスフォントとCSSでデザインしてみましょう。

CSSのコード例としては以下のようになります **03** 。

```css
CSS
.inner { width: 980px; margin: 0 auto; padding: 0; position: relative; }
.accordion { margin: 0 auto; width: 500px; }
.accordion .btn { text-align: center; background-color: #FF0004; color: #fff; font-size: 20px; padding: 20px 0; }
.accordion dd { padding: 20px; background-color: #EFEFEF; line-height: 1.6; height: 240px; }
```

03 アコーディオンのCSSコード例

このコード例では、「.accordion .btn」でボタン部分のデザインが、「.accordion dd」でコンテンツのデザインが指定されています。このCSSでは、**04** のようなアコーディオンができあがります。ここからさらにJavaScriptを実装し、「開く」と「閉じる」という画像が切り替わる開閉ボタンを設置して、本格的なアコーディオンに仕上げていきましょう。

アコーディオンをJavaScriptで実装するうえでポイントとなる手順は以下のようになります **05** 。これらのプロセスを忠実にJavaScriptにて表現することで、しっかりと機能するアコーディオンが完成するのです。なお、ここでは「active」というclass名を追加したり削除したりすることが肝心です。詳細は後述しますが、「開く」ボタンと「閉じる」ボタンを切り替えるために必要になります。

クリックすることで開閉します。

テキストが入ります。テキストが入ります。テキストが入ります。テキストが入ります。テキストが入ります。

04 上記コードによるアコーディオン

①あらかじめコンテンツ部分であるdd要素を隠しておく。
②dt要素がクリックされたら、最初に指定されているclassのbtn（ボタン）に「active」というclass名を追加し、隠してあったdd要素を表示させる。
③ふたたびdt要素がクリックされたら、dt要素に指定されている「active」を削除し、表示されているdd要素を隠す。

05 アコーディオンをJavaScriptで実装するうえでのポイント

189

JavaScriptの実装

では、これらのプロセスをJavaScriptにて表現していきましょう。06のコード例をもとに、コードの中身を解説していきます。ここではjQueryを使用して、とてもシンプルに実装しています。

```
JavaScript

$(function () {

❶   var Accordion = function () {        //関数Accordionを定義

❷       var slideBtn = $(".accordion dt"); //変数slideBtnにボタン部分のdt要素を代入

❸       $(".accordion dd").hide();
❹       slideBtn.click(function () {       //ボタンをクリックしたあとの処理を指定
❺           $(this).toggleClass("active");
❻           $(this).next("dd").slideToggle("fast");
        });
    }
    Accordion();
});
```

06 JavaScriptのコード例

まず、❶「var Accordion = function()」にて関数*2 Accordionを定義します。そして、❷「var slideBtn = $(".accordion dt");」にて変数*3 slideBtnを定義し、セレクタである「$(".accordion dt");」を代入します。つまりここで、イベントの発火点であるボタン部分のdt要素を代入しているのです。

❸「$(".accordion dd").hide();」にて、最初のプロセスである「あらかじめコンテンツ部分であるdd要素を隠しておく」という指定を行っています。ただし、ランディングページにおいては複数のアコーディオンを実装し、一番最初のものだけを開いておくというテクニックも非常によく使われます**07**。ユーザーにクリックで開閉することをわかりやすくするためです。そのような場合は「$(".accordion dd:not(:first)").hide();」という具合に記述することで、「最初以外のdd要素を隠しておく」という指定をすれば問題ありません。

❹「slideBtn.click(function()」では、アコーディオンのボタンをクリックしたあとの処理を記述しています。toggleClassは、指定したclass名があれば削除し、なければ追加してくれる便利な関数です。❺「$(this).toggleClass("active");」と記述することで、クリックごとに、「active」というclass名があれば削除し、なければ追加するように指定されています。slideToggleは、表示されている要素をスライドしながら隠し、隠されている場合はスライドしながら表示させてくれる関数です。❻「$(this).next("dd").slideToggle("fast");」と記述することで、クリックごとに、コンテンツ部分であるdd要素が、隠れたり表示されたりするように指定されています。

jQueryを使用すれば、ここまでシンプルなコードで実装することができます。一度できあがったアコーディオンを操作してみましょう**08**。

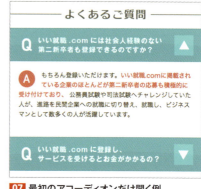

07 最初のアコーディオンだけ開く例
開閉できることをユーザーにわかりやすくするための工夫です。

08 コンテンツの開閉
JavaScriptで実装すれば、クリックによるコンテンツの開閉ができるようになります。

*2:関数
「function()」の形で記述され、場合により「()」内に引数を指定する。

*3:変数
プログラムの値を代入するための入れ物。「var」によって変数であると宣言され、「=」以降のものが代入される。

「開く」「閉じる」ボタンを切り替える

アコーディオンを実装するプロセスで、「active」というclassを追加したり削除したりすることが肝心だと説明しました。このclassを入れ替わるようにしなければ、ボタンをクリックしたあとの記述は「$(this).next("dd").slideToggle("fast");」だけで十分ですが、これではボタンを切り替えることはできません。classを付け加えることで、画像などの要素を挿入するafter擬似要素によって、「開く」ボタンと「閉じる」ボタンを切り替えることができるようになります。今回は以下の画像を使って 09 、それらを切り替えるCSSを紹介します 10 。

アコーディオンが閉じている際に表示する画像。ここでは「accord-arrow-down.png」とします。

アコーディオンが開いている際に表示する画像。ここでは「accord-arrow-up.png」とします。

09 アコーディオンの開閉ボタンの例

```css
.accordion .btn:after,.accordion .btn .active:after {
  content: ' ';
  display: block;
  background-repeat: no-repeat;
  position: absolute;
  top: 0;
  right: 0;
  height: 2rem;
  width: 2rem;
  background-size: contain;
}
.accordion .btn { position:relative; }
.accordion .btn:after { background-image: url(../img/accord-arrow-down.png); }
.accordion .btn .active:after { background-image: url(../img/accord-arrow-up.png); }
```

10 開閉ボタンを切り替えるCSSのコード例

ボタンがクリックされていない「.accordion .btn:after」の場合は「accord-arrow-down.png」ボタンが表示され、ボタンがクリックされたあとの「.accordion .btn .active:after」の場合は「accord-arrow-up.png」が表示されるようになっています。これによりボタン画像が切り替わるようになります 11 。

画像で表示する場合は、「content: '' ;」の中に画像のパスを入力してあげるだけでも問題ありません。ただし、スマートフォンで実装する場合やレスポンシブで実装する場合は、スクリーンサイズに合わせて画像の大きさを可変させてあげる必要があります。その場合は「background-size:contain」を指定すると効果的です。多少コードが長くなってしまうデメリットがあるものの、さまざまなデバイスに対応できる方法です。

なお、「.accordion .btn」に「potision:relative」を指定することを忘れないでください。この記述があることで、ボタン1つ1つを相対的に配置しなおすことができます。

クリックすることで開閉します。

クリックすることで開閉します。

テキストが入ります。テキストが入ります。テキストが入ります。テキストが入ります。テキストが入ります。

11 ボタン画像の切り替え
閉じているときは下向きの画像が表示され、開いているときは上向きの画像が表示されます。

LANDING PAGE DESIGN METHOD

16 遅延表示（Lazy Load）

デザインで魅せるということを意識するとランディングページに使用する画像の数は必然的に多くなっていきます。画像1つ1つの容量を減らすという選択肢もありますが、どうしても画質を妥協したくない場合もあります。そのようなときのための「遅延表示（Lazy Load）」という選択肢を解説していきます。

短時間で実装できる劇的な表示速度の改善

遅延表示（Lazy Load）とは、ページにアクセスしたタイミングですべての画像を読み込むのではなく、ユーザーがページをスクロールして、画像が表示領域に入ったタイミングで読み込むというものです 01 。

01 遅延表示のイメージ
スクロールしたタイミングで画像の読み込みが開始されます。通常だと何十枚も読み込ませる必要のあるページでも、初めに読み込むのはファーストビューで使う画像4〜5枚だけに抑えられます。

どれほど画像を少なくしようと意識したとしても、しっかりとしたクオリティのランディングページを作ろうとすると、画像の枚数が50枚〜100枚となってしまうことが普通です。それらの膨大な画像を一気に読み込ませてしまえば、ランディングページの表示速度はどうしても遅くなってしまいます。とはいえ画質を落とせばよいという話でもありません。広告であるランディングページというものは、画質に対してこだわらなければならない側面もあるからです。そのようなときに遅延表示の導入が有力な選択肢となります。すべての画像を読み込ませる必要がなく、表示領域の画像だけが読み込まれるため、画質と表示速度を両立させる非常に有効な手段といえるでしょう。

ランディングページでは通常、すべてのユーザーが一番下のコンテンツまで読むということはありません。どんなにクオリティが高いページでも、途中で離脱されてしまうことのほうが多いのです。そのようなユーザーたちにすべての画像を読み込ませる必要はありません。また遅延表示には、余分なサーバーへの負担を抑えることができるというメリットもあります。もしランディングページの表示速度に悩まされているのであれば、一度導入を検討してみるとよいでしょう。

Lazy Load Plugin for jQueryを利用する

遅延表示のコードは1から開発することもできますが、スライダーと同様、優れたプラグインがあるため、そちらを導入することを推奨します。プラグインの名前を「Lazy Load Plugin for jQuery」といい、bxSliderと同様、遅延表示を実装できるプラグインとしてとても有名です。導入も非常に簡単であるため、今回はこのプラグインの使い方を紹介していきたいと思います。

192

まず、Lazy Load Plugin for jQueryのファイルをダウンロードします。2015年10月現在、公式Webサイト（http://www.appelsiini.net/projects/lazyload）からはダウンロードできなくなっているため、作者のGitHubページから[Download ZIP]をクリックしてダウンロードしましょう 02 。ZIPファイルを解凍すると、「jquery_lazyload-master」というフォルダが展開されます。使用するファイルは圧縮版である「jquery.lazyload.min.js」1つだけです。これを実装するランディングページの「js」フォルダに入れてください 03 。

02 Lazy Load Plugin for jQueryのダウンロードサイト
https://github.com/tuupola/jquery_lazyload

03 実装で使用するファイル
「jquery.lazyload.min.js」を「js」フォルダに入れます。

Lazy Load Plugin for jQueryを実装する

1 ファイルを読み込む

ここからは、Lazy Load Plugin for jQueryを実装する手順を見ていきます。まず、jQueryファイルと、先ほど「js」フォルダに入れた「jquery.lazyload.min.js」ファイルを、<head>タグ内に読み込みます 04 。

```
<script src="https://code.jquery.com/jquery-2.1.4.min.js"></script>
<script type="text/javascript" src="js/jquery.lazyload.min.js"></script>
```

04 jQueryファイルと「jquery.lazyload.min.js」ファイルを読み込むコード

2 読み込みパスの属性を変更する

次に、遅延表示させたい画像の読み込みパスを、画像のアドレスを指定するsrc属性からdata-original属性へと変更し、classに「lazy」と指定しましょう（このclass名は任意で構いません）05 。ひと通りのマークアップ作業が終わっている場合は、手作業で全ての書き換えを行うと手間がかかるため、テキストエディタの置換機能を利用しましょう。なおこのプラグインは、画像のwidthとheightを指定しなければ正常に動作しないので注意が必要です。

```
<img data-original="img/image.jpg" class="lazy" width="320px" height="180px" alt="">
```

05 data-original属性への変更とclassの指定

3 プラグインを有効化する

次に、このプラグインを有効化します。<head>タグ内に以下のコードを挿入します 06 。このプラグインには表示させるスピードなどを指定するオプションが備わっています。たとえば「effect_speed」では、表示させる速度をミリ秒単位で設定できます。「1000」で1秒、「2000」で2秒を指定できます。ユーザーにスムーズに読み進めてもらうためには1秒程度に設定するとよいでしょう。そのほかにも、公式サイトにてさまざまなオプションが解説されているのでチェックしてみてください。

```
$(function(){
    $( "img.lazy" ).lazyload({
        effect: "fadeIn" ,        //フェードインで表示させる
        effect_speed: 1000 ,      //表示させるスピード
    });
});
```

06 プラグインを有効にするコード例

LANDING PAGE DESIGN METHOD

17 ヘッダーの固定

ヘッダーの固定は、ユーザーがページをスクロールしてもナビゲーションが追尾してくるデザインです。ユーザビリティを向上させるこのデザインは縦に長いランディングページと相性がよいため、非常によく使われます。ここでは、ヘッダーの固定によるメリットと導入方法について見ていきましょう。

ヘッダーを固定するとCTAが明確になる

01 ヘッダーの固定例
Webサイトであってもランディングページであっても、ナビゲーションは頻繁にクリックされ、注目される場所です。ユーザーを長い時間サイトに滞在させることにつながり、SEO対策にもなるため、今や必須の技術といえるでしょう。

　ヘッダーの固定は、多くのコーポレートサイトやブログで実装されています。ランディングページにてヘッダーを固定する理由は、主にCTA（Chapter 1-08参照）を明確にするためと、ブランディングのためです。ユーザーに何をしてほしいかを明確にすることで、反応率が変わることはよく知られていることです。どれほど優れた構成とデザインを誇るランディングページでも、ユーザーが行動したいと思ったときに行動できなければ機会損失につながってしまうでしょう。事実、ヒートマップなどの解析ツールで解析すると、コンバージョンにつながったユーザーであっても、ページの最後まで読んでいないというケースがあるのです。ページの途中のCTAボタンをクリックして、コンバージョンに向かっているということです。もしそこにCTAボタンが存在しなかったら、コンバージョンにつながっていなかったのかもしれません。そのため、ランディングページにはいくつものCTAエリアを設置しますが、それに加えてヘッ

ダーを固定させるなどのひと工夫も大切になってきます **01**。

　特にスマートフォンなどは、タップしただけですぐに電話で問い合わせができるようにしておくと、より親切です。縦に非常に長くなるスマートフォンのランディングページは、CTAエリアにたどり着くために、より苦労がともなうものです。そのため、サービスを提供している会社についてよく知ってから利用を検討したいと考えるユーザーに向けて、会社Webサイトのリンクも一緒に固定表示させることがよくあります。1度目の訪問でコンバージョンにつながらなくとも、2度目の訪問でコンバージョンが達成できればランディングページとしては成功であるという考えからです。

　なお、ヘッダーに固定表示するとデザインが崩れたり、固定することで縦幅のスペースを圧迫したりする場合には、画面の横で固定表示させることもあります。

194

固定表示の実装方法

ヘッダーを固定する方法はとても簡単です。CSSにコードを1行追加するだけで実装することができます 02 。固定したい要素である「header」において、CSSのプロパティ「position」を「fixed」と指定します。ヘッダーに限らず、何かを常に固定表示させたい場合は、同様に「position:fixed;」と指定しましょう。

```
header { position:fixed;}
```
02 ヘッダーを固定するコード

ランディングページの場合、ヘッダー以外にサイドナビを固定表示するケースも多いものです。サイドナビを固定表示する場合は、最初はナビを隠しておき 03 、ある程度スクロールした段階で表示されるようにしましょう 04 。大切なファーストビューと重なってしまうことを防ぐためです。

03 サイドナビを隠す
見せたい要素を必要最低限に絞るため、ある程度スクロールされるまでサイドナビは消しておきます。

04 サイドナビの出現
ファーストビューを読み終えた段階でサイドナビをフェードインさせます。主にJavaScriptを使って実装します。

それでは、固定表示サイドナビの実装方法について見ていきましょう。まずHTMLでは\<ul\>タグ（Chapter 5-10参照）を使用します 05 。コードで操作するために、親要素\<ul\>のidとして「sidenav」を指定します。子要素の\<il\>には、それぞれサイドナビのボタンを指定しましょう。JavaScriptでは、まず変数scrollNaviに、先ほど指定した「sidenav」を代入します 06 。次に、scrollNaviを「hide」に指定して隠します。以降は、ページトップから600ピクセル以上になればscrollNaviをフェードインし、そうでない場合はフェードアウトするという内容にすることで、サイドナビが実装されます。

```html
HTML
<ul id="sidenav">
    <li><img src="img/side-img01.png"/></li>
    <li><img src="img/side-img02.png"/></li>
</ul>
```
05 サイドナビのHTMLコード例

```javascript
JavaScript
function (){
        var scrollNavi = $("#sidenav");

        scrollNavi.hide();

        $(window).scroll(function () {
                if ($(this).scrollTop() > 600) {
                        scrollNavi.fadeIn();
                } else {
                        scrollNavi.fadeOut();
                }
        });
}
```

//変数scrollNaviに横に固定したいセレクターを指定します。今回はsidenavを代入しています。

//もしページトップからの距離が600ピクセル以上であれば、隠してある変数scrollNavi、すなわちsidenavをフェードインさせるという指示です。

//もしページトップからの距離が600ピクセル以上でなければ、フェードアウトさせるという指示です。

06 サイドナビのJavaScriptコード例

COLUMN

質の高いランディングページを
コーディングするために

デザイナーとコーダーは作業を分ける

　最近では効率化と低予算化を求めて、デザインとコーディングを1人でこなすことが当たり前となっています。しかし、質の高いダイナミックな表現をランディングページ上で再現するためには、デザイナーとコーダーが作業を分担する必要があります。なぜなら、コーディングすることを意識せずに作ったデザインのほうが、ダイナミックさを表現するのに適しているからです。コーディングについて考えながらデザインを行うと、どうしても実装しやすいようにデザインを作ってしまうものです。常識破りの発想を生み出すためには、コーディングのルールを考えずにデザインを行う必要があるでしょう。また、JavaScriptやCSSは常に進化しているため、片手間の勉強でコーディングが行えるものでもありません 図1 。コーディングはとても奥が深く、極め尽くすことはできないものです。このことはデザインにおいても同様でしょう。

　もちろん、双方についての基礎的な知識は持っておくと便利です。しかし、技術を中途半端にしないためにも、デザイナーはデザイン、コーダーはコーディングと、それぞれの専門性を徹底するべきです。ランディングページ制作はチームで行うものであり、それぞれの専門性が掛け算のように組み合わさってできるということを忘れてはいけません。

　そして、Webサイト制作と違い、ランディングページは客観的な結果が付いて回るとてもシビアな世界です。だからこそ、それぞれの分野のプロフェッショナルが力を合わせて客観性を保つことも大切になってきます。もちろん個人で制作せざるを得ない場合もあるでしょう。そのような場合でも、ぜひ他者の力を頼ってください。それぞれの道のプロフェッショナルが協力して作り上げた1つのランディングページは、見た目でも結果でも他を圧倒するものです。

コーダーでもPhotoshopを使いこなそう

　ランディングページ開発において、コードを打っているときと同じぐらい時間を消費するのがPhotoshopの操作です。画像を1枚1枚神経質なほど丁寧に切り抜く必要があるため、Photoshopに触れている時間はとても多くなるのです。場合によってはデザイナーのデザインでは不十分である場合もあり、コーダーが実装面において適切に補完してあげる必要も出てきます。そのため、Photoshopをスムーズに使いこなせる訓練は必須ともいえます。選択ツール「V」、スライスツールの「C」など、基本的なショートカットキーも当たり前のように使いこなし、スムーズに作業を行えるようになりたいものです 図2 。

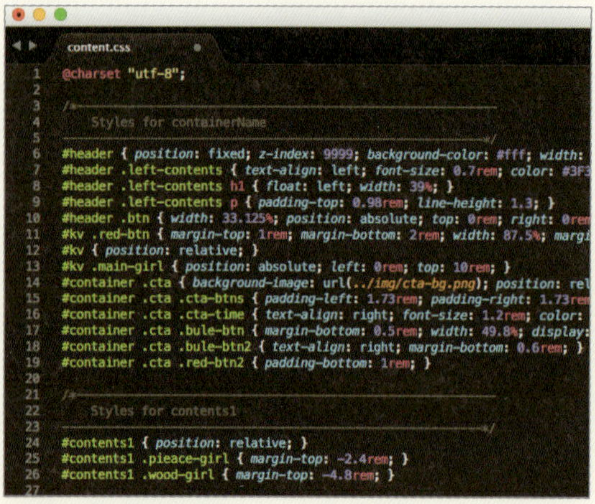

図1 コーディングの専門性
JavaScriptやCSSなどのコーディング技術は日々進化しています。最新の技術をものにするためには、コーディングだけに集中する必要があります。

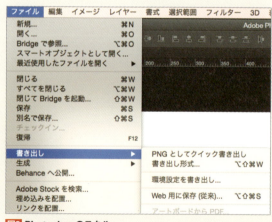

図2 Photoshopのスキル
膨大な画像の書き出しを必要とするランディングページ制作では、Photoshopの高度なスキルが欠かせません。ショートカットキーなども駆使し、スピーディーに作業を進めましょう。

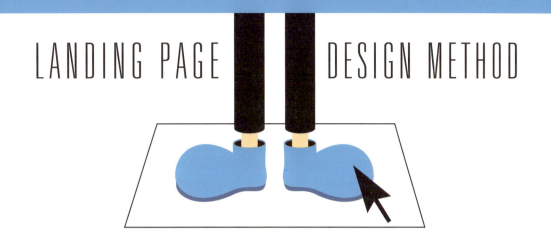

LANDING PAGE DESIGN METHOD

Chapter 6

ランディングページの運用改善による最適化

LANDING PAGE DESIGN METHOD

01 広告／ランディングページの改善で向上するコンバージョン率

制作したランディングページがすぐに成果へと直結するケースもあれば、そうでないケースもあるでしょう。後者の場合においては、成果に結び付かないボトルネックを見つけ出し、改善するための施策が必要になります。ここでは、そうした改善施策の方法について、例をもとに解説します。

チャイルドシートLPの改善施策例

ランディングページの改善施策は、リスティング広告によるユーザー流入施策の改善から、ランディングページの改善施策、フォームの改善施策まで、実に多岐にわたります。ランディングページによって課題はそれぞれ異なるため、施すべき改善施策も一筋縄にいきません。そこでまず、状況を適切に分析し、適切な改善施策を探すことから始めます。実例を挙げて見ていきましょう。

ここでは、Chapter 1-05でも例に挙げた、チャイルドシートの販促用ランディングページの改善事例にフォーカスして紹介していきます。この事例では、序盤はうまくコンバージョンが伸びなかったものの、最適な改善を繰り返すことで、目標とする顧客獲得単価（Chapter 1-02参照）を達成することができました。まずは、購入件数にあたるコンバージョン数の時系列データから見てください 01 。

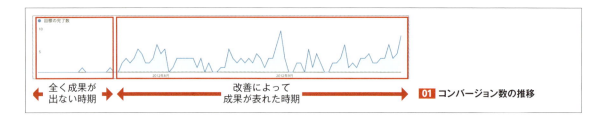

01 コンバージョン数の推移

改善レポート①――［運用開始初期］

まず、ランディングページのリリース後に、Google AdWords（Chapter 1-03参照）でリスティング広告の全国配信を開始しました。目標とする顧客獲得単価は4,000円、広告費の上限は月間20万円です。それほどふんだんに広告予算があるわけではありません。スタートアップならではの、最小限の状態から開始したのです。

それでも運用開始から約3週間で、リスティング広告からのユーザー流入数は1,413となりました。ユーザー流入数自体は、必ずしも悪くはありません。しかし、肝心の販売台数は4台、顧客獲得単価は8,000円程度です 02 。目標とする顧客獲得単価の4,000円にはほど遠い状況でした。運用開始初期は、このように全く成果が出ない状態だったのです 03 。

03 運用開始初期のコンバージョン数の低迷

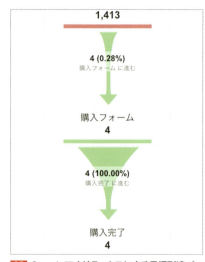

02 Googleアナリティクスによる目標到達プロセスレポート（Chapter 6-02参照）

改善レポート② ──［ボトルネックの分析］

リスティング広告の配信開始初期で1,413人もの来訪者を獲得したにもかかわらず、4名しか購入に至っていないという現実に直面し、ボトルネックを見つけ出す作業に着手しました。とはいえ、足がかりのない状態からいきなりボトルネックを見つけ出すのは困難です。そこでまず、あえて成功例である購入者4人に着目し、4人に共通する属性が何であるかというところから分析を開始しました。

こうした少ない情報からでも、共通点は見つけ出せるものです。購入者の履歴情報から、首都圏を除く地方在住者が購入しているという事実が見えてきました。そこで、Googleアナリティクス（Chapter 1-10参照）で来訪ユーザーの地域別データを確認したのです。その結果、東京を含めた首都圏のユーザーの流入数が圧倒的に多いという傾向がひと目でわかりました 04 。つまりどれだけ首都圏からの流入ユーザーが多くとも、そこから購入には結び付きづらいというわけです 05 。

04 Googleアナリティクスの地域別データ
東京や神奈川など首都圏のユーザーが圧倒的に多いことが、このデータからわかります。

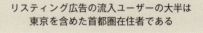

05 分析から導かれる仮説
このように、データを丁寧に分析していくことで、ランディングページに潜んでいるボトルネックが見つかります。

改善レポート③ ──［各セクションのテーマを考える］

購入に至らない首都圏からの流入ユーザーで広告予算を浪費しているのではないかとの仮説をもとに、改善施策に乗り出しました。リスティング広告は、エリア別に配信することも可能です。そこで、首都圏を除く地方の拠点に絞り込む形で、配信の見直しを行いました。その結果、チャイルドシートの販売台数は一気に好転し始めたのです 06 。

リスティング広告の配信を開始した7月初旬から7月20日までは、コンバージョン数が4件程度という厳しい状態でしたが、7月21日から7月末にかけての約1週間で、コンバージョン数は実に32件にまで達しました。最初の3週間で売れた台数の8倍まで伸びたのです。この時点で早くも、目標としていた顧客獲得単価4,000円を達成することができました。

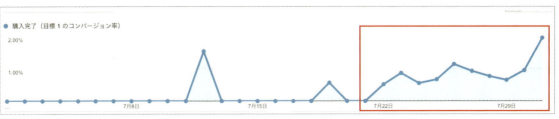

06 改善施策後のコンバージョン数の上昇

改善レポート④ ──［さらなるボトルネックの分析］

リスティング広告の改善によってコンバージョン率が上昇し、販売台数は安定して伸びていきました。しかし、さらなる改善の余地はあると考えたため、次にランディングページそのものの改善に目を向けました。ただし、商品であるチャイルドシートが持つ魅力そのものは、最初に制作したランディングページで、しっかりと伝えることはできていると思われます。そのため、主要なコンテンツやデザインの改善は行わないことに決めました。そのうえで、ランディングページ内で毎月展開している購入特典の内容そのものに、改善施策の焦点をあてることにしたのです。運用開始当初から、チャイルドシートに関連したグッズを購入特典として無料でプレゼントするというキャンペーンをしばらく展開していたものの、いくつか関連するグッズを月別で変更しても、大きなコンバージョンの改善が見られなかったからです 07 。

07 運用初期に行っていたキャンペーンの購入特典
グッズを変更するなどしてもコンバージョンの改善につながらなかったため、キャンペーンの根本的な見直しを行いました。

そこでまず行ったのは、購入ユーザーに対するヒアリングです。この時点ですでに100台近くの販売実績があったため、クライアントに協力してもらい、実際の購入ユーザーの生の声を集めてもらったのです。ヒアリングの内容は、チャイルドシート購入にあたって、「実際にためらっていたこと」や、「購入にあたり、不安に思ったこと」などです。

そのヒアリングの結果、見えてきたのは、使用したチャイルドシートの汚れに関するユーザーの悩みでした。具体的には、子どもの靴による傷や、長年使うことで発生するカビの問題などに関するものです。チャイルドシートを長年使用していると、思わぬことから表面が汚れていきますが、ユーザーはすでに購入の際に、その汚れに対する将来の保守クリーニング費用を潜在的に気にしていることがわかったのです。この結果を受けて、何かのプレゼントを付加することで購入特典とするのではなく、ユーザーの購入後の安心を特典として提供したほうが、満足度が上がるのではないかという仮説を立てました。幸い、チャイルドシートを販売されているA社様は、もともとベビー・キッズ向けのリサイクル業を行っていたため、チャイルドシートのクリーニングを無料サポートで行うことも現実的に可能だったのです。そこで、キャンペーンの購入特典として、チャイルドシートのクリーニング無料券（購入後5年以内に1回のみ）を提供することにしました 08 。

追加特典その2　シートから本体までピッカピカ！
クリーニング無料券 1枚進呈！

クリーニング無料券
fit この無料券により、フィットロングDXを無料でクリーニングいたします。

チャイルドシートは長年使用していると思わぬカビやジュースのシミが出来てしまいます。フィットロングデラックスのシートはご自宅でも手軽に洗濯していただけますが、どうしても落ちない汚れがあったり、プロの手によってピカピカにしてほしいというお客様のためにこのホームページでご購入のお客様に限り、無料でクリーニングいたします。

08 改善後のキャンペーン
ユーザーへのヒアリング結果を反映し、ニーズの高いと思われるクリーニングサービスを購入特典としました。

改善レポート⑤──［顧客獲得単価をさらに半分に］

下のグラフからもわかるように、この改善施策を行ったことで、ランディングページ上での販売台数が一段と伸びていきました **09**。最初のリスティング広告の改善では顧客獲得単価4,000円を達成しましたが、この時点ではそれをはるかに超える2,000円台をキープしたのです。プラスを増やすために購入特典を付加するという発想から、マイナス面を解消するために特典を提供するという発想に切り替えたことで、コンバージョン率の飛躍的な改善が実現したのです。

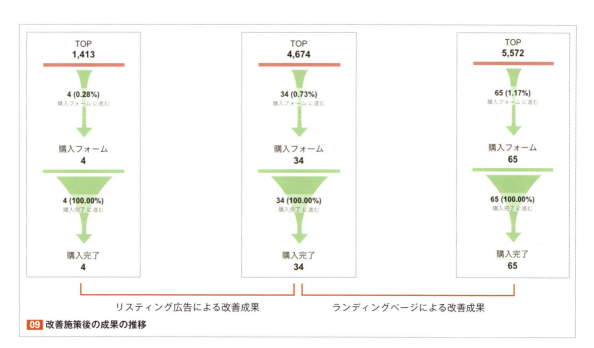

09 改善施策後の成果の推移

このようにして、当時の販売価格で税込18,980円（定価は税込25,200円）のチャイルドシートは顧客獲得単価2,000円前後で安定して売れ続け、最終的にランディングページだけで累計販売台数を560台まで伸ばすことができました。

限られた広告予算の中でも、少しの改善で数字は大きく変わるものです。この商品をどのようなユーザーが必要としているのか、そのユーザーに届けるために広告からの流入をどう改善すればよいのか、来訪ユーザーは具体的に何を求めているのか、そのためにランディングページ上で展開できることはないのか──まずはこれらの疑問から出発しましょう。少ない事実からでも分析し、仮説を立てて施策を展開すれば、コンバージョン率にも効果が表れるということを、実際の数字が証明してくれています。

LANDING PAGE DESIGN METHOD

02 改善を成果へと結び付けるために まず行うべきこと

改善施策を行えば、必ず成果へと結び付くというわけではありません。改善施策がプラスに働く場合もあれば、マイナスに働く場合もあります。リスクとリターンの関係性があるのです。改善施策を間違えないために、何に目を向け、どこを改善すればよいのかという考え方について解説していきます。

設計した導線から改善ポイントを見つけ出す

Chapter 2-01でも解説したように、ランディングページは、ユーザーの入口と出口をつなぐ中間に位置しています。入口の施策であるリスティング広告によって流入したユーザーは、ランディングページのコンテンツを読み、期待している内容が確認できれば、申し込みフォームという出口へと遷移していくことになります。こうして振り返れば至ってシンプルな導線です。制作したランディングページのコンバージョン率が思った以上にかんばしくない場合、まずはこの導線上で、問題となっているボトルネックを俯瞰的に見つけ出す必要があるでしょう。

そのうえで注目すべき大きなポイントは3つです。まず、リスティング広告の設計が、対象としているユーザーの母集団形成に寄与しているかどうかです。次に、ランディングページ自体の設計が、来訪ユーザーの期待に応えられているかどうかです。最後に、設定したコンバージョンのハードルが高すぎないかどうかです。これら3つのポイントを俯瞰して、具体的に確認することが大切です 01 。

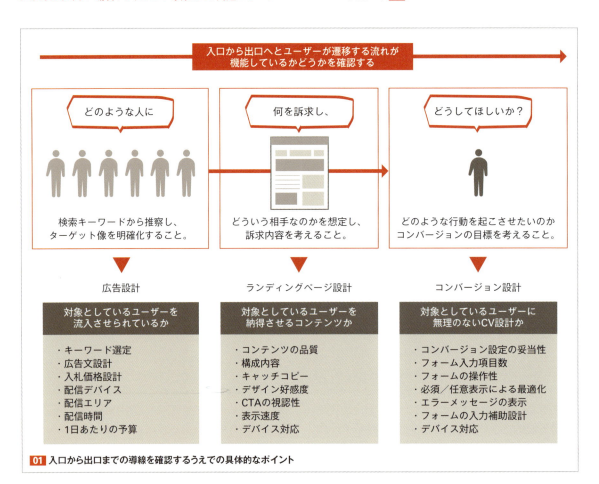

01 入口から出口までの導線を確認するうえでの具体的なポイント

ファネル分析で数字を定期的に追いかける

ランディングページの改善ポイントを見つける1つの手がかりとして、ファネル分析が挙げられます。ファネル分析とは、入口から出口までのユーザー数の推移を視覚的に表したものです。Googleアナリティクスでは「目標到達プロセスレポート」と呼ばれており、コンバージョンなどの目標を設定し、「目標到達プロセス」をオンにすることで確認できるようになるので、ぜひ活用してください。ランディングページにどれだけのユーザーが流入し、どれだけのユーザーがフォーム入力ページへ遷移したのか、さらにそこから、どれだけのユーザーがフォーム完了ページ（最終ページ）へと進んだのかが、グラフィックをともなって絶対値と遷移率で示されます。

リスティング広告やランディングページの改善が成功すれば、ランディングページからフォーム入力ページへの遷移率は、必ず向上します。Chapter 6-01で実例として挙げたチャイルドシートのランディングページの目標到達プロセスレポートを振り返ってみましょう 02 。運用初期状態では、来訪ユーザーのうち購入フォームに遷移したのはわずか0.28%に過ぎませんでしたが、広告の流入施策とランディングページのキャンペーン特典を改善したことで、その遷移率は1.17%へと大きく向上していることがわかります。対象として適切なユーザーが来訪するようになり、またユーザーに購入したいとより思ってもらえるようになったからにほかなりません。なお、購入フォームから購入完了ページへの遷移率が100%であるため、フォームには問題がないこともここから確認できます。

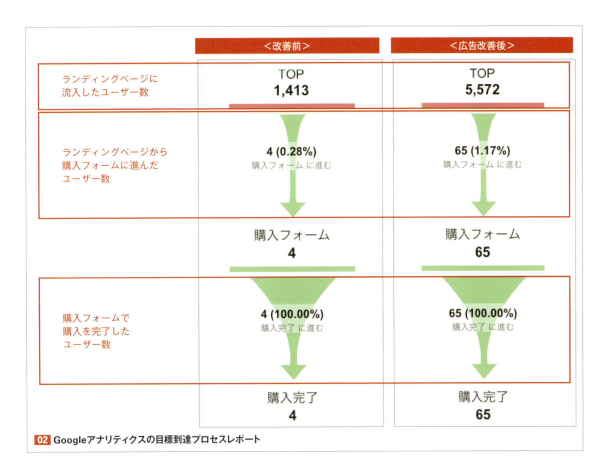

02 Googleアナリティクスの目標到達プロセスレポート

まずはGoogleアナリティクスの目標到達プロセスレポートを閲覧できる状態にし、運用初期の状態を1つの基準値としましょう。そして、リスティング広告やランディングページの改善を行った場合は、このレポートを確認するようにしましょう。成果が出た場合は、その数字は基準値よりも多くなります。一方で改善が失敗した場合は、その数字は基準値よりも少なくなります。広告とランディングページのどちらを改善するべきか迷った場合にも有効です。いずれか1つに的を絞って改善し、改善実施後の数字を週単位で追いかけていくことで、広告とランディングページのどちらに課題があるのかが見えてくるからです。

LANDING PAGE DESIGN METHOD

03 ランディングページ改善の2分類

目標とするコンバージョン率（CVR）と実際のコンバージョン率との乖離度合いなどの状況によって改善施策は変わります。また、コンバージョン総数を最大化してマーケティング効率を上げる、などの目的によっても改善施策は変わります。具体的にどのように改善施策を判断すべきかを解説します。

改善には、大小があることを理解する

ランディングページの改善には、大きく2つの種類があります。混同されがちでもあるため、まずはここで定義しておきましょう。1つ目の改善は、現状のランディングページの運用成果があまりにもかんばしくないと判断した際に行う「大きな改善」です。具体的には、訴求内容や構成、デザインに至るまで、広範囲に見直しをかける、リニューアルに近いものが大きな改善となるでしょう。一方2つ目の改善は、「小さな改善」です。たとえば、目標コンバージョン率と実際のコンバージョン率との乖離も少なく、まだ数字を伸ばす余地があると判断した場合における、部分的な改善がこれにあたります。単一の条件を変更することで改善効果を判定する「A/Bテスト」も、この小さな改善で用いられます。

ランディングページの改善を行う場合、想定していた目標と現在の状況との乖離度合いから、大きな改善と小さな改善のどちらを施すべきかを見極める必要があります。また、ランディングページ自体の改善に着手する場合には、改善ポイントを突き止めるためにも、入口である広告設計と出口であるコンバージョン設計の条件を変更しないまま行うべきだという点にも気を付けてください 01 。

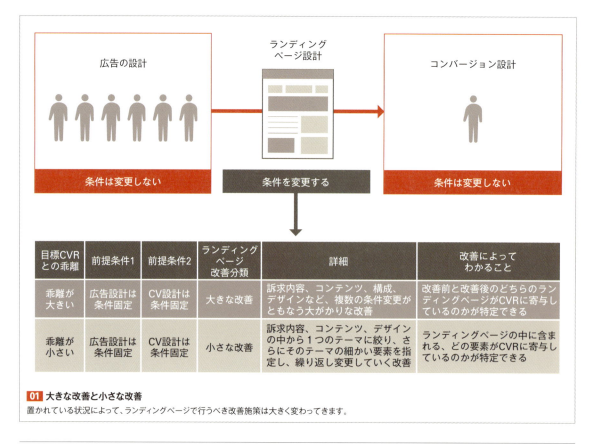

01 大きな改善と小さな改善
置かれている状況によって、ランディングページで行うべき改善施策は大きく変わってきます。

改善における期待値とリスク

大きな改善ほど条件変更するものが多くなるため、改善後のランディングページが既存のランディングページよりもユーザーの期待に応える品質になっていれば、コンバージョン率が大きく改善されるという利点があります。一方で、改善方法を間違えてしまうと、コンバージョン率が激減してしまうリスクがあることも忘れてはいけません。小さな改善の場合は、改善インパクト自体は小さいものの、改善施策を間違わなければ、コツコツと数字を上向きに改善できる傾向があります。こうした違いをふまえて、現在の運用状況を好転させていくために、どちらの改善を施すべきかを判断する必要があります **02**。

改善分類	改善インパクト	リスク	実施までの期間	成果が出るまでの期間
大きな改善	大きい（CVRを数倍に改善することも期待できる）	CVRが激減するリスクもある	長い	短い
小さな改善	小さい（CVRをコンマ数パーセント改善することが期待できる）	CVRが激減するリスクは少ない	短い	長い

02 大きな改善と小さな改善で得られるリターンとリスク

投下する広告予算の規模で改善インパクトも変わる

広告予算の規模もまた、大きな改善と小さな改善の判断基準となります。現状投下している広告予算の規模によっても、改善インパクトが大きく変わってくるからです。たとえば、多くの広告予算を投入して月間で5,000人を流入させているランディングページがあったと仮定しましょう **03**。このとき目標コンバージョン率との乖離は0.2%です。乖離値0.2%を改善すればコンバージョン数が10件も伸びることになるため、小さな改善で効果が出るといえます。

では次に、少ない広告予算で月間500人を流入させているランディングページの乖離値が、同じ0.2%だったと仮定しましょう **04**。この場合、乖離値0.2%が改善できたとしても、コンバージョン数はわずか1件しか伸びません。より多くのコンバージョン数を獲得するには、より大きな改善が必要だということです。

広告予算を少額運用する場合、小さな改善がもたらすインパクトは必然的に小さくなってしまい、またその成果を体感するまでの期間も比較的長期になるのです。少額予算で運用を継続していく場合は、改善インパクトが高い大きな改善を選択する必要があるといえるでしょう。比較的大きな広告予算を投下している会社が、1つの条件を変更してテストするA/Bテストや、いくつかの要素を変更してテストする「多変量解析」など、小さな改善に注力している理由がここにあります。

流入数5,000人	目標値（月間）		実績値（月間）		目標との乖離	
	CVR	CV数	CVR	CV数	CVR	CV数
今月の運用状況	1.2%	60件	1%	50件	0.2%	10件

03 流入数5,000人の場合

流入数500人	目標値（月間）		実績値（月間）		目標との乖離	
	CVR	CV数	CVR	CV数	CVR	CV数
今月の運用状況	1.2%	6件	1%	5件	0.2%	1件

04 流入数500人の場合

LANDING PAGE DESIGN METHOD

04 CTAの改善

ランディングページの改善施策の1つとして、コンバージョンボタンなどのCTAを変更することも挙げられます。コンバージョンボタンや電話番号情報などを少し変更するだけでも、ユーザーのフォーム入力ページへの遷移率を大きく伸ばすことができる場合もあるのです。改善方法を具体的に見ていきましょう。

コンバージョンボタン1つでクリック率が変わる

01 コンバージョンボタンのパターン例

CTAのメインとなるコンバージョンボタンを変更するだけで、クリック率は変化します。問い合わせを促すための、上の2つのコンバージョンボタンで、実際にクリック率にどれだけの差異があるのか見ていきましょう 01 。パターンAは「まずはお気軽にお問い合わせください。」というテキスト要素に加えて、ワインレッドを使った立体感のあるボタンデザインです。一方のパターンBは「お問い合わせ」のテキストを大きく強調し、サブテキストとしてパターンAの要素を使っています。さらにオレンジのカラーやフラットデザインである点も、パターンAと異なります。それでは、Googleアナリティクスと連動してデータ解析ができるGoogle Chromeの拡張ツール「Page Analytics（by Google）」を使い、双方のクリック率とクリック数にどのような違いが出たのか見てみましょう 02 。

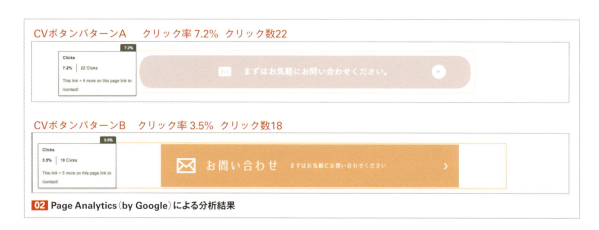

02 Page Analytics（by Google）による分析結果

パターンAのほうが、パターンBよりも、クリック率・クリック数ともに高いという結果が出たことがわかります。すなわち、コンバージョンボタンの要素としてパターンAを採用したほうが、フォーム入力ページへより多くのユーザーを遷移させることができるということです。ただしこの方法では、パターンAのほうが効果的だったということしかわかりません。厳密には、どの要素を変えたことで、クリック率を高められたのでしょうか。パターンAとパターンBのコンバージョンボタンをじっくり観察してみると、そのボタンの印象を構成している、複数の小さな要素が確認できるでしょう **03** 。

コンバージョンボタンの構成要素							
	テキスト	フォントタイプ	フォントサイズ	ボタンサイズ	カラー	加工	装飾パーツA	装飾パーツB
パターンA	テキストタイプA	筑紫ゴシック	21pt	868px×99px	#b9214c	立体感	メールアイコンA	矢印アイコンA
パターンB	テキストタイプB	ロゴたいぷゴシック	30pt	765px×107px	#f56f0c	フラット感	メールアイコンB	矢印アイコンB

03 コンバージョンボタンの構成要素の分析

どの構成要素がクリック率の改善に寄与しているのかを追求していくには、結局のところ、上記の構成要素を1つずつ変更しながら、数字の増減を見ていくほかありません。たとえば、テキストの中身を検証したい場合は、残りの要素は変更せずに、そのテキストの中身だけを変えてテストを行うのです。そして結果に差異が出た場合、テキスト要素を入れ替えたことによって、クリック率が改善／改悪されたと明確に確かめることができます。しかしながらこうした小さな改善は、Chapter 6-03でも触れたように、これらの細かい検証を1つずつこなしていかなければならない根気の必要な作業です。ユーザーの流入数が少ない場合は、しっかりとした改善までにかなりの時間がかかるということを理解しておいたほうがよいでしょう。

CTAの要素数を増やしてコンバージョン総数を上げる

ランディングページ内におけるCTAの改善は、ボタンデザインだけではありません。たとえば、コンバージョンボタンを、1つではなく2つ並列させて運用するように改善してみてもよいでしょう。社内的なリソースを割くことができる場合などにおいては、電話による問い合わせや相談受付の情報を併記するというのも有効な改善施策となりえます **04** 。こうしてCTAの要素数を増やせば、ユーザーとの接点が増えるため、コンバージョン総数の増加につながりやすいのです。

CTAパターンA

CTAを1つに絞り込む場合
■メリット
・CV解析の手間が減る　・必要なコンバージョンだけが期待できる
■デメリット
・幅広いユーザーからのCVは獲得しづらい

CTAパターンB

CTAを電話と併用する場合
■メリット
・メールコンバージョン以外のライトユーザーのCV数増加が期待できる
■デメリット
・電話CVの計測がしづらくなる　・オペレーションコストがかかる

CTAパターンC

CTAを2種類併用する場合
■メリット
・メールコンバージョンによるライトユーザーのCV数増加が期待できる
■デメリット
・オペレーションコストがかかる　・CV解析の手間が増える

04 CTAの要素によるメリット／デメリット

207

LANDING PAGE DESIGN METHOD

05 | ファーストビューの
デザイン改善

ランディングページ来訪時のユーザーの第一印象を決めるのは、ファーストビューにほかなりません。このファーストビューの完成度次第で、直帰率改善と直下のコンテンツへのスクロール率が大きく変わる可能性があります。そのため、ファーストビューのデザイン改善は非常に重要です。

ファーストビューの改善インパクトが大きい理由

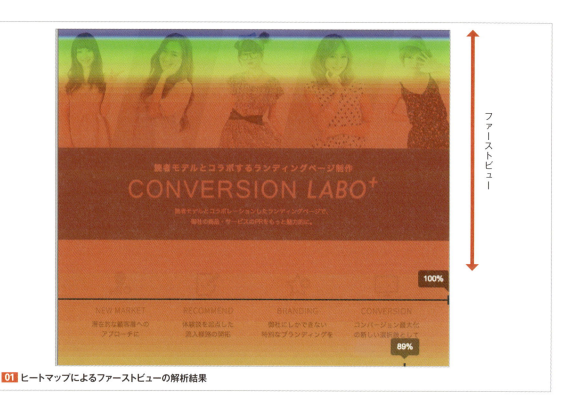

01 ヒートマップによるファーストビューの解析結果

基本的に、ランディングページは縦に長く構成されるページであるため、下のセクションにスクロールしていけばいくほど、ユーザーは途中で離脱していく傾向があります。最下部のセクションに至っては、スクロール率は15～25％前後にまで落ちてしまうことが多いものです。すべての人が最後までスクロールしてくれるわけではないということを、まずは念頭に置いておく必要があるでしょう。

このような理由から、もっとも多くのユーザーが滞在するセクションで、スクロール率を上昇させる施策を行っておくことが欠かせないといえるでしょう。そしてそのもっとも多くのユーザーが滞在するセクションこそがファーストビューなのです。上の画像は、ヒートマップによってファーストビューを解析した画面です 01 。画面上の赤くなっているエリアは、ユーザーが滞在した（＝注目した）部分であることを示しています。この解析結果からひと目でわかるように、来訪ユーザーの100％が、ランディングページのファーストビューを注視しているのです。ファーストビューを効果的に改善することができれば、スクロール率はもちろん、直帰率、ページ滞在時間、コンバージョン率などの各指標の改善へとつなげられるのです。ファーストビューで何を伝えるようにすればよいのか、そしてそのためにどのようなデザインにすればよいのかということを熟慮し、ユーザーのニーズにもっとも合致するファーストビューを検証していくということが、運用フェーズでは必要になってくるでしょう。

ファーストビューはどう検証するべきか

ファーストビューの改善を行うとき、あるいは制作過程において、どのような要素配置や配色、テキスト要素を用いるべきなのでしょうか。これは実のところ、あくまで仮説ベースでしか判断することができません。実際には、運用結果として出てくる具体的な数字をもとに、ファーストビューの改善を繰り返しながら検証して、成果に貢献している要素を見つけ出していくほかありません。

要素が複雑に構成されたファーストビューにおいては、こうした改善を行う際に、何を検証したいのかという目的を明確にしたうえで、デザインに落とし込んでいく必要があるでしょう。主要なものとしては、テキスト要素、写真要素、デザイン要素、レイアウト要素などが挙げられます。それではここで、結婚式場の比較ができるサービスがあったと仮定し、そのランディングページのファーストビューのデザイン検証の過程を、例として見ていきましょう 02 。

情報量の多さで検証をしたい場合

ファーストビューパターンA

もっとも伝えたいテキスト要素を大きく使っているパターン。このテキスト要素だけでサービスのイメージが湧きづらいのではないかという仮説を立てた場合に、右のパターンBを用意する。

ファーストビューパターンB

もっとも伝えたいテキスト要素に加えて、サブテキストの要素を追加したファーストビューデザイン。テキスト要素が小さくなったものの、情報量は増えている。
なお、要素のレイアウトも考え、デザインは微調整されている。

デザインタイプの違いで検証をしたい場合

ファーストビューパターンA

伝えたい内容自体は、同条件として変更しない。デザイン要素の違いによる検証をするため、写真素材の扱い、レイアウトなどを変更した右のパターンCを用意する。

ファーストビューパターンC

写真素材の扱いとレイアウト、フォントカラーを変更し、パターンAとは大きく見た目が異なるファーストビューデザインに。伝える内容はパターンAと同じであるため、デザインの改善成果が検証できる。

02 目的に応じたファーストビューの改善パターン例

このように、仮説や検証したいことを事前に決めたうえで、その目的に合わせたデザインパターンを用意し、のちの実践フェーズで、どちらが効果的なのかを検証するA/Bテストを行っていくこととなります。A/Bテストを行った結果、直帰率、ページ滞在時間、スクロール率、コンバージョン率など、いくつかの指標がどのように変化したのかというデータ検証を、必ずセットで行っていきましょう。のちのち改善ポイントの絞り込みを行ったり、効果的な改善計画を組み立てたりすることにつながるからです。

LANDING PAGE DESIGN METHOD

06 リスティング広告の改善でできること

これまでは、主にランディングページ自体の改善について解説してきました。ここでは、ランディングページの目線ではなく、インターネット広告の中でも特にランディングページによる効果改善幅が大きいといわれているリスティング広告の目線から、改善できる内容について見ていきましょう。

リスティング広告で改善できる内容

これまでにも繰り返し説明してきたように、ユーザーがランディングページに来訪するときの主な入口は、検索サイトの検索結果ページに掲載されるリスティング広告です。ユーザーが検索したキーワードと、リスティング広告で設定しておいたキーワードが合致する場合に広告が掲載されるため、まずはキーワードの改善から考えていきましょう。

リスティング広告では、広告を出稿するためのキーワードを自由に複数選ぶことができます。また、広告を出稿したあとで、これまでのキーワードを停止したり、新しいキーワードを追加したりすることも可能です。そのため、まずChapter 1-03などを参考に、自社の商品・サービスと親和性が高いと思われるキーワードを出稿したあとで、キーワードごとに反応を確認しながら改善していきましょう。リスティング広告サービスであるGoogle AdWordsやYahoo!プロモーション広告では、キーワードごとの集客成果が詳細に確認できます。集客成果が低いものを停止し、集客成果が高いものを残したり追加したりすることによって、よりよいキーワードに改善していきましょう。

このとき、キーワードによって広告の掲載順位が変わるという点にも注意しなければなりません。リスティング広告はオークションにより広告の掲載順位が決定されていますが、オークションの結果を左右するのは入札価格だけではありません。キーワードと、広告文やランディングページとの関連性などから決められる「品質」によっても、掲載順位が左右されるということを思い出してください（Chapter 1-03参照）。広告の掲載順位が高ければ高いほどユーザーの目に止まりやすくなるため、ランディングページのコンテンツや広告文との親和性を意識して、掲載順位を上位に持っていくことを目指しましょう。また、効果はそこまで高くないキーワードでも、低い入札価格で広告を掲載できるものであれば、顧客獲得単価を低く抑えるために、あえて使用する手もあるでしょう。このように、キーワードごとの掲載順位の効果を考えながら選定することで、集客効果を改善することができます。

これらのポイントは、リスティング広告の最適化を目的とした改善施策になりますが、最適化を長く繰り返していると、ユーザー獲得における絶対的な母数は減少していきます。そのためリスティング広告においても、通常のビジネスの視点と同様に、新規顧客を開拓していく必要があります。そこで、効果が高いキーワードの情報をもとに、そのキーワードでアクションを起こしているユーザーが、どのようなユーザーなのかを想像することが重要になります。この際、プロファイリングという方法が一般的です。詳細は次ページにて解説していきます。

なお、キーワードと関連する形で、広告文やランディングページも改善していかなければなりません。リスティング広告サービスでは、出稿している広告に関するデータが常に取得できます。広告出稿状況をデータで確認したうえで、広告文の見直しや検証、リンク先に設定するランディングページの見直しなどを行うことで改善していきましょう 01 。

それではここから、より詳細な改善に向けた具体的な施策内容を見ていきましょう。

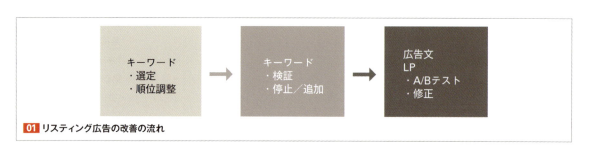

01 リスティング広告の改善の流れ

キーワード精査とプロファイリングによる新規顧客開拓

リスティング広告を含めたインターネット広告では、キーワードや広告（テキスト、バナーなど）ごとに、詳細な効果を計測することができます。そこから効果がよいものと悪いものを洗い出して精査すれば、一時的な成果は得られるかもしれません。しかしながら、どれだけ効果がよいものを残していったとしても、いずれその中でも効果が落ちてくるものが現れてきます。なぜなら、ユーザーの欲求は常に進化しており、競合他社のサービスも進化しているからです。そういった視点を持たずにただ数字を見て精査してしまうと、どんどんと成果が縮小してしまいます。それでは、どういう方法でキーワードを精査していけばよいのでしょうか。結論からいえば、効果がよいキーワード群から、2つの視点で傾向を分析する必要があるのです。

まず1つ目に、自社サービスとユーザーとの相性をキーワードから継続的に読み取ることが必要です。ユーザーを獲得しているキーワードの定性的な情報は、ユーザーが求めている情報とマッチした結果を表します。ただ効果がよいということだけを見るのではなく、効果がよい理由を常に読み取ることで、より相性のよいユーザー像が見えてきます。そこからユーザーの欲求を満たす方向につなげていきましょう。企業戦略でいう、既存市場における顧客の開拓を意味します 02 。

そして2つ目に、成果に至ったキーワードや申込情報からユーザーの属性を推察し、プロファイリングすることで、自社のサービスを必要としているユーザーを想像することが必要です。このプロファイリングには「ペルソナ」という手法を使用します。ペルソナとは、年齢や性別などの定量的な情報だけでなく、ライフスタイルや趣味などの具体的なユーザー像を設定するというものです。これにより、どういった生活シーンでインターネットやデバイスと接点を持ち、どういったキーワードで検索活動が行われるかを予測することができるため、非常に効果的です。また、生活導線から検索活動を想像することで、今までに考えつかなかったキーワード（キラーワード）なども浮上してきます。つまり、企業戦略でいう新規顧客の開拓にも役立つということです。このようにリスティング広告におけるキーワード精査というものは、やり方次第で非常に効果的な施策になってきます。

02 ユーザーとの相性
効果的なキーワードの傾向を掘り下げて考えていくことで、サービスと相性のよいユーザー像も見えてきます。

広告文やバナーの精査

次に、広告文やバナーの精査について見ていきましょう。検索連動型のリスティング広告についての改善では、やはりキーワードとあわせて広告文やバナーを精査することが、もっとも効果的で、なおかつ短期間での改善をもたらす施策になるでしょう。そしてこの広告文やバナーの精査についても、2つの重要なポイントがあります。まず1つ目に、キーワード精査と同様、ユーザーが欲している情報を予測したうえで、広告文やバナーを作成することが挙げられます。検索されているキーワードから自社サービスにて提供できる内容を吟味したうえで、ユーザーにメリットを与える訴求を行うということです。そして2つ目は、一貫性やストーリー性を意識して広告文やバナーを設置するということです。ユーザーは、検索エンジンを使用して特定のキーワードで検索し、広告をクリックしてランディングページを訪れます。つまり、キーワードと広告文やバナー、そしてランディングページのすべてに一貫性を求めているのです。この一貫性がユーザーに安心感を与えることになるため、ぜひ意識しておきましょう。また、ストーリー性とは、ユーザーがコンバージョンに至るまでのシナリオのことです。インターネットには多くの情報が掲載されているため、競合他社のサービスと比較して悩んでいるユーザーも多々いるものです。悩んでいるユーザーを後押しするには、納得できる流れを提供し、行動に至る動機を与えてあげる必要があります。そのためには、広告文やバナーで、ユーザーに強い関心を抱かせ、行動に至らせる確率が高い訴求内容を、ストーリーのように提供していかなければなりません。

除外キーワードで広告配信の無駄をなくす

これまでに、キーワードや広告文におけるリスティング広告の改善について解説してきました。続いて、リスティング広告でぜひ設定しておきたい「除外キーワード」について見ていきましょう。

先述のように、リスティング広告では、広告を配信をしたい検索キーワードをあらかじめ登録します。Chapter 2-02でも触れたように、この際に登録するキーワードには、指定したキーワードと検索キーワードがどこまで一致したら広告が掲載されるのかという「マッチタイプ」を設定することができます。キーワードが完全に一致すると掲載される「完全一致」、フレーズが一致すると掲載される「フレーズ一致」、一部が一致すると掲載される「部分一致」など、さまざまなものがあります。この中の「部分一致」というマッチタイプでキーワードを登録すると、関連する検索キーワードを幅広く拾い上げることができるのですが、商品やサービスと関連性が低いキーワードまで、あわせて拾い上げてしまう場合があります。こういった場合に、特定のキーワードを含む検索結果に広告を掲載しないようにするためにあるものが、除外キーワードなのです。

たとえば、ビジネススーツを提供している会社が、「新社会人　スーツ」というキーワードを部分一致のマッチタイプで登録したとします。この場合、「新社会人」や「新卒」といった検索キーワードでも広告が掲載される場合があります。たとえばこのとき、ユーザーが新社会人や新卒の就職状況について調べたいだけだったとしたら、掲載された広告にも意味がなくなってしまいます。こうした意図しない広告掲載を排除するために、「新社会人」、「新卒」といったキーワードを「完全一致」として除外キーワードに設定します。このようにすると、「新社会人」、「新卒」といったキーワードの検索結果には、広告が掲載されなくなります。もちろん、目的としている「新社会人　スーツ」というキーワード検索では広告は掲載されます。

もう1つ例として、税理士事務所の場合を見てみましょう。リスティング広告で、「税理士」というキーワードを「部分一致」のマッチタイプにて入札していたとします。この「税理士」というキーワードがこの事務所にとって非常に重要なキーワードだということはおわかりでしょう。しかしながら、「税理士　資格」や「税理士　専門学校」などのキーワードの検索結果でも、広告が掲載されてしまうのです 03 。この検索ユーザーは税理士に何かを相談したいわけではなく、税理士の資格を目指しているだけであるため、このユーザーに広告を見せても思うような効果は得られません。こういった場合に「資格」や「専門学校」というキーワードを除外キーワードとして登録することにより、広告配信対象から排除することができます。こういった無駄になる配信を排除していくことで、マーケティングを効率的に進めていくことができるのです。

リスティング広告では、こういった除外キーワードの設定を根気よく行っていくことで、大きく効果を改善することができます。リスティング広告を始める段階では、あくまで上記のような無駄な広告表示を予測して除外キーワードを設定しますが、広告配信を進めていくにあたって、ユーザーが検索した語句である検索クエリ[*1]を確認して、定期的に無駄な配信を減らしていきましょう。そのようにして地道に作業を行っていくことも、リスティング広告では非常に重要です。ぜひ一度、検索クエリを確認し、無駄な配信が行われていないかどうかをチェックしてみてください。

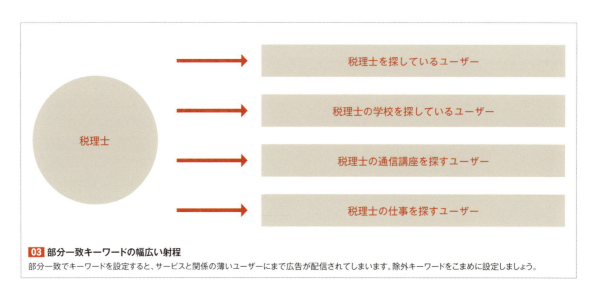

03 部分一致キーワードの幅広い射程
部分一致でキーワードを設定すると、サービスと関係の薄いユーザーにまで広告が配信されてしまいます。除外キーワードをこまめに設定しましょう。

*1：検索クエリ
ユーザーによって実際に検索窓に入力された語句。
リスティング広告サービスで確認することが可能。

除外キーワードの設定方法

それでは実際に、リスティング広告で除外キーワードを登録してみましょう。Yahoo!プロモーション広告とGoogle AdWordsでは運用画面上の設定箇所は異なりますが、対象とするキャンペーンや広告グループを選択したうえで、登録したい除外キーワードを登録する流れは共通です。

Yahoo!プロモーション広告では、除外キーワードを「対象外キーワード」と呼んでいます。広告管理ツールの[スポンサードサーチ]タブをクリックし、[ツール]タブをクリックして、「ツール一覧」画面で[対象外キーワードツール]をクリックすることで、対象外キーワードを設定することができます 04 。

04 Yahoo!プロモーション広告の対象外キーワードの設定画面

Google AdWordsでは、まず[キーワード]タブをクリックし、次に[除外キーワード]タブをクリックします。「広告グループ単位」と「キャンペーン単位」の2つが表示されるので、任意のものを選択し、除外キーワードを設定しましょう 05 。

05 Google AdWordsの除外キーワードの設定画面

213

LANDING PAGE DESIGN METHOD

07 配信エリアの最適化

企業がターゲットとしているユーザーは、サービスによっては地域に限定されたものです。また、全国的に展開している企業とそうではない企業も存在しています。そうした事情を反映し、より効率的に広告を配信するために、リスティング広告における配信エリアの最適化について解説します。

リスティング広告でどのぐらい配信エリアを限定できるのか

リスティング広告は、検索サイトで検索されたキーワードに関連して表示されるものだということは、これまでに繰り返し確認してきました。しかし、リスティング広告に設定しておいたキーワードと検索キーワードが合致したからといって、必ずしも常に広告が掲載されるわけではありません。リスティング広告では、地域を限定して広告を配信することが可能だからです。

それでは、どのような範囲で広告を限定することができるのでしょうか。結論からいえば、都道府県、市区町村まで配信エリアを指定することが可能です。そして、配信エリアを指定して広告の露出に関して強弱を付けることもできます。ちなみにGoogle AdWordsでは、海外に向けた配信を限定して行うことまで可能です。グローバルに展開している企業では、海外向けのランディングページを制作し、ターゲット国に向けて広告配信をしている例も見られます。

ここで例として、Yahoo!プロモーション広告における地域設定の画面を見てみましょう 01 。このように、都道府県、市区町村まで配信地域を細分化することが可能であるだけでなく、さらにエリアごとに配信の強弱を設定することまでできるのです。

Chapter 6-01で紹介したチャイルドシートの例でも、配信エリアを絞り込むことで劇的な改善を達成することができました。ターゲットとしてふさわしくない地域に広告が配信されないように設定して、リスティング広告を最適化しましょう。

01 Yahoo!プロモーション広告における地域設定の画面
配信地域を詳細に設定することができるため、無駄な広告配信を抑えることができます。

配信エリアを最適化する

それでは、実際に配信エリアを限定してリスティング広告を最適化していく方法を、具体的にいくつか紹介していきたいと思います。

■ 特定のエリアに絞って配信を行う

まずは、特定のエリアに絞って配信を行う方法です。これは、全国展開している大手企業ではなく中小企業に採用されることが多い配信方法の1つです。市場全体に広告を配信した場合に予算がかさんでしまう、特定のエリアでしかサービスを提供していない、特定のエリアに存在する強い競合他社を避けるため、などの理由から採用されます。

■ エリアごとに配信の強弱を付ける

次に、エリアごとの配信の強弱についてです。この施策は、大手企業、中小企業などの区別なく行われているものです。実店舗を運営しているアパレル企業が、リスティング広告を利用している場合などに多く利用されます。たとえば、クーポンの提供などの来店促進のためのリスティング広告を展開している店舗が渋谷区に多く出店している場合、渋谷区での顧客獲得競争が高くなるでしょう。そこで、渋谷区での広告露出を強めれば、効果的に集客を実施することが可能になるというわけです。

■ キーワードを地域ごとに分けて配信を行う

最後に、キーワードを地域ごとに分けて配信を行う方法です。特に検索数が多いキーワードで広告掲載をしている場合に実施されることが多い施策です。たとえば、全国的にサービスを展開している不動産会社が「マンション」というキーワードで広告を掲載している場合が挙げられます。都道府県ごとに、必要なクリック単価、競合他社が掲載している広告数、訴求している内容などが異なってきます。そのような場合に、都道府県別に配信エリアを分類し、掲載順位や広告の訴求内容を検証することにより、各地域ごとの戦略を実施することが可能になります。

地域別にランディングページを用意して訴求する

配信エリアを最適化する手段は、リスティング広告だけではありません。地域別に異なるランディングページを用意して訴求することも、有効な手段です。この方法に関しては2つのパターンが存在します。まず1つ目は、地域ごとに提供しているサービスが異なる場合です。たとえば、資格取得を支援するビジネススクールなどの場合です。都内にはスクールがあるものの、郊外にはスクールがないため、郊外向けにはオンラインスクールのサービスを提供しているとします。この場合、都内のユーザーにはビジネススクールへ来校してもらうように促しますが、郊外のユーザーにはオンラインスクールへの申し込みを促します。このような場合に、地域別に異なるランディングページを用意して訴求していくことで、ビジネスの最適化を図ることができるのです。

2つ目は、地域別の傾向を反映する必要がある場合です。こちらも例を挙げて説明しましょう。新サービスを展開しているある企業が、東京や大阪、愛知、福岡などの大都市圏では認知されているものの、それ以外の都市圏ではあまり知られていないとします。その場合、大都市圏向けのランディングページでは、サービスの説明を重視するより、そのほかの訴求内容を盛り込んだランディングページを用意すべきでしょう。一方それ以外の都市圏では、サービス内容の詳細を理解してもらうためのランディングページを用意する必要があります 02 。サービスに関連するキーワードの検索傾向が地域ごとに異なる場合には、こういった手段も必要になるかと思います。

02 地域別にランディングページを用意する必要性

LANDING PAGE DESIGN METHOD

08 | 広告側のA/Bテスト

これまでに、ランディングページにおけるA/Bテストについてはたびたび説明してきました。しかし、ランディングページの検証に合わせて、広告側でも常にA/Bテストを行い、効果を検証していく必要があります。ここでは、広告側のA/Bテストを効果的に行うポイントについて解説していきます。

広告文・バナーのA/Bテスト

リスティング広告では、広告文やバナーなど、広告として表示されている内容について、常にA/Bテストを実施し、効果を検証していきましょう。この作業によって、広告効果をさらに改善していくことが可能になります。そのA/Bテストを行うにあたっては、以下のポイントに注意しておくとよいでしょう。

■ あまり多くのパターンで実施しない

A/Bテストを実施する際、広告文を複数用意して均等に配信するように設定しますが、多くのパターンで広告文をテストしようとすると、データの蓄積に時間がかかり、効果検証のスパンが長くなってしまいます。そのため、効果の改善までに時間がかかったり、複数の中でどれが効果がよいのかがわかりづらくなることがあります。広告文のA/Bテストは、短期間で改善するためにも、極力2~4パターンで展開することを推奨します。

■ 効果の判断を行う母数をあらかじめ設定しておく

リスティング広告では、キーワードに対して広告文を設定することができます。そのキーワードと広告文の組み合わせを複数パターン用意することでも、A/Bテストを実施することができます。ただし、検索数が多いキーワードではすぐにサンプル数が蓄積されますが、検索数が少ないキーワードではなかなかサンプル数が蓄積されません。こういった違いが発生する場合、同じ期間内で検証を行って優劣を判断していくのは非常に難しくなります。そのため、どれぐらいのデータが蓄積された段階で判断するのかという母数の基準を、あらかじめ設定しておくことを推奨します。

■ 大きい訴求内容から徐々に訴求内容を狭めていく

広告文のA/Bテストを実施する際に、最初の段階から、一部の訴求内容のみ異なるような類似した広告文でA/Bテストを実施すると、それらと全く異なるより効果的な訴求内容を見逃してしまうことになりかねません。そのためまずは、訴求軸が大きく異なる広告文を2パターン用意してテストしていくのがよいでしょう。効果がよいものを選びながら、徐々に訴求内容を細かく分類していけば、効率的に最適化を進めていくことができるでしょう 01 。

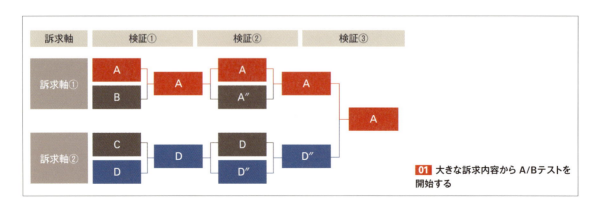

01 大きな訴求内容から A/Bテストを開始する

「効果重視」と「認知重視」

ここでは、広告文のA/Bテストを、ランディングページ制作サービスの例をもとに解説していきます。今回は、効果を重視した広告文2パターンと、認知を重視した広告文2パターンの、計4パターンのテストを行った場合について紹介します。なお、検索キーワードは「ランディングページ制作」や「LP制作」といったものを想定しています。まず、効果重視型の広告文について見てみましょう 02 。

【パターンA】
ランディングページで成功率UP
徹底したコミュニケーションデザインが
成功に導く！まずは無料お見積りから。

【パターンB】
ランディングページで成功率UP
徹底したコミュニケーションデザインが
成功に導く！簡単お申込はコチラ。

02 効果重視型の広告文パターン

パターンA・パターンBともに、全体的な訴求はランディングページにおけるコミュニケーションデザインで成功率を上げるというコンセプトですが、ユーザーの行動を考慮して、「お見積り」、「お申込」という表現の違いを持たせています。ユーザーは、まず広告文を読んでから、ランディングページを訪れて、アクションを起こします。そのため、最初に広告文で接触した言葉によって、微細ながらも心理に影響が与えられるものでしょう。その微細な影響の効果が、「お見積り」と「お申込」のどちらで強く表れるのかということを、こうした効果重視型の広告文では慎重にテストしていきます。

次に、認知重視型の広告文について説明します。このテストは、ランディングページをユーザーに広く認知してもらいたい場合に実施します 03 。

【パターンC】
LP制作実績で探すならCVラボ
ただ作るだけじゃない！LP制作から
検証、改善までトータルでサポート

【パターンD】
LP制作事例で探すならCVラボ
ただ作るだけじゃない！LP制作から
検証、改善までトータルでサポート

03 認知重視型の広告文パターン

パターンC・パターンDともにタイトル文に「CVラボ」といサービス名を入れ込んでいます。そして、ユーザーへサービスの強みを伝える広告文を掲載しています。このランディングページでは、ただランディングページを制作するだけでなく、制作物における結果を分析し、効果検証までをサポートすることを強みとしているとしましょう。そして、ランディングページには事例集や実績数などをコンテンツとして用意しているとします。この場合、広告文の比較対象は、タイトルにおける「実績」と「事例」の部分になります。一見似た内容ではありますが、ユーザーの目的という視点から見ると多少なりとも異なります。実績があれば安心だと感じるユーザーと、実績だけではなく実際の改善事例を見たうえで判断したいと考えるユーザーでは、アクションへの判断基準が異なると思われるからです。

こうした些細な内容の違いにより、ユーザーがランディングページをどれぐらい読み込むのかが異なってきます。効果の検証においては、解析ツールを利用して、「ランディングページの平均滞在時間」を比較するとよいでしょう。また、全体としてサービス検索数の推移を確認するのも効果的です。このようにA/Bテストは、目的を持って実施することにより、効果が見えやすくなります 04 。

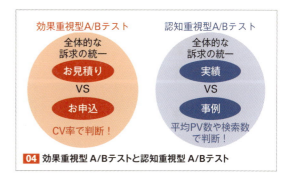

04 効果重視型A/Bテストと認知重視型A/Bテスト

LANDING PAGE DESIGN METHOD

09 | フォームの検証と改善施策

ランディングページ内には、スライダーやタブなど、ユーザーに操作を委ねるコンテンツも存在しますが、とりわけ操作をユーザーに委ねる部分が多いものがフォームです。そのため、フォームでのユーザーの使いやすさ・入力のしやすさを改善することも、必要な施策といえるでしょう。

パソコンとスマートフォンでユーザーの動きも異なる

フォームの改善を考えるうえでは、パソコンとスマートフォンでのユーザーの動きの違いに注目することが大切です。パソコンとスマートフォンではユーザーの操作が大きく異なることが、下のクリック／タップポイントの分析画面からも見て取れるでしょう 01 。パソコンにおいては、横に長いスクリーンの仕様上、左右のスペースが有効活用できるため、フォームの項目も比較的ワイドに配置しても違和感はありません。一方でスマートフォンでは、映画やゲームなどを除いては、縦読みが主体となるため、フォームのレイアウトもパソコン向けのものと比べて、やはり縦長にならざるをえません。また、選択項目などを選ぶ場合においても、右利きユーザーが多いため、画面中央から右側にタップポイントが集中します。

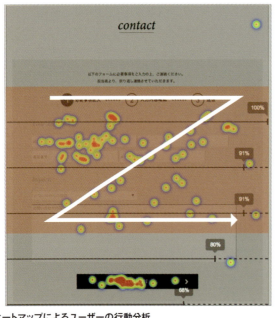

01 ヒートマップによるユーザーの行動分析
パソコン向けフォームでは左右の動きが多くなっていますが、スマートフォン向けのフォームでは縦の動きが多くなっています。

こうした端末別に異なるユーザーの行動特性をふまえて、フォームの改修／改善をどのように行えばよいのかを考えていくことが、とても重要です。フォームの入力が完了しなければコンバージョンに至ったとはいえないため、ランディングページのコンテンツの改善や広告の改善と同様に、フォームの改善も優先度が高いといえるでしょう。特に、Webサービス系やEC系など、電話対応によるコンバージョンポイントを設けていない場合は、このフォーム改善が生命線ともいえます。

ユーザーの裾野を広げるためにもフォーム改善は有効

入力項目への「必須」および「任意」の表記や、郵便番号入力による住所の自動表示、必須項目でのエラー表示、自動スクロールによるエラー箇所へのナビゲートなど、基本的なデザインおよび技術的なサポートがすでに実装されているとしましょう。そのうえで、フォームを新たに改善していく場合、ユーザーの裾野を広げる方向に改善施策は向かいます。たとえば、どうしてもこの商品・サービスが欲しいという強いモチベーションを持ったユーザーは、多少フォームデザインや技術的なサポートが乏しい場合においても、そのハードルを乗り越えて、コンバージョンまで至るケースが多いものです。反面、そうではないライトユーザーは、少しのエラーや入力行為そのものを面倒だと感じ、行為そのものを諦め、離脱していくという傾向があります 02 。そのようなライトユーザーを積極的に増やしていく場合、フォーム入力のハードルを下げ、結果的に、コンバージョンの絶対数を増やしていくという方法が、1つの大きな選択肢となります。

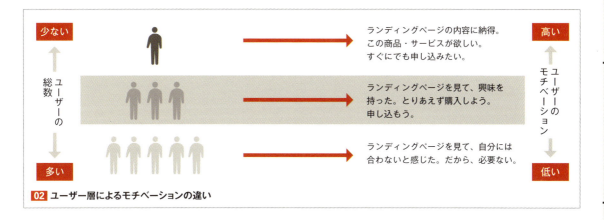

02 ユーザー層によるモチベーションの違い

フォーム改善施策のパターン

フォームの入力ハードルを下げる施策として、どういったものがあるのでしょうか。いくつかのパターンを見ていきましょう。いずれも、ライトユーザーを集めるということを目的にしている施策です 03 。

施策01　入力項目数を最小化する
必要ないと判断した任意の項目を見直し、入力項目対象から外してしまう。また、必須項目においても同様に、不要だと判断した場合は、項目から外す。

■メリット
ユーザーの心理的な入力ハードルを下げられる

■デメリット
CV後の対象ユーザーの把握が難しくなってしまう

施策02　入力ボックスをまとめる
氏名を、性と名で2つの入力ボックスに分けているケースなどは、1つの入力ボックスにまとめてしまう。それによって、入力ボックス全体の総数を最小限に抑える。ふりがなや電話番号などの項目も同様。

■メリット
ユーザーの物理的な入力ハードルを下げられる

■デメリット
フルネームを入力してくれないケースがある

施策03　確認画面遷移をなくす
入力ページ最下部にあるボタンを送信ボタンに変更し、確認画面への遷移をなくす。ユーザーに委ねる確認作業を取り除き、送信ボタンをワンクリックするだけで完了できるようにフォームを改修する。

■メリット
ユーザーの物理的な入力ハードルを下げられる

■デメリット
ユーザーの入力ミスがそのまま送信されることも

03 フォーム改善施策のパターン

INDEX

記号・数字

:first-child	169
.htaccess	161
`<a>`タグ	179
`<div>`タグ	171
`<dl>`タグ	187
`<h1>`～`<h6>`タグ	171
`<li>`タグ	178
`<p>`タグ	152,171
`<ul>`タグ	178

アルファベット

A

A/Bテスト	204,209,216
after擬似要素	188
alt属性	152

B

background-color	187
background-image	187
background-size	168
BizMark	049
blurイベント	186
border-radius	168
B to B	039
B to C	039
bxSlider	177,181

C

class	170
Code Beautifer	157
CSS3	037
CSS Compressor	157
CTA	045,120,206

D

DTP	150

E

effect_speed	193
EFO	128

F

float	163

G

GIF	158
Google AdWords	034
Google Developers	061
Googleアナリティクス	049
Googleトレンド	040

H

HTML5	037
html5shiv.js	169

I

id	170

J

JavaScript	144,174
JavaScriptライブラリ	156

JPEG	158
JPEGmini	161
jQuery	037
jQuery プラグイン	177

K

KGI	043
KPI	043

L

Lazy Load Plugin for jQuery	192

M

Mac	167
metaタグ	173
Microsoft Edge	166
MITライセンス	177

O

Online JavaScript/CSS Compressor	157

P

Page Analytics（by Google）	206
PageSpeed Insights	061
Photoshop	122,159
PHP	162
PNG	158
position:absolute	165
position:fixed;	195

S

selectivizr.js	169
SEO	145

T

TiniyPNG	161
toggleClass	190

U

UIデザイン	124

V

VI	112

W

Windows	167
WordPress	161
wrapper	173

Y

Yahoo!プロモーション広告	034

五十音

あ〜お

アコーディオンメニュー	124,188
アップセル	039
アンカーリンク	124
イラスト	097
オウンドメディア	030
お客様の声	091
オブジェクト	136

か〜こ

画像フォント	115,150
関数	190
キービジュアル	116
キーワード	034,040,062
キーワードアドバイスツール	040
キーワードプランナー	040
共感系コンテンツ	088
キラーワード	211
クリック単価	035
検索クエリ	212
検索ボリューム	036
検索連動型広告	034
広告文	211,216
構成	076
顧客獲得単価	032
コードの圧縮	156
コーポレートサイト	030
コメント	155
コンシューマー	138
コンバージョン	030,032
コンバージョンエリア	120
コンバージョンカラー	025,107,112
コンバージョンポイント	069
コンバージョン率	032

さ〜せ

サイドナビ	125
サブカラー	025,107,112
サブフォント	115
写真	096,132
ジャンプ率	105
条件付きコメント	169
情報設計	057
情報デザイン	031
除外キーワード	212
スライダー	103,176
セクション	072
セレクタ	154
戦略設計	054

た〜と

タイポグラフィー	150
タブメニュー	180
多変量解析	205
遅延表示	192
テキスト	074
デザインカンプ	144
デザインルール	101,107
デバイスフォント	100,115,150
動的デザイン	182
特徴系コンテンツ	094
トーン＆マナー	108

な〜に

ナビメニュー	125
入力ボックス	129

は〜へ

配信エリア	214
パターンオーバーレイ	122
バックエンドエンジニア	046
バナー	211,216
パララックス	103,184
バリデーション	186
ビッグワード	062
ヒートマップ	174
評価系コンテンツ	092
表示速度	148,158
品質スコア	035
ファーストビュー	080,116,208
ファネル分析	203
フォーム	128,186,218

フォント	114
フッター	147
ブラウザ	166
プラグイン	156
ブランディングサイト	030
ブランドイメージ	102
ブランドカラー	112
ブランドワード	062
フルードイメージ	163
フレームワーク	156
フローチャート	065
フロントエンドエンジニア	046
ページャー	179
ヘッダー	147
ヘッダーの固定	194
ペルソナ	211
変数	190
ベンチマーク	109

ま〜も

マークアップ	171
マーケティングデザイン	136
マッチタイプ	212
ミドルワード	062
メインカラー	025,107,112
メインフォント	115
目標到達プロセスレポート	203
モバイルファースト	165

ゆ〜よ

ユーザーインサイト	117
余白	134

ら〜れ

ライトボックス	130
ライトユーザー	219
ランディングページ	030
リキッドレイアウト	163
リスティング広告	030,034,210
リセットCSS	172
レイヤースタイル	122
レガシーブラウザ	147
レスポンシブWebデザイン	162

わ

ワイヤーフレーム	057,076

Credit

ランディングページ見本帳
掲載ランディングページ出典一覧

※運営会社／商品・サービス名／制作会社／ランディングページURLの順に記載してあります。

001-01（P.008-009）
株式会社ポストスケイプ
コンバージョンラボ
株式会社ポストスケイプ
http://conversion-labo.jp/lp_ver02/

002-01（P.010-011）
株式会社石崎電機製作所
男前アイロン
株式会社ポストスケイプ
http://otokomae-iron.jp

002-02（P.011）
株式会社石崎電機製作所
男前アイロン
株式会社ポストスケイプ
http://otokomae-iron.jp/sp/

003-01（P.012-013）
アイアイメディカル株式会社
ビベッケ
株式会社ポストスケイプ
http://panna.cc/lineup/vibekeuv.html

004-01（P.014-015）
株式会社フリーマム
キエルト
株式会社ポストスケイプ
http://kielt.co.jp

005-01（P.016-017）
株式会社アプリ
アプリリゾート
株式会社ポストスケイプ
https://hataraku.com/apptli_winter/

005-02（P.017）
株式会社アプリ
アプリリゾート
株式会社ポストスケイプ
https://hataraku.com/apptli_winter/sp/

006-01（P.018-019）
ゼネラル真珠株式会社
大卸の真珠ショップ
株式会社ポストスケイプ
https://www.sinju.jp/lp/hanadama/

007-01（P.020-021）
株式会社ポストスケイプ
／株式会社イマクリエ
B to Bマーケティング支援「エンゲージ」
株式会社ポストスケイプ
http://engage-marketing.jp

008-01（P.022-023）
ブラッシュアップ・ジャパン株式会社
いい就職.com
株式会社ポストスケイプ
https://iishuusyoku.com/daini02/

008-02（P.023）
ブラッシュアップ・ジャパン株式会社
いい就職.com
株式会社ポストスケイプ
https://iishuusyoku.com/daini02/sp/

009-01（P.024-025）
株式会社フリーマム
デイリーミスト
株式会社ポストスケイプ
http://www.mom.co.jp/dailymist-special/

010-01（P.026-027）
株式会社石崎電機製作所
ワンランク上のシーラー
株式会社ポストスケイプ
http://sure-sealer.jp

010-02（P.027）
株式会社石崎電機製作所
ワンランク上のシーラー
株式会社ポストスケイプ
http://sure-sealer.jp/sp/

［著者プロフィール］

近藤悦彦（こんどう・えつひこ）
1979年生まれ。2011年にコンサルティング会社の勤務を経て、株式会社ポストスケイプを設立。ランディングページを軸とした法人向けサービス「コンバージョンラボ」を立ち上げ、to C、to B問わず延べ300案件以上のランディングページの立ち上げおよび運用改善をサポート。ディレクター・デザイナー・エンジニアを統括。
URL: http://conversion-labo.jp

水沢矢成（みずさわ・やなり）
1980年生まれ。大手デザイン会社のプロデューサーとして、コーポレートアイデンティティ（CI）開発、ビジュアルアイデンティティ（VI）開発・ブランド開発を中心に活動。2013年より株式会社ポストスケイプに参画。アートディレクターとしてクリエイティブ全体の品質責任を担う。
URL: http://conversion-labo.jp

大瀧将司（おおたき・まさし）
1990年生まれ。Webサイト制作やブログ運営に興味を抱き、独学でフリーランスとしての活動を開始。多くの経営者と接しているうちに売上に直結させるデザインの重要性に気付き、質の高いランディングページを開発したいという想いからフロントエンドエンジニアとしてポストスケイプに参画。
URL: http://conversion-labo.jp

花城太作（はなしろ・だいさく）
1979年生まれ。2009年6月から2011年6月までインターネット広告代理店にてリスティング広告を中心としたウェブコンサルティング業務を経験。2011年8月より株式会社フラットを創立し独立。現在もインターネットに纏わる運用型広告全般のコンサルティング、運用管理、アクセス解析などの活動を行っている。
URL: http://www.flat-inc.jp

［制作スタッフ］

装幀・本文デザイン	米谷テツヤ（PASS）
編集	リンクアップ
DTP	リンクアップ
担当編集	泉岡由紀、後藤孝太郎

ランディングページ・デザインメソッド
WEB制作のプロが教えるLPの考え方、設計、コーディング、コンテンツ制作ガイド

2015年12月1日　初版第1刷発行
2016年1月21日　初版第2刷発行

著者	株式会社ポストスケイプ
発行人	藤岡 功
発行	株式会社エムディエヌコーポレーション
	〒101-0051　東京都千代田区神田神保町一丁目105番地
	http://www.MdN.co.jp/
発売	株式会社インプレス
	〒101-0051　東京都千代田区神田神保町一丁目105番地
印刷・製本	中央精版印刷株式会社

Printed in Japan　©2015 POSTSCAPE Inc. All rights reserved.

本書は、著作権法上の保護を受けています。著作権者および株式会社エムディエヌコーポレーションとの書面による事前の同意なしに、本書の一部あるいは全部を無断で複写・複製、転記・転載することは禁止されています。定価はカバーに表示してあります。

造本には万全を期しておりますが、万一、落丁・乱丁などがございましたら、送料小社負担にてお取り替えいたします。お手数ですが、カスタマーセンターまでご返送ください。

●落丁・乱丁本などのご返送先
〒101-0051　東京都千代田区神田神保町一丁目105番地　株式会社エムディエヌコーポレーション カスタマーセンター　TEL:03-4334-2915

●書店・販売店のご注文受付
株式会社インプレス 受注センター　TEL:048-449-8040／FAX:048-449-8041

●内容に関するお問い合わせ先
株式会社エムディエヌコーポレーション カスタマーセンター メール窓口

info@MdN.co.jp

本書の内容に関するご質問は、Eメールのみの受付となります。メールの件名は「ランディングページ・デザインメソッド　質問係」、本文にはお使いのマシン環境（OS、バージョン、使用ブラウザなど）をお書き添えください。電話やFAX、郵便でのご質問にはお答えできません。ご質問の内容によりましては、しばらくお時間をいただく場合がございます。また、お客さまの環境に起因する不具合や本書の範囲を超えるご質問に関しましてはお答えいたしかねますので、あらかじめご了承ください。

ISBN978-4-8443-6550-1　C3055